Mosaik

Dr. Helgard Reichholf-Riehm

Schmetterlinge

Herausgegeben von Gunter Steinbach
Illustriert von Fritz Wendler

Beratung von Dr. Josef Reichholf
Zoologische Staatssammlung München

Mosaik Verlag

Der Mosaik Verlag ist ein Unternehmen
der Verlagsgruppe Bertelsmann

Neue, bearbeitete Sonderausgabe

Druck und Bindung: Graphischer Großbetrieb Pößneck GmbH
Printed in Germany · ISBN 3-576-10557-3

Inhalt

Abkürzungen im Bestimmungsteil

RL! = Die Art steht auf der »Roten Liste« der in der Bundesrepublik Deutschland gefährdeten Großschmetterlinge
♂ = Männchen
♀ = Weibchen
M = Merkmale
Fg = Fluggebiet
Vb = Verbreitung
H = Häufigkeit
Fl = Flugzeit
Rz = Raupenzeit
FR = Futterpflanzen der Raupen
Allg = Allgemeines
f = Form

Distelfalter

Zum Buch

Wir stellen im vorliegenden Band nicht nur die auffälligsten und reizvollsten Tag- und Nachtfalter Europas vor, sondern auch die vielen eher unscheinbaren Arten bis hin zu den Kleinschmetterlingen. Erst bei genauerem Hinsehen offenbaren auch sie Formen und Farben von verhaltener, beeindruckender Schönheit. Obwohl zahlreiche Falter vom Aussterben bedroht sind, kommen viele von ihnen auch heute noch häufig in unserer Kulturlandschaft vor. Nicht wenigen schafft der Mensch zeitweise sogar so gute Bedingungen, daß sie sich örtlich überaus stark entwickeln und dann in der Forst- oder Landwirtschaft erheblich schaden können.

Es gibt keine Möglichkeit, alle heimischen Schmetterlinge in einem handlichen Band so darzustellen, daß es auch dem Laien ein leichtes wäre, sie in der freien Natur zu bestimmen. Für die bekannten, man könnte sagen volkstümlichen Schmetterlinge, die der Spaziergänger oder Gartenfreund draußen antrifft, leistet unser Feldführer diesen Dienst. Sehr viele Falter allerdings wird nur der Fachmann sicher ansprechen und zuordnen können. Neben dem Bestimmungszweck stellt sich dieses Buch die Aufgabe, dem nicht durch Fachkenntnisse vorgebildeten Naturfreund eine leicht zugängliche Übersicht unserer Schmetterlinge zu vermitteln.

Kaum eine andere Gruppe des Tierreichs tritt uns innerhalb der Art mit so verschiedenen Erscheinungsformen entgegen wie die der Schmetterlinge. Raupe, Puppe und Falter würden für eine umgreifende Darstellung des Metamorphose-Zyklus jeweils wenigstens ein eigenes Bild erfordern. Die in diesem Buch neben vielen Faltern gezeigten Raupen – als Foto oder Zeichnung – ergeben, wenn schon nicht Vollständigkeit, so doch einen guten Querschnitt durch den Erfindungsreichtum, mit dem die Natur die Larvenstufe dieser Kerbtiere gestaltet: als vollkommene Anpassung an die artgemäße Umgebung oder als abschreckendes Signal für mögliche Freßfeinde. Nur ausnahmsweise konnten auch Puppen im Bild berücksichtigt werden.

Neben seiner dreifachen Erscheinungsform zeigt der Schmetterling dem Betrachter auch zwei verschiedene Flügelseiten. Nicht selten geben sich die Innenseiten prächtiger; oft aber läßt sich der Schmetterling nur an seinen markant gezeichneten Flügeloberseiten sicher bestimmen, die bei anderen Arten unscheinbar tarnfarben ausfallen.

Schließlich falten zahlreiche Nacht- und Kleinschmetterlinge ihre Flügel in der Ruhestellung dreiecks- oder pfeilförmig zusammen, so daß sie die gleichwohl ausgeformten Muster ihrer Hinterflügel mehr oder weniger verbergen. Die Entscheidung, ob bei solchen Arten die natürliche Stellung des lebenden Tieres oder besser, weil deutlicher, die ausgebreiteten Flügel eines Präparates zu zeigen seien, wurde von Fall zu Fall getroffen. Einheitlichkeit hätte hier zu Einseitigkeit geführt.

Die Namensgebung unseres Bandes folgt dem System von W. Forster und Th. A. Wohlfahrt »Die Schmetterlinge Mitteleuropas«, Franckh'sche Verlagshandlung Stuttgart, 1960, 1976, 1971.

Mein Dank gilt der Autorin, dem wissenschaftlichen Berater, den Bildautoren und allen hilfreichen Mitarbeitern sowie der Zoologischen Staatssammlung München für die freundliche Bereitstellung zahlreicher präparierter Falter. G. S.

Übersicht der Bildsymbole im Bestimmungsteil

*Weißfleckwidderchen und Asselspinner, Scheckflügel und Fensterschwärmerchen sowie die Kleinschmetterlinge wurden zu je einem Bildsymbol zusammengefaßt. Alle anderen Symbole bezeichnen je eine Familie der Ordnung der Schmetterlinge.

5 Bläulinge
Lycaenidae
ab Seite 60

6 Dickkopffalter
Hesperiidae
ab Seite 68

7 Trägspinner
Lymantriidae
ab Seite 72

8 Bärenspinner
Arctiidae
ab Seite 78

13 Widderchen
Zygaenidae
ab Seite 106

14 Schwärmer
Sphingidae
ab Seite 110

15 Wollrückenspinner
Thyatiridae
ab Seite 128

16 Sichelflügler
Drepanidae
ab Seite 132

21 Sackträger
Psychidae
Seite 146

22 Glasflügler
Aegeriidae
Seite 148

23 Holzbohrer
Cossidae
Seite 150

24 Wurzelbohrer
Hepialidae
Seite 152

Papilionidae
ab Seite 16

Pieridae
ab Seite 22

Nymphalidae
ab Seite 32

Satyridae
ab Seite 50

Endrosidae
ab Seite 92

*Syntomidae
et Limacodidae*
Seite 92

Thaumetopoeidae
Seite 94

Notodontidae
ab Seite 96

Syssphingidae
Seite 136

Saturniidae
Seite 138

Lasiocampidae
ab Seite 140

*Thyrididae**
Seite 144

Noctuidae
ab Seite 154

Geometridae
ab Seite 218

*Microlepidoptera**
ab Seite 248

Wissenswertes über Schmetterlinge

Im Reich der Insekten zählt die Ordnung der Schmetterlinge (Lepidoptera) zu den fortschrittlichsten und artenreichsten Gruppen. An Vielfalt wird sie nur von den Käfern übertroffen. Weltweit gibt es mehr als 150 000 verschiedene Schmetterlingsarten! Allein in Mitteleuropa leben davon mehr als 3000. Nur wenigen Werken bleibt es vorbehalten, diese Fülle in ihrer Gesamtheit darzustellen. Wir müssen uns aus Platzgründen auf eine Auswahl beschränken. Dennoch verschafft sie einen eindrucksvollen Überblick über die fast unglaubliche Reichhaltigkeit, die schon der mitteleuropäische Raum aufweist.

Unter den Insekten ist der Schmetterling ein wahres Kleinod. Nicht selten offenbaren sogar kleine oder unscheinbare Arten bei genauem Hinsehen wahre Kunstwerke der Natur: ein ausgewogenes Spiel von Farben, Mustern und Zeichnungen.

So ist es verständlich, daß die Schmetterlinge mehr als jede andere Insektenordnung Aufmerksamkeit, ja Sammelleidenschaft erwecken. Früher gehörten Kästen fein säuberlich gespannter und genadelter Falter zu den Prunkstücken privater Naturalienkabinette. Mancher berühmte Biologe entdeckte zunächst als Schmetterlingssammler sein Interesse an der Natur.

Was macht nun ein Kerbtier zum Schmetterling? Worin unterscheiden sich die Angehörigen dieser Ordnung von denen anderer Insektengruppierungen?

Im äußeren Erscheinungsbild des Körpers, dem »Habitus«, läßt sich zunächst die Grundgliederung des Bauplans der Insekten klar und deutlich ablesen. Drei Abschnitte setzen den Körper zusammen: Kopf, Brust *(Thorax)* und Hinterleib *(Abdomen)*. Der Kopf trägt ein Paar Fühler (Antennen), die wichtige Umwelteindrücke an das Gehirn vermitteln; die beiden Komplexaugen sind in der Regel relativ groß; anstelle der insektenüblichen Mundwerkzeuge tragen die Falter einen mehr oder minder langen, spiralig eingerollten Rüssel, mit dessen Hilfe sie Nektar aus Blüten, Wasser aus Tautropfen oder gelöste Mineralstoffe aus Exkrementen aufsaugen können. Dieser Rüssel entsteht aus der umgebildeten Unterlippe. Ein Paar Taster *(Palpen)* befindet sich meist deutlich ausgebildet neben ihm. Nur die urtümlichsten der Kleinschmetterlinge verfügen noch nicht über diese besondere Einrichtung zur Nahrungsaufnahme. Sie tragen die kauend/beißenden Mundwerkzeuge der Vorfahren der Schmetterlinge in recht unvollkommener Ausführung. Ihre Nahrung besteht vorwiegend aus Blütenpollen.

Man könnte sich vorstellen, daß die Vorfahren der Schmetterlinge über das Pollenfressen die Nektarquellen der Blüten »entdeckten« und sich diese mit der Entwicklung des einrollbaren Rüssels erschlossen. Zur Bestäubung der Blüten leisten sie da ungleich weniger als etwa die Bienen und Hummeln, welche diese Quelle schon viel früher anzapften, aber keine vollkommene Saugröhre wie die Schmetterlinge entwickeln konnten.

Der Rüssel gehört daher zu den Besonderheiten der Schmetterlinge.

Eng abgeschnürt und meist deutlich erkennbar sitzt der Kopf am Bruststück, das auf seiner Unterseite die drei Beinpaare trägt. Bei den Tagfaltern ist das erste verkürzt und zu mehr oder weniger deutlichen »Putzpfoten« umgebildet, so daß nur zwei

Beinpaare zum Laufen eingesetzt werden. Die Beine halten den Vorderkörper zumeist leicht von der Unterlage abgehoben. Stellen sich die Tiere tot, was nicht selten geschieht, wenn man ruhende Falter stört, dann legen sie die Beine so eng an die

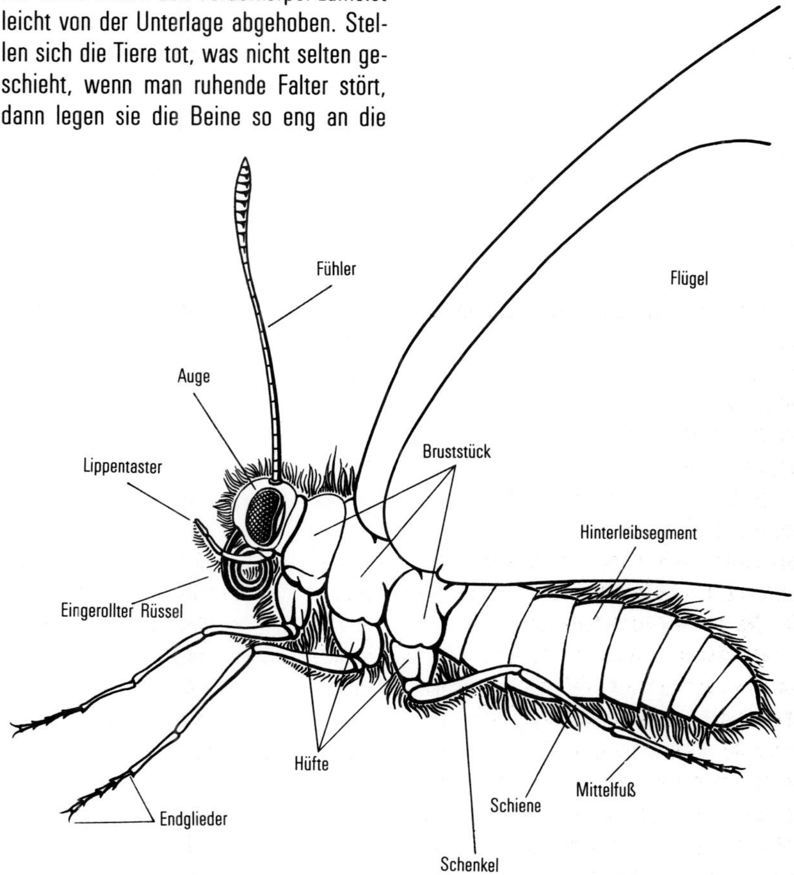

Körperseiten, daß sie mitunter kaum mehr zu erkennen sind. Im Gegensatz zu Käfern und anderen Insektengruppen entwickeln Schmetterlinge ziemlich dünne und schlanke Beine. Sie tragen bei manchen Arten Sinnesorgane, die Geschmackstoffe wahrnehmen können.

Auf der Seite des Bruststücks setzen die beiden Flügelpaare an. Sie sind – abgesehen von den wenigen Ausnahmen stummelflügeliger Weibchen, wie sie bei Frostspannern und gewissen Spinnern vorkommen – stets flächig ausgebildet und mit den für die ganze Ordnung der Schmetterlinge charakteristischen Schuppen bedeckt. Diese stellen umgebildete Haare dar, die dachziegelartig übereinandergreifen. Bei einigen Arten fallen sie gröber, bei anderen besonders fein aus. Die Beschuppung kann auch Sonderbildungen enthalten, so beispielsweise Duftschuppen, die Lockstoffe verbreiten.

Die Schuppen tragen auch die Farben, die sich in zwei Gruppen einteilen lassen: *Pig-*

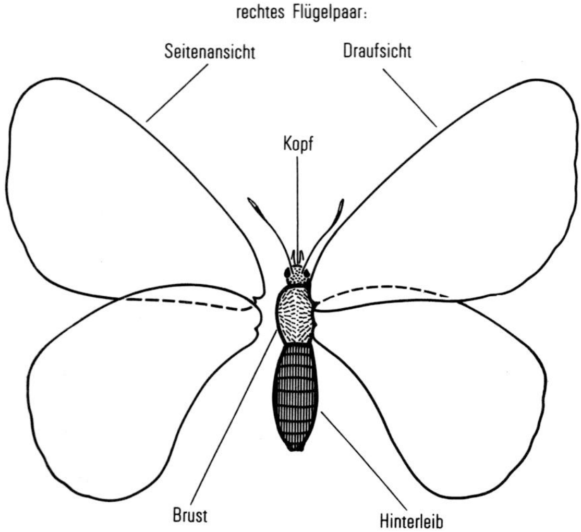

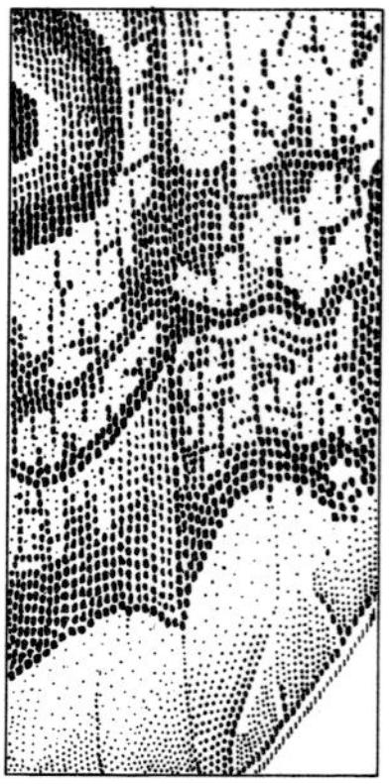

Die Schuppenanordnung bedingt die Zeichnung

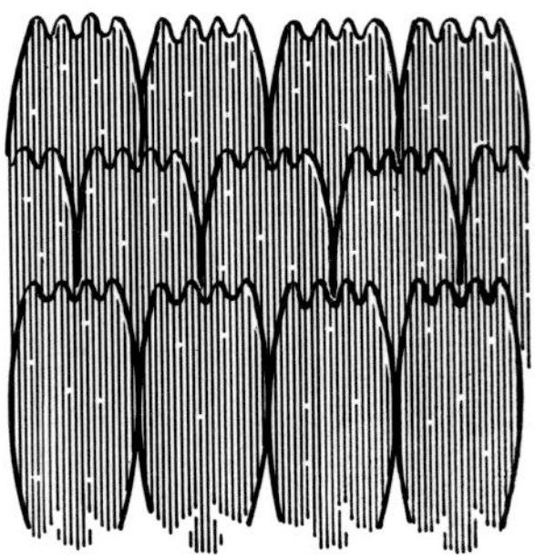

Einzelschuppen

ment- und *Strukturfarben.* Erstere entstehen durch die Ablagerung von Farbstoffen in den Schuppen. Besonders grüne, aber auch rote und gelbe Töne halten ihren Farbwert nicht lange, werden sie intensiver Lichtstrahlung ausgesetzt. Daher »verblassen« viele Schmetterlinge in schlecht untergebrachten Sammlungen. Anders dagegen die Strukturfarben: ihre Entstehung beruht auf feinsten Luftschichten im Lamellenbau der Schuppen. Entwickeln sie eine bestimmte Dicke, so geht ein Teil der Gesamtstrahlung des Sonnenlichtes hindurch, während der andere zurückgestrahlt wird. Liegt dieser im Kurzwellenbereich des sichtbaren Lichtes, entsteht Blauschiller. Auch Stoffwechselprodukte, die in weißlichen Kristallen in Schichten abgelagert werden, können die Lichtwellen teilweise zurückstrahlen und so zur Entstehung von Schillerfarben verhelfen.

Die Schmetterlingsflügel tragen häufig Zeichnungen, die sich zu mitunter höchst erstaunlichen Mustern zusammenfügen. Sie dienen primär der Tarnung oder der Abschreckung von Feinden. Man unterscheidet daher Tarnzeichnungen (kryptische Muster) und Warnzeichnungen (aposematische Muster) bzw. -färbungen. Erstere erfüllen ihren Zweck nur, wenn sich die Falter als Ruheplätze entsprechende Unterlagen auswählen. Letztere dienen vornehmlich der Abwehr von Feinden aus der Vogelwelt, denn sie setzen Farbentüchtigkeit voraus. Rot-Schwarz, Rot-Gelb und ähnliche kontrastreiche Muster bilden

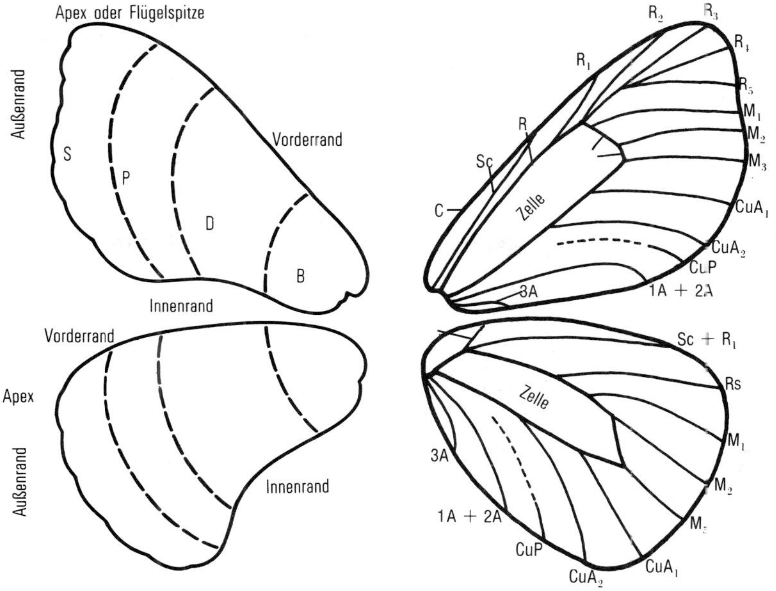

S = Submarginalregion
P = Postdiskalregion
D = Diskalregion
B = Basalregion

Wissenschaftliche Bezeichnung z. B. des Flügelgeäders
C = Costalader   Sc = Subcostalader
M = Medialadern   R = Radialadern   A = Analadern
Cu = Cubitusadern   CuP = Postcubitus

meist die Grundlage der Warnfärbungen. Sie informieren den möglichen Feind darüber, daß der Träger dieser Färbung schlecht schmeckt, ungenießbar oder gar giftig ist. Das trifft vor allem dann zu, wenn die Raupen an Giftpflanzen fressen und so deren Gifte aufnehmen. Sie können sich dann nicht nur eine auffällige Tracht leisten, sondern sie ziehen sogar einen Vorteil daraus, wenn sie rechtzeitig erkannt werden.

Nun gibt es zwar hauptsächlich in den Tropen, aber vereinzelt auch in Mitteleuropa, harmlose Schmetterlinge, die das Färbungs- und/oder Zeichnungsmuster giftiger Insektenarten nachahmen. Sie leben dann in deren Schutz. Man bezeichnet diese Erscheinung als *Mimikry*, eine Vortäuschung falscher Tatsachen. Die Gruppe der Glasflügler enthält solche Formen, die als harmlose Schmetterlinge die gefährlichen Bienen, Wespen oder Hornissen nachahmen. Eine weitere »Waffe« in der Auseinandersetzung mit Feinden stellt die Entwicklung von Augenflecken dar: Sie bilden sich auf den Vorder- und/oder Hinterflügeln und täuschen Augen von Wirbeltieren vor, die in Ruhestellung verdeckt bleiben. Nähert sich ein Feind, klappen die Falter ihre Flügel blitzschnell auseinander oder ziehen die Vorderflügel vor den augentragenden Hinterflügeln ab. Das plötzliche Erscheinen eines Augenpaares verwirrt den Feind. Die Schrecksekunde nutzend, versucht der Falter zu entkommen, was häufig genug gelingt!

Es fällt schwer, all die Vielfalt an Farben, Formen und Mustern auf den Flügeln der

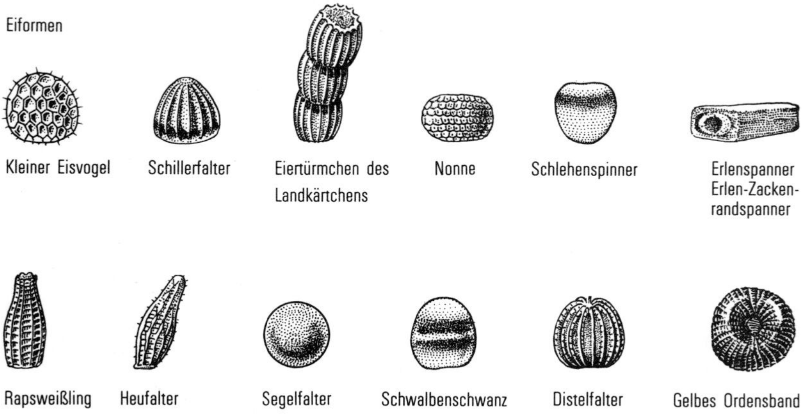

Schmetterlinge nur als Anpassung an die Umwelt zu begreifen. Doch überall dort, wo gründliche Untersuchungen angestellt wurden, zeigte sich, daß sie der Ausdruck für die Notwendigkeit zu überleben sind. Das soll uns aber nicht daran hindern, Begeisterung für die Schönheit der Schmetterlinge zu empfinden.

Eine Vielfalt von Variationen begegnet uns auch in Form und Schnitt der Flügel, die lang, schmal und »schnittig« die guten Langstreckenflieger kennzeichnen, wie etwa viele Schwärmer. Breite, runde Flügel eignen sich für blitzschnelle Wendungen. Sie verursachen den »gaukelnden« Flug vieler Tagfalter, der sie vor anfliegenden Vögeln entkommen läßt. Ähnliche Formen entwickeln die Spanner, während die Eulen mit kurzen, kräftigen Flügeln gute Flugeigenschaften für ihre nächtlichen Aktivitäten brauchen. Oft werden die Weibchen größer als die Männchen. Sie erzeugen ja die Eier und müssen diese im Flug mit sich tragen. Das hat ein höheres Körpergewicht zur Folge. Um gleiche Flugleistungen vollbringen zu können, müssen dann auch ihre Flügel größer werden. Manche »sparen« sich diese Investition und bilden die Flügel mitunter gar auf winzige Rudimente zurück, die kaum noch als solche zu erkennen sind. Sie stecken ihre ganze Energie in die Produktion von Eiern. Das klappt aber nur, wenn sie darauf verzichten können, diese auf bestimmte Futterpflanzen zu verteilen. Das gelingt gut, sofern die Raupen keine besonderen Ansprüche stellen oder über eigene Möglichkeiten zur Ausbreitung verfügen. So lassen sich die Raupen mancher Spinner oder Frostspanner an Spinnfäden, die sie selbst hervorbringen, vom Wind verdriften. In der Regel aber brauchen Schmetterlinge Flügel; sie sind ihr wichtigstes Organ zur Ausbreitung im Lebensraum, zum Auffinden von Futterpflanzen für sich und die Eiablage oder der frisch geschlüpften, befruchtungsfähigen Weibchen.

Der Hinterleib, der letzte Hauptabschnitt am Schmetterlingskörper, zeigt weniger Variationen. Er ist bei einigen Gruppen ziemlich schlank und lang, bei anderen, etwa den Spinnern, dick und plump. An seinem zugespitzten Ende befinden sich die Fortpflanzungsorgane, die selbst bei besonders schwierig zu unterscheidenden Arten stets eindeutige Bestimmungen zu-

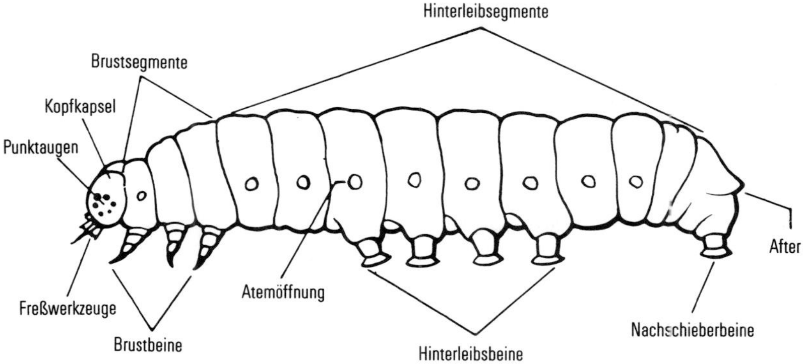

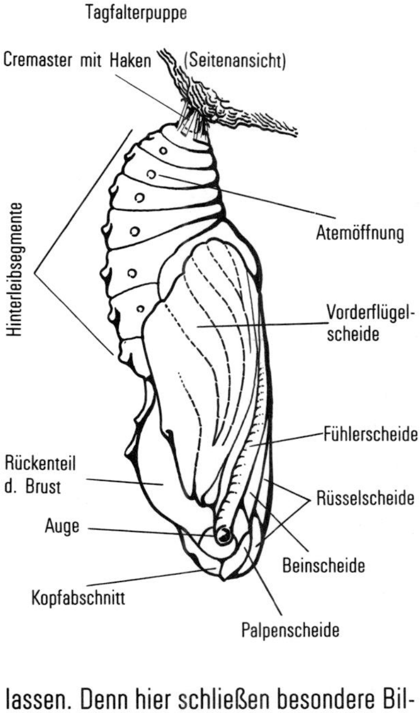

lassen. Denn hier schließen besondere Bildungen Fehlpaarungen aus. Für den Schmetterlingsfachmann besteht daher die exakte Bestimmung nicht selten in einer Überprüfung der Begattungsorgane beim Männchen. Wir verzichten hier auf solche Darstellungen, weil sie eingehende Erfahrung in der Präparationstechnik und umfangreiches Vergleichsmaterial voraussetzen. Der vorliegende Band soll vielmehr helfen, lebende Schmetterlinge zu erkennen.

Der »Schmetterling« stellt das letzte Stadium im Lebenszyklus der jeweiligen Art dar. Er geht aus einer »Puppe« hervor, die zuvor von einer Raupe gebildet wurde, nachdem sie sich über mehrere Häutungen zur vollen Körpergröße entwickelt hatte. Die Raupe ist das »Freßstadium«, die Puppe das Stadium innerer Umbildung bei äußerer Ruhe und weitgehender Bewegungslosigkeit, der Falter das »Fortpflanzungsstadium«. Seine Hauptaufgabe liegt darin, befruchtete Eier an geeigneten Stellen abzulegen. In ihnen entwickelt sich die Raupe, die ihrem Äußeren nach nichts mit dem fertigen Schmetterling gemeinsam hat. Aber im Inneren, im Erbprogramm, besteht schon der Schmetterling, der sich erst während der Puppenruhe zu seiner kennzeichnenden Gestalt heranbildet. Die Schmetterlinge zählen daher zu den Insekten, die innerhalb einer Generationsfolge eine vollständige Verwandlung durchmachen – eines der großen Wunder der Natur.

Papilio machaon L. Schwalbenschwanz RL!

Merkmale: Wie bei allen Tagfaltern schlanker Körperbau und kleiner Kopf. Die Fühler tragen am Ende eine kleine Verdickung, die sogenannte Keule. Die langen Haare der Vorderbeine dienen als Putzkämmchen. Am Hinterflügel, der stets leicht gewölbt ist, befindet sich eine schwanzartige Verlängerung. Beim Männchen erreichen die Vorderflügel etwa 3,4 cm Länge. Der Falter ist kräftig gelbschwarz gezeichnet. Ritterfalter *(Papilionidae)* sind auffallend hübsch, weshalb sie unter Schmetterlingsliebhabern auch als die »edelsten« Falter gelten.

Fluggebiet: Überall in offenem Gelände, von der Meeresküste bis in Gebirgshöhen von 2000 m; hier vor allem während des Sommers, da er gern auf Kuppen rastet. Auch in Gärten, wenn darin Mohrrüben angebaut werden. Über den Sommerwiesen segeln sie zu Wilden Möhren, Dill, Kümmel und anderen Blüten.

Verbreitung: Fast weltweit; die europäischen Rassen (*gorganus* in Mitteleuropa) leben von Nordafrika bis hoch in den Norden. Dieser ehemals auch in England nicht seltene Falter ist dort nur noch örtlich anzutreffen.

Häufigkeit: Da sich die Raupen von häufigen Korbblütlern ernähren, waren die Schwalbenschwänze bei uns einst häufige Falter; durch die Wandlungen in der Landwirtschaft, weniger durch Nachstellungen von Sammlern, kamen sie örtlich an den Rand des Aussterbens.

Flugzeit: Im Norden Europas, wo die Sommer kürzer sind, entwickelt sich von Juni bis August eine Generation, im Süden dagegen mit warmen und langen Sommern gibt es stets zwei und in Nordafrika sogar drei. Hier fliegen die Falter von April bis Oktober. Ihre Lebenserwartung beträgt einige Wochen. Nach der Befruchtung und Eiablage sterben sie meist bald. Die Nahrungsaufnahme der Falter spielt nur eine untergeordnete Rolle. Sie brauchen nur wenig Blütennektar und Tautropfen. Häufig sieht man sie auch an Salzstellen oder Viehexkrementen, wo sie Mineralien und Stickstoffverbindungen aufnehmen.

Raupenzeit: I. Generation von Mai bis Juni, die II. von August bis September. Die Raupe ist zunächst schwarz gefärbt mit roten Warzen und trägt einen großen weißen Fleck auf dem Rücken. Später wird sie grün mit schwarzen Ringen, in denen je 6 gelb-rote Punkte stehen.

Futterpflanzen: Das Nahrungsspektrum der Raupen ist nicht so eng wie bei vielen anderen Arten: sie fressen die Blätter verschiedener Doldengewächse, insbesondere von Wilder Möhre, Gelber Rübe, Dill, Bibernell, Kümmel und Petersilie.

Allgemeines: Die Veränderlichkeit (Variabilität) der Falter ist gering. In ganz seltenen Fällen fand man schwarze Exemplare mit blauen Ringen im Hinterflügel. Während die I. Generation blaß ausfällt, zeigen die Sommerfalter eine tief dunkelgelbe Farbe. Auf Korsika und Sardinien kommt der sehr ähnliche *Papilio hospiton Gn.* neben dem Schwalbenschwanz vor. Auch seine Raupen ernähren sich von den Blättern der Doldengewächse. Wie sich die beiden Arten ökologisch trennen, ist bis heute noch nicht bekannt. Dasselbe gilt für *Papilio alexanor Esp.,* der in sehr kleinen Bereichen in Südfrankreich, Süditalien und Südjugoslawien vorkommt. Diese beiden Schwalbenschwanzarten sind aber auch in ihrem eng begrenzten Verbreitungsgebiet außerordentlich selten.

Die Heimat der Schwalbenschwänze liegt in den Tropen. Nur eine einzige Art schaffte es, flächenhaft bis in die kühlgemäßigten Breiten Europas vorzudringen.

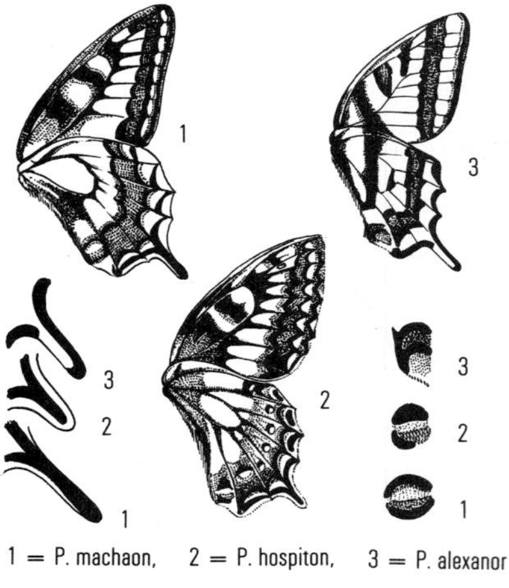

1 = P. machaon, 2 = P. hospiton, 3 = P. alexanor

Iphiclides podalirius L. Segelfalter RL!

Merkmale: Die Vorderflügel erreichen etwa eine Länge von 4 cm, wobei das ♀ etwas größer wird als das ♂. Die Grundfarbe ist hellgelb, bei der II. Generation blasser als bei der I. Auf der Unterseite der Hinterflügel verläuft ein orange gefülltes Band, das man bei ruhenden Tieren gut erkennen kann, bei der Sommerform jedoch fehlt. Der Körper ist schwarz und schmal, die Stirn dicht behaart.

Fluggebiet: Warmes Gelände mit buschiger Vegetation. In Mitteleuropa selten und nur inselartig verbreitet. Im Gebirge steigen die Falter auf über 2000 m Höhe, doch auch hier nur an den sonnigen Hängen.

Verbreitung: Europa südlich des 54. Breitengrades. In warmen Sommern gelangen Segelfalter bis auf die Britischen Inseln, nach Skandinavien und Finnland.

Häufigkeit: Nördlich der Alpen sind Segelfalter nirgends häufig und auf einige warme Gegenden beschränkt. Südlich der Alpen findet man sie dagegen regelmäßig, besonders häufig in Obstgärten.

Flugzeit: Nördlich der Alpen I. Generation von Mai bis Juli. Nur im Elsaß, im Maintal, in Niederösterreich und südlich der Alpen auch eine II. Generation. Hier fliegen die Falter bis September.

Raupenzeit: Nördlich der Alpen von Juni bis Juli, südlich von Juni bis August.

Futterpflanzen: Die Raupen leben unter anderem an Schlehen, Traubenkirschen und Kirschen, auch an Weißdorn; im Süden auf Pfirsich- und Mandelbäumen.

Allgemeines: Von den Segelfaltern kennt man Variationen: I. *podalirius f. inalpina,* die in den Alpen vorkommt. Sie hat breitere schwarze Bänder, breitere und kürzere Flügel sowie kürzere Schwänze. In Spanien und Portugal gibt es die Form *feisthamelii,* die vielleicht eine eigene Art darstellt.

Zerynthia polyxena SCHIFF. Osterluzeifalter RL!

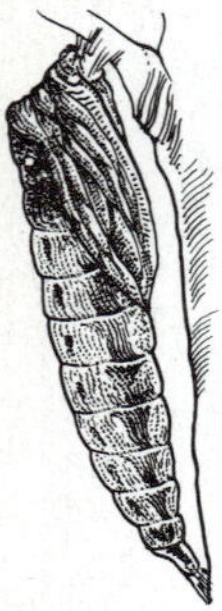

Merkmale: Die Länge der Vorderflügel erreicht beim ♂ 2,6 cm, beim ♀ 2,8 cm. Osterluizeifalter können aufgrund ihrer charakteristischen Form und Färbung kaum mit einer anderen Art verwechselt werden. Ihre Grundfarbe ist Gelb mit schwarzen Bändern und eingestreuten roten Punkten, die bei manchen Individuen fehlen können. Beide Geschlechter sind gleich gefärbt.

Fluggebiet: Warme, sonnige und trockene Hänge bis 1000 m Höhe.

Verbreitung: Da Osterluzeifalter besondere Ansprüche an ihre Umwelt stellen, kommen sie stets nur inselartig vor. Ihr nördlichstes Vorkommen liegt in Niederösterreich und Mähren. Von hier reicht es weit in den Süden der Balkanhalbinsel hinein, in die europäische Türkei und nach Südrußland.

Häufigkeit: Nirgends häufig und heute vielerorts vom Aussterben bedroht, da ihre Futterpflanze immer seltener wird.

Flugzeit: Ende April bis Mai in einer Generation.

Raupenzeit: Mai bis Juli, je nach Höhenlage.

Futterpflanzen: Von der Futterpflanze der Raupe erhielt der Schmetterling seinen Namen. Die Raupen sind streng an das Vorkommen von Osterluzeigewächsen *(Aristolochiaceen)* gebunden, von deren Blättern sie leben.

Allgemeines: Die wenigen Vorkommen in einigen Südtälern der Alpen, wo es Osterluzei und Osterluzeifalter noch gibt, sollten ganz besonders streng geschützt werden, denn dieser Falter gehört wohl zu den schönsten unserer heimischen Fauna überhaupt. In Südfrankreich, Spanien, Portugal und Nordafrika lebt eine ähnliche Art, *T. rumina L.,* die man an der Verteilung der roten Punkte erkennen kann. Sie gleicht äußerlich sowie in Verhalten und Biotopansprüchen der beschriebenen Art.

Parnassius apollo L. Apollofalter RL!

Merkmale: Die Vorderflügel werden 3 cm groß. Die charakteristische Verteilung von schwarzen Punkten und Ringen, die rot oder gelb gefüllt sind, schwankt außerordentlich stark. Man erkennt zwar den Apollo ohne Schwierigkeiten, aber kein Individuum scheint dem anderen genau zu gleichen. Aus diesem Grund werden zahllose Unterarten beschrieben. Fast jedes Alpental, in dem der Apollo fliegt, bringt ein etwas anderes Muster. Da andererseits Apollos nur inselartig verbreitet sind, haben sie wenig Möglichkeiten, sich zu vermischen.

Fluggebiet: Tallagen bis 2000 m Höhe, auch in Mittelgebirgen, doch stets nur örtlich verbreitet; besonders auf Kalkböden.

Verbreitung: Mittel- und Hochgebirge in Norwegen, Schweden, Finnland, Westrußland und besonders in Mähren; in den Alpen, auf dem Apennin, in Dalmatien, Südfrankreich, den Pyrenäen, in Zentralspanien, Andalusien, auf Sizilien, den Karpaten und in Nordgriechenland.

Häufigkeit: In ihrem Verbreitungsgebiet können Apollos örtlich recht häufig auftreten. Da sie jedoch seit Jahrzehnten von Sammlern verfolgt werden, sind einige Lokalpopulationen vermutlich dadurch ganz verschwunden. Die noch existierenden Vorkommen bedürfen strengen Schutzes. Der Apollo steht schon lange unter Naturschutz. Aber das nützt ihm wenig, wenn man seine Lebensräume einschränkt.

Flugzeit: Die Apollos fliegen verhältnismäßig lang von Juni bis August.

Raupenzeit: April bis Juni. Im allgemeinen überwintern die Raupen; aber es kommt auch vor, daß die voll entwickelten Raupen in der Eihülle überwintern und erst im Frühjahr schlüpfen.

Futterpflanzen: Die Raupen können sich nur von Sedumarten, von denen die Weiße Fetthenne *(Sedum album)* die bekannteste ist, ernähren.

Parnassius mnemosyne L. Schwarzer Apollo RL!

Merkmale: 2,6–3 cm lange Vorderflügel. Dieser nahe Verwandte des Apollo wirkt viel bescheidener: er ist nur schwarz-weiß gezeichnet und erreicht nicht die Größe des »echten« Apollofalters. Auch beim Schwarzen Apollo sind zahlreiche Rassen und Formen beschrieben.

Fluggebiet: Weit verbreitet, sowohl im Flachland wie im Mittelgebirge und Gebirge bis auf 1500 m Höhe. Bevorzugt werden Wiesen, die an Mischwälder grenzen und Gebirgshänge in der Laubwaldzone.

Verbreitung: Zwar ist der Schwarze Apollo in Mitteleuropa bis zum 65. Breitengrad verbreitet und fehlt nur in England, Dänemark und auf der Iberischen Halbinsel, dennoch kommt er in seinem Areal aufgrund seiner besonderen Ansprüche selten und nur inselartig vor.

Häufigkeit: Dort, wo der Schwarze Apollo auftritt, kann er örtlich häufig sein. Dennoch sind die wenigen Vorkommen streng geschützt, und vielfach wird der Platz von Kennern geheimgehalten.

Flugzeit: Mai bis Mitte Juli mit nur einer Generation.

Raupenzeit: April bis Mai oder, wenn die Raupe überwintert, von August bis Juni.

Futterpflanzen: Der Schwarze Apollo ist streng an das Vorkommen von Lerchensporn *(Corydalis)* gebunden. Da dieser nur unter besonderen Bedingungen gedeiht, beschränkt sich der Falter auf solche Lebensräume.

Allgemeines: Die in Mitteleuropa vorkommenden Schwarzen Apollos bilden verschiedene Rassen; so gibt es beispielsweise bei Regensburg/Kehlheim die *ssp. batavus Fr.*, im südlichen Württemberg und auf der Schwäbischen Alb die *ssp. ariovistus Fr.*, im Harz *ssp. hercynianus* und in Hessen *ssp. hassicus Pag.* Dementsprechend trifft man auch in den Alpentälern und den verschiedenen Verbreitungsinseln in Jugoslawien und Griechenland zahlreiche verschiedene Unterarten. **Der Schwarze Apollo steht unter Naturschutz!** Seine wenigen Vorkommen sollten vor Änderungen in der Bewirtschaftung verschont bleiben.

♂

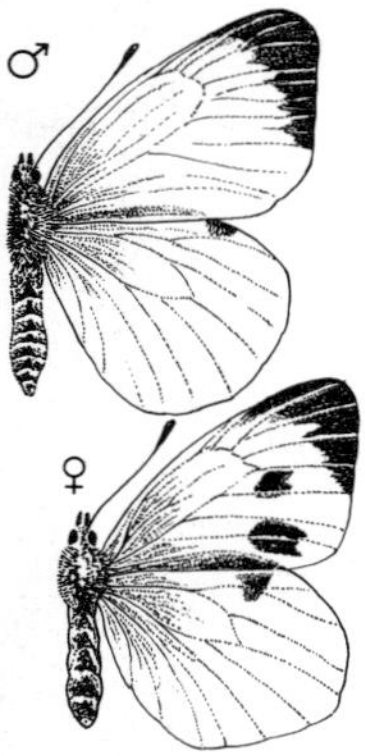

Merkmale: Mit 3,3 cm langen Vorderflügeln gehört der Große Kohlweißling zu den größten Vertretern seiner Familie. Wegen seiner Größe kann man ihn auch im Flug leicht erkennen. Außerdem fallen die schwarzen Punkte und dunklen Felder weithin auf. ♀ kann man auch an den gelben Unterseiten bestimmen, die bei der II. Generation noch deutlicher hervortreten.

Fluggebiet: Der Kohlweißling ist eine »Allerweltsart« (Generalist), die überall anzutreffen ist: in Naturschutzgebieten wie in Großstädten, über riesigen Getreidefeldern sowie in Krautäkkern. Der Große Kohlweißling hat wie auch eine Reihe anderer Weißlingsarten von der Landwirtschaft profitiert. Man nennt ihn deshalb einen Kulturfolger. Im Gebirge fliegt er bis auf 2000 m Höhe.

Verbreitung: In Europa kommt er bis zum 62. Breitengrad vor, wobei er aber im Norden sehr viel seltener ist als im Süden.

Häufigkeit: Der Große Kohlweißling gehört zu den häufigsten Schmetterlingen überhaupt. In manchen Jahren kommt es zu Massenvermehrungen. Viele Millionen gaukeln über den Feldern Europas und ziehen in Scharen nach Süden bis nach Nordafrika, wo andere Populationen des Kohlweißlings leben. Die I. Generation bringt wenig Individuen hervor, die Masse der Kohlweißlinge entstammt der II. und III. Generation. In Jahren mit vielen Kohlweißlingen werden die Raupen stark von der Schlupfwespe *Apanteles glomeratus* befallen. Der Befall kann so stark sein, daß örtliche Populationen aussterben, die jedoch schnell von Einwanderern wieder ersetzt werden.

Flugzeit: Es treten zwei bis drei Generationen auf. Die I. fliegt von Mitte April bis Anfang Juni, die II. von Mitte Juli bis Ende August und die III., die nur in günstigen Jahren zu beobachten ist, von September bis Oktober.

Raupenzeit: I. Generation August bis Oktober, II. Generation Juni bis Juli und die III. im September. Die Puppe überwintert. Manchmal findet man neben den Raupen und Puppen gelbe, leicht eingesponnene »Eier«. Es sind dies Puppenkokons der Schlupfwespe *Apanteles glomeratus.* An ihrem Auftreten kann man das Ausmaß des Befalls abschätzen.

Futterpflanzen: Kohl ist die bevorzugte Futterpflanze der Raupen. Deshalb wurde versucht, diesem Schädling mit Chemikalien beizukommen. Untersuchungen haben aber gezeigt, daß seltenere Schmetterlingsarten unter den Giften sehr viel mehr leiden. Der Große Kohlweißling ging wegen der Bekämpfungsmaßnahmen höchstens regional für einen kurzen Zeitraum zurück und blieb dennoch eine häufige Art. Die ursprünglichen Futterpflanzen des Großen Kohlweißlings sind Kreuzblütler *(Cruciferen)* wie Ackersenf *(Sinapsis arvensis),* Hederich *(Rhaphanus rhaphanistrum)* u. v. a. m.

Allgemeines: Der Große Kohlweißling bildet als sehr häufige, allgemein verbreitete und wandernde Art keine Rassen aus. Früher kam der Große Kohlweißling nicht so häufig vor, weil die von ihm benötigte Nahrung nicht so üppig ausfiel. Zu Massenvermehrungen kam es erst, als der Mensch begann, großflächig Kohl anzubauen. Das schaffte für die Raupen das reinste Schlaraffenland.

Monokulturen fördern immer Massenentwicklungen und »machen« auf diese Weise Schädlinge. Der Große Kohlweißling wird einer der wenigen Falter bleiben, um dessen Überleben man sich nicht sorgen muß.

Doch nicht nur der Kohlweißling, sondern auch dessen Feinde ziehen aus der Massenvermehrung Nutzen, denn sie durchlaufen einen ganz ähnlichen Zyklus mit Phasenverschiebung um einige Wochen. Der wichtigste Feind ist neben der Kohlweißlingsschlupfwespe der Pilz *Entomophtora sphaerosperma.* Er erreicht seine Höchstbestände am Ende der Massenvermehrung des Kohlweißlings. Die Wirkung der Feinde ist beachtlich. Es gibt kaum zwei Jahre hintereinander, in denen sich der Kohlweißling stark vermehren kann.

♀

Schlüpfender Falter

Pieris rapae L. Kleiner Kohlweißling ✓

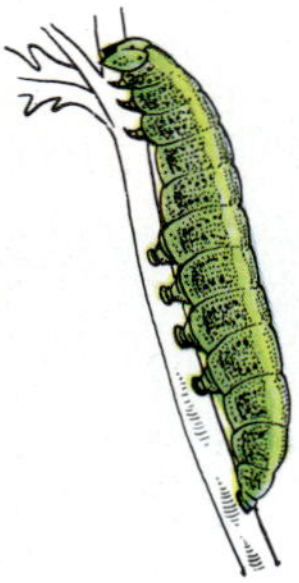

Merkmale: Die Vorderflügellänge erreicht knapp 3 cm. Wie der Name sagt, ist er ein kleiner Verwandter des Großen Kohlweißlings. Er gleicht ihm auch in der Färbung.

Fluggebiet: Der Kleine Kohlweißling ist weit verbreitet und häufig anzutreffen. Bewohnt offenes Gelände, fliegt auch in Gärten. Von der Meeresküste bis in 2000 m Höhe, auch über Gebirgspässe.

Verbreitung: In ganz Europa bis zum 62. Breitengrad. Vereinzelt noch nördlicher zu beobachten.

Häufigkeit: Überall häufig, gelegentlich Massenentwicklung wie beim Großen Kohlweißling.

Flugzeit: Man kennt regelmäßig zwei bis drei Generationen. Die III. Generation ist stets unvollständig. Die Falter der I. Generation fliegen von April bis Mai, die der II. von Juli bis August und die der III. von September bis Oktober. Die Falter der verschiedenen Generationen unterscheiden sich in der Ausbildung dunkler Flecken und am Grad der Beschuppung.

Raupenzeit: Die Raupen der I. Generation sind von September bis Oktober aktiv, die der II. im Juni und die der III. im September. Die Raupe ist mattgrün gefärbt mit hellen Seiten und einem hellen Streifen.

Futterpflanzen: Die Raupen leben von den Blättern der Kreuzblütler *(Cruciferen)*, auch an Reseda, Gänsekresse, an Lauchkraut und natürlich ganz besonders an Kohlpflanzen. Während die Raupen der I. Generation sich meist an Wildpflanzen halten, wandern die Falter der II. Generation gern in menschliche Kulturen. Sie benagen bevorzugt das Herz des Kohls, während die Raupen von *P. brassicae* den Kohl von außen nach innen »bearbeiten«.

Allgemeines: Wie alle Kohlweißlinge fliegen auch sie langsam und gaukelnd. Sie führen nur 9 Flügelschläge in der Sekunde aus.

Pieris napi L. Rapsweißling ✓

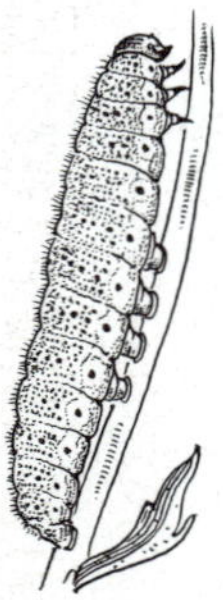

Merkmale: Vorderflügel bis 2,5 cm lang. Frühjahrs- und Sommerformen unterscheiden sich in Größe und Färbung voneinander. Auch die Geschlechter sind verschieden gefärbt, wobei Intensität der Farben, Ausmaß der Beschuppung und Größe des schwarzen Flecks auf dem Außenrand des Vorderflügels die wichtigsten Unterschiede ausmachen. Die Sommerform wird mit 2,5 cm Vorderflügellänge deutlich größer.

Fluggebiet: Offenes Gelände, bevorzugt darin feuchte Stellen, Waldwiesen oder buschige Hänge. Im Gebirge bis 2000 m Höhe.

Verbreitung: Ganz Europa mit Ausnahme der höchsten Polarzonen und Gebirgsregionen.

Häufigkeit: Gehört zu den nicht bedrohten Arten: allgemein häufig und nicht zu übersehen.

Flugzeit: Man kennt drei Generationen, wobei die III. nur in warmen, sonnigen Jahren und auch meist unvollständig auftritt. Die I. Generation fliegt von Mai bis Juni, die II. von Mitte Juni bis August und die III. im September. Nur ganz selten findet man im Oktober noch aktive Rapsweißlinge.

Raupenzeit: I. Generation August bis September, II. im Juni und die III. im August. Die Raupe ist mattgrün mit oberseits schwarz behaarten Punktwarzen. Die Atemöffnungen (Stigmen) sind gelb eingefaßt.

Futterpflanzen: Die Raupen leben an verschiedenen Kreuzblütlern, so an Raps *(Brassica napus)*, Schaumkraut *(Cardamine)*, Kresse *(Nasturtium)*, Turmkraut *(Turritis)*, Gänsekresse *(Arabis)*, Lauchkraut *(Alliaria)* sowie an allen Krautarten.

Allgemeines: Vom Rapsweißling sind verschiedene Farbvarietäten bekannt, z. B. eine gelbe Abart, die *f. flava.* Im Süden erreichen Männchen die Größe des Kleinen Kohlweißlings und können mit ihm leicht verwechselt werden.

Aporia crataegi L. Baumweißling RL!

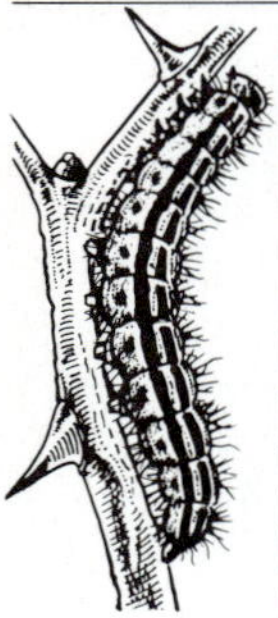

Merkmale: Mit fast 3,5 cm langen Vorderflügeln gehört der Baumweißling zu den größten seiner Familie. Von dem fast gleich großen Großen Kohlweißling kann man ihn an den dunklen Adern unterscheiden. Die Flügel wirken fast durchsichtig, beim ♀ noch stärker als beim ♂.

Fluggebiet: Überall in offenem Gelände, in Gärten und Auen. Früher besonders häufig in Obstkulturen, wo sie Schäden verursachten. Durch chemische Bekämpfungsmittel vielerorts verschwunden. Heute praktisch nur noch in extensiv genutztem Gelände und Naturschutzgebieten.

Verbreitung: Überall in Europa bis zum 62. Breitengrad. In England ausgestorben. Fehlt in Sardinien und auf Korsika. Besonders häufig in Nordafrika, in Marokko und Algerien.

Häufigkeit: Früher sehr häufig. Durch modernen Obstbau weitgehend zurückgedrängt. Überraschenderweise tritt er aber hie und da massenhaft auf und verschwindet ganz plötzlich wieder; so etwa in bepflanzten Autobahn-Inseln im Rheintal. Über die Ursachen dieser Massenentwicklung weiß man noch nichts Genaues.

Flugzeit: Mai bis Anfang Juli in einer Generation.

Raupenzeit: August bis Juni. Raupe überwintert. Zur Überwinterung sammeln sich die Raupen und bauen ein gemeinsames Nest. Die Raupe ist aschgrau und trägt am Rücken 2 orangerote, breite Längsstreifen. Die Puppe ist grün-gelblich gefärbt mit schwarzer Fleckenzeichnung. Die Puppe wird an Blättern oder Zweigen mit Gürtelfaden befestigt.

Futterpflanzen: Weißdorn, aber gern auch an Kirschen und anderen Obstbäumen. Daher der Name Baumweißling. Gelegentlich auch an Ebereschen, Traubenkirschen und Birken. Der Baumweißling weicht mit dieser Wahl der Futterpflanzen von den übrigen europäischen Weißlingen ab.

Pontia daplidice L. Resedafalter RL!

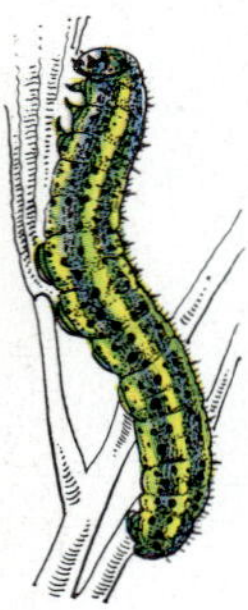

Merkmale: Die Vorderflügel erreichen fast eine Länge von 2,5 cm. Typischer Weißling mit hervortretenden Adern und schwarzen Punkten. Da es noch einige sehr ähnliche Arten gibt, ist die genaue Bestimmung nur dem Fachmann möglich.

Fluggebiet: Meist im Flachland und gelegentlich im Hügelland. Nördlich der Alpen nur an warmen, trockenen Stellen, im Gebirge bis in 2000 m Höhe.

Verbreitung: Zwar in ganz Europa bis zum 60. Breitengrad, doch nur an sehr warmen Stellen bodenständig. Südlich der Alpen häufiger. Der Resedafalter ist ein ausgesprochener Wanderfalter, der im Herbst nach Nordafrika fliegt. Die meisten unserer Vorkommen im mitteleuropäischen Raum sind auf Zuzug aus dem Süden angewiesen. In strengen Wintern überlebt keine Puppe.

Häufigkeit: Als ausgesprochen wärmeliebender Art sind ihrem Vorkommen in Europa enge Grenzen gesetzt: sie können sich nirgends bodenständig in einer großen Population ansiedeln. Dennoch kommt es in manchen Jahren zu Massenzügen, die sogar England erreichen können. Die Bestandsschwankungen sind naturgemäß außerordentlich groß.

Flugzeit: Der Resedafalter tritt in zwei Generationen auf. Die I. fliegt von April bis Juni, die II. Juli bis August.

Raupenzeit: Die Raupen der I. Generation findet man im August bis September, die der II. im Juni. Die Raupe ist graugrün und hat beidseitig 2 gelbe Längsstreifen mit feinen schwarzen Punktwärzchen.

Futterpflanzen: Neben der Reseda, die der Art den Namen gab, gehen die Raupen auch an Rauke *(Sisymbrum)*, an Turmkraut *(Turritis)*, Steinkraut *(Alyssum)* und verschiedene andere Kreuzblütler.

Allgemeines: Der Resedafalter ist eine unstete Art, die weit umherwandert.

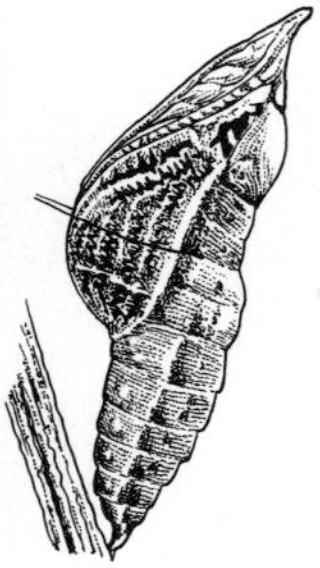

Merkmale: Mit 3 cm langen Vorderflügeln und leuchtendem Gelb fällt der Zitronenfalter überall auf. Die Geschlechter sind unterschiedlich gefärbt. Nur das ♂ trägt die leuchtend gelbe Flügelfarbe mit den 4 orangeroten Punkten, je einer auf jedem Flügel. Das ♀ ist sehr viel blasser, weist aber ebenfalls die Punkte auf. Beim flüchtigen Hinschauen kann man das fliegende ♀ mit einem Kohlweißling verwechseln.

Fluggebiet: Praktisch überall; in lichten Wäldern, über Heideflächen, in Auen und Gärten; im Gebirge bis 2000 m.

Verbreitung: Europa, Nordafrika und gemäßigtes Asien bis Sibirien. Fehlt in Europa nur im äußersten Norden von England und Skandinavien und im Süden auf Kreta.

Häufigkeit: Weit verbreitet, tritt aber nirgends in Mengen auf. Massenvorkommen sind nicht bekannt, auch wenn er überall und regelmäßig beobachtet werden kann.

Flugzeit: Der Lebenszyklus des Zitronenfalters unterscheidet sich von dem der anderen Schmetterlinge: er hat eine ungewöhnlich lange Flugzeit, ja er zählt zu den Faltern mit der längsten Lebenserwartung. Seine Flugzeit beginnt im Juli und dauert bis zum nächsten Frühjahr. Um diese lange Zeit energetisch zu bewältigen, legt er zahllose »Pausen« ein. Er fliegt einige Tage, dann fällt er für einige Wochen in Starre, um bei geeigneten Wetterbedingungen für weitere Tage aktiv zu werden. In diesen Tagen trinkt er Nektar, um sich einen neuen Energievorrat zuzulegen. Im Frühjahr kann man den Hochzeitsflug sehen: Das ♀ fliegt voraus, und das ♂ folgt in stets gleichbleibendem Abstand. Man könnte glauben, es würde abgeschleppt oder von einem unsichtbaren Faden gezogen. Die Paarung erfolgt, wenn die ersten Knospen an Faulbaum und Kreuzdorn erscheinen. Hier legt das Weibchen die Eier ab. Damit sie haften, werden sie mit einer klebrigen Masse umgeben.

Raupenzeit: Im Juni schlüpfen die kleinen Raupen. Sie sind mattgrün, an den Seiten heller, und über den Beinchen verläuft ein heller, mattweißer Längsstreif. Mit dieser Zeichnung vermag sich die Raupe fast unsichtbar zu machen: nach dem Prinzip der Gegenschattierung (oberseits dunkel, unterseits hell). So lösen sich ihre Konturen fast auf. Eine solche Tarnung hat die Raupe auch nötig, um nicht von den scharfen Augen der Singvögel entdeckt zu werden. Im Juli, also nach etwa 4 Wochen, verpuppen sich die Raupen. Die Dauer des Raupenstadiums hängt vom Wetter ab. Ist es kühl und naß, verzögert sich ihre Entwicklung, da die Raupen dann wenig fressen. Warme und trockene Tage beschleunigen ihr Wachstum und verkürzen die Raupenzeit.

Futterpflanzen: Die Raupen des Zitronenfalters ernähren sich nur von den Blättern des Faulbaums *(Rhamnus frangula),* von dem der Falter auch seinen lateinischen Namen bekommen hat.

Allgemeines: In fast ganz Europa kennt man nur die eine Art in einer geringen Veränderlichkeit. Im Süden allerdings kommen bis zu 3,3 cm große Exemplare vor, die *f. meridionalis.* Ob es sich hier nur um eine Form oder um eine echte Unterart handelt, weiß man nicht. Für eine ökologische Anpassung spricht der Umstand, daß im gleichen Raum *Gonepteryx cleopatra L.* lebt, zweifellos ein Konkurrent von *G. rhamni.* Um nebeneinander existieren zu können, müssen sie sich räumlich oder zeitlich aus dem Weg gehen. Interessanterweise variiert *G. cleopatra* stark. Er scheint ein größerer Spezialist zu sein als der Zitronenfalter.

Neben seiner langen Lebenserwartung hat der Zitronenfalter noch eine überraschende Fähigkeit: er überwintert ungeschützt in Bodennähe oder in trockenem Laub am Boden. Temperaturen, die weit unter Null liegen, kann er gefahrlos überstehen. Im Gegenteil: Milde Winter setzen ihm mehr zu, da sein Energieverbrauch bei höherer Temperatur steigt und damit seine Reserven schneller verbraucht sind. Die Kälteresistenz des Zitronenfalters hängt mit seiner Körperflüssigkeit zusammen, einer Mischung aus Wasser, Eiweiß und Salzen.

♂

Anthocharis cardamines L. Aurorafalter

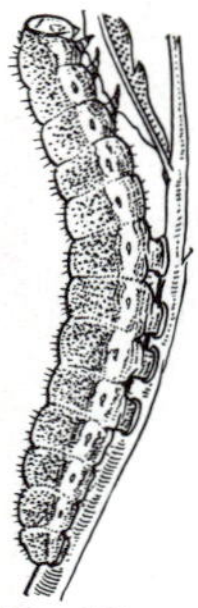

M: 2,5 cm lange Vorderflügel. ♂ mit leuchtend orangefarbenem Fleck im Spitzenbereich des Vorderflügels. Dem ♀ fehlt dieses Kennzeichen. Es ist fast einfarbig, schwach bräunlich-gelb. **Fg**: Blumenwiesen, bis 2000 m Höhe. **Vb**: Europa bis zum Polarkreis. **H**: Früher häufig, heute viel seltener. **Fl**: Anfang April bis Juni. **Rz**: Juni bis Juli. **FR**: Wiesenschaumkraut. Die kleine grüne Raupe ist schwer zu finden. – *Siehe S. 282*

Leptidea sinapis L. Senfweißling

M: 2,5 cm lange Vorderflügel, unscheinbar gefärbt. Der schwarze Fleck auf der Vorderseite tritt bei der Sommerform schärfer hervor. **Fg**: Der Falter fliegt an Waldrändern, besonders gern über Kalkböden, auch in Auen; im Gebirge bis 2000 m. **Vb**: Ganz Europa bis zum 66. Breitengrad, einige Falter streifen als seltene Gäste noch weiter in den Norden. **H**: Örtlich verbreitet, doch in seinem Biotop nicht selten, manchmal sogar häufig. **Fl**: Zwei Generationen; I. Mai bis Mitte Juni, II. Mitte Juli bis August. **Rz**: I. August bis September, II. Februar. **FR**: Hornklee *(Lotus corniculatus)*, Wiesenplatterbse *(Lathyrus pratensis)*, Ackerklee.

Colias palaeno L.
Zitronengelber Heufalter

M: 3 cm lange Vorderflügel. Schwefelgelb, manchmal blaß, mit orangeroten Fransen. ♀ blasser. **Fg**: Nur über Hochmooren und anderen sehr feuchten Gebieten. **Vb**: In Mitteleuropa inselartig, in Skandinavien und Finnland flächenmäßig. **H**: Der **Hochmoorgelbling**, wie er auch genannt wird, ist in Mitteleuropa selten, im Norden häufig. **Fl**: Juni bis Juli. Eine Generation. **Rz**: August bis Mai. Raupe überwintert. **FR**: Sumpfheidelbeere *(Vaccinium uliginosum)*. **Allg**: Früher weit verbreitet. Mit dem Zurückweichen der meisten Hochmoore schrumpfte auch sein Biotop zusammen.

Colias myrmidone ESP.
Orangeroter Heufalter RL!

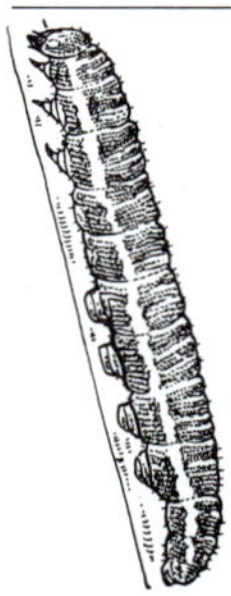

M: 2,5 cm lange Vorderflügel. Lebhaft orange gefärbt. ♀ orangegelb oder grünlichweiß. **Fg**: Diese Steppenart fliegt an trockenen, sonnigen Hängen, selten über Wiesen. **Vb**: Osteuropa, im Westen bis Österreich und im Jura bei Regensburg in Bayern. **H**: Selten. Doch kann er in größeren Massen auftreten. **Fl**: Zwei Generationen. I. Mai/Juni, II. Juli/Aug. **FR**: *Cytisus*-Arten.

Colias crocea GEOFF. Postillion

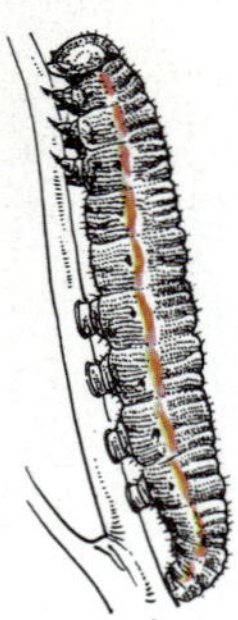

M: 2,8 cm Vorderflügellänge. Ähnlich dem orangeroten Heufalter. **Fg**: Vor allem Flach- und Hügelland. Bis 2000 m Höhe. **Vb**: Ganz Europa bis zum 60. Breitengrad. Wanderfalter. **H**: Sehr unterschiedlich. **Fl**: I. Generation wandert Ende Mai bis Ende Juni ein, II. fliegt Ende Juli bis Anfang August. Selten III. Generation im Oktober. **Rz**: Juni bis Juli und September. **FR**: Esparsette, Hornklee, Luzerne.

Colias hyale L. Goldene Acht

M: 2,5 cm lange Vorderflügel. Aufgrund seiner Färbung leicht anzusprechen, von seiner Zwillingsart *Colias australis Vrty.* jedoch nur vom Spezialisten zu unterscheiden. **Fg**: Überall im Flachland an trockenen, öden Flächen. Bis 2000 m Höhe. **Vb**: Europa bis zum 65. Breitengrad. Fehlt im Mittelmeerraum. Er wird hier von *C. australis* ersetzt. **H**: Häufig, nicht bedroht! **Fl**: Zwei Generationen. I. Mitte Mai bis Juni, II. Mitte Juli bis Oktober. In günstigen Jahren kann sich eine III., unvollständige Generation einschieben **Rz**: I. Generation September bis April, II. Juni bis Juli. **FR**: Luzerne, Hornklee, Hufeisenklee. – *Siehe S. 278, 282*

♂

Merkmale: Während das ♂ eine Vorderflügellänge von etwa 3 cm erreicht, wird das ♀ meist etwas größer. Die 4 großen, blau gekernten Augenflecken auf den 4 Flügeln sind so auffallend, daß das Tagpfauenauge mit keiner anderen Art verwechselt werden kann. Grundfarbe braun bis rötlich. Gehört zu den bekanntesten Tagfaltern Europas. Es sind keine Formen oder Rassen bekannt.

Fluggebiet: Überall. Bis 2500 m Höhe. Man trifft Tagpfauenaugen mitten in der Stadt, in Gärten, in Parkanlagen, über Blumenwiesen und buschreichem Gelände, auf Lichtungen.

Verbreitung: Ganz Europa bis zum 60. Breitengrad. Alle größeren Mittelmeerinseln außer Kreta. Fehlt im äußersten Norden und in Nordafrika.

Häufigkeit: Neben dem Kohlweißling vielleicht der häufigste Schmetterling unserer Heimat. Er wird in keinem Garten fehlen.

Das Tagpfauenauge zählt nicht zu den eigentlichen Wanderfaltern, auch wenn vereinzelt Herbst- und Frühjahrsflüge beobachtet wurden. In Finnland finden Wanderungen häufiger zwischen der südlichen und nördlichen Population des Landes statt. Die Grenze dieser Populationen schwankt von Jahr zu Jahr; sie hängt vom Wetter des vorhergegangenen Sommers und Herbstes ab. In warmen Jahren verschiebt sich die Grenze nach Norden, in kalten muß sie nach Süden weichen. Nach dem Wetter richtet sich auch die Häufigkeit der Falter.

Flugzeit: Im Süden und in warmen Gegenden gibt es zwei Generationen. Die I. fliegt Ende Juni bis Mitte Juli und die II. August bis Mai. Der Falter überwintert an geschützten Stellen, in Holzspalten, unterm Dach oder in alten Heustadeln.

Raupenzeit: I. Generation Mai bis Juni, die II. Juli bis August. Im nördlichen Teil des Verbreitungsgebietes kommt nur eine Generation zustande. Die Raupe ist tiefschwarz mit feinen weißen Punkten und schwarzen Dornen. Die Puppe ist heller grau-grün mit zwei Reihen glänzender Dornen und mehreren metallfarbenen Flecken. Tagpfauenaugenraupen leben gesellig. 150 Raupen können an einer Staude bis zur Verpuppung leben. Der Schmetterlingsforscher ROER hatte z. B. keine Schwierigkeiten, auf engem Raum 10 000 Raupen zu sammeln. Erst nach der letzten Häutung vereinzeln sich die Raupen, um sich an einem Versteck zu verpuppen. Als Hauptfeinde der Raupen zählen die 2 Fliegenarten *Sturmia bella* und *Phryxe vulgaris,* die den Tagpfauenaugenraupen empfindliche Verluste bringen können.

Futterpflanzen: Brennessel *(Urtica dioica)* und zur Not, wenn die Brennesselbestände zusammengefressen sind, auch Wilder Hopfen *(Humulus lupulus).* Die Raupen fressen gemeinsam die Blattspreiten bis auf die Rippen ab. Erst dann wechseln sie auf das nächste Blatt. Ist die ganze Staude abgefressen, so suchen sie eine weitere auf. Diese können sie weder durch Geruch noch mit Hilfe ihrer Augen finden; der Erfolg bleibt mehr dem Zufall überlassen. Aber am Grund des Stengels können die Raupen mit Hilfe ihres Tastsinns die richtige Futterpflanze erkennen. So ersteigen sie niemals irrtümlich eine falsche Pflanze.

Allgemeines: Wer gern Pfauenaugen in seinem Garten haben möchte, sollte in einer geeigneten Ecke eine Gruppe von Brennesseln stehen lassen. Die Falter entdecken sie bald, legen ihre Eier ab und ermöglichen damit die Beobachtung des vollen Lebenszyklus' dieser schönen Schmetterlingsart. Die aus den Puppen schlüpfenden Falter gehen gern an Sommerflieder *(Buddleia).* Dort kann man sie aus nächster Nähe bewundern, wie sie die Augen auf der Flügeloberseite präsentieren oder sie verschwinden lassen. Dann ähneln die hochgeklappten Flügel mit ihrer samtschwarzen Unterseite einem dürren Blatt der Brennessel. Das plötzliche Aufmachen bewirkt, daß die »Augen« Freßfeinde abschrecken. Für einen Augenblick gewinnt der Falter damit Zeit und kann sich in wendigem Flug meist der Gefahr entziehen. Gegen ihre Hauptfeinde, die parasitischen Fliegen und Schlupfwespen, nützt die Augenzeichnung natürlich nichts, denn sie parasitieren die Raupen.

Aglais urticae L. Kleiner Fuchs √

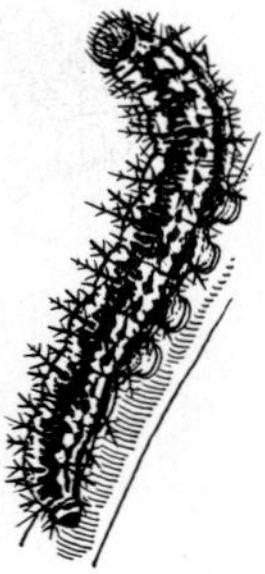

Merkmale: Die Vorderflügel erreichen eine Länge von 2,5 cm. Der Kleine Fuchs unterscheidet sich vom Distelfalter und vom C-Falter durch eine deutliche Reihe von Punkten am Außenrand der Vorder- und Hinterflügel. Diese Flekken sind halbmondförmig schwarz umrandet und blau gefüllt. Sie geben dem Falter ein besonders hübsches Aussehen, da sie im Kontrast zum Orange der Flügel stehen.

Fluggebiet: Überall in offenem Gelände, gern auch in Gärten, an Waldrändern und über Ödländern. Im Gebirge bis auf 3000 m Höhe.

Verbreitung: In ganz Europa bis zum Nordkap. Dürfte der einzige Tagfalter sein, der flächendeckend in ganz Europa vorkommt.

Häufigkeit: Nicht nur sehr weit verbreitet, sondern auch überall häufig. Man findet ihn mitten in Großstädten, in Parkanlagen und in Gärten. Zählt im Frühling zu den ersten.

Flugzeit: Im südlichen Europa tauchen die ersten Falter bereits Ende Februar auf, im Norden dagegen erst im Mai. In der Regel entwikkeln sich zwei Generationen, die I. Mitte Juni bis Mitte Juli, die II. August bis Mai. Die Falter überwintern in ihrer Heimat, meist gut versteckt in Holzspalten, auf Dachböden, in alten Heustadeln oder hinter Gemäuer.

Raupenzeit: I. Generation Mai bis Juni, die II. Generation Juli bis August. Die Raupen sind dunkel bis schwarz gefärbt mit doppelten gelblichen Seitenstreifen. Sie leben gesellig an Brennesseln, im Gegensatz zu den Raupen des Admirals, denen sie sehr ähnlich sehen. An ihrem Gruppenzusammenhalt kann man sie unterscheiden.

Futterpflanzen: Streng an das Vorkommen von Brennesseln *(Urtica dioica)* gebunden. Daher der lateinische Name *»urticae«*.

Allgemeines: Zählt mit den Kohlweißlingen und den Tagpfauenaugen zu den häufigsten Faltern Mitteleuropas.

Nymphalis polychloros L. Großer Fuchs RL!

Merkmale: Vorderflügel etwas länger als 3 cm. Oberseits auffallend orangerot gefärbt und mit schwarzen Punkten durchsetzt. Von einer Reihe anderer Falter nicht immer leicht zu unterscheiden. Von den ähnlichen Arten kommen nur Kleiner Fuchs und Distelfalter häufig vor. Mit etwas Übung kann man diese Arten vom seltenen Großen Fuchs schon an der Flugweise unterscheiden.

Fluggebiet: Weitverbreitet, fast in allen Biotopen anzutreffen, besonders jedoch in buschigem Gelände, im Gebirge bis 1500 m Höhe.

Verbreitung: Ganz Europa. In England nur im Süden. Norddeutschland und Südskandinavien besucht er gelegentlich als Einwanderer. Fehlt in Irland und auf Kreta.

Häufigkeit: In den letzten Jahrzehnten außerordentlich selten geworden durch Biotopveränderungen, das Verschwinden der Feldgehölze mit Ulmen, Weiden und anderen Laubbäumen, aber auch durch die Schadstoffbelastung der Umwelt. Früher galt der Große Fuchs als Schädling in Obstkulturen; heute gehört er zu den Arten der »Roten Liste«.

Flugzeit: Juli bis Mai. Falter überwintern in Holzspalten und suchen gern alte Stadel und Stollen auf. Streifen weit umher.

Raupenzeit: Mai bis Juli. Die Raupen leben gesellig. Meist suchen mehrere am selben Zweig nach Nahrung und verlassen diesen gemeinsam, wenn er kahlgefressen ist. So fallen sie sehr auf. Da sie keine größeren natürlichen Feinde haben, mit ihren zahlreichen Dornen sehr wehrhaft und für die meisten Singvögel ungenießbar sind, können sie sich Auffälligkeit leisten und die Anfälligkeit gegen Parasiten vermindern.

Futterpflanzen: Weiden, Pappeln, Ulmen. Seine Vorliebe für Obstbäume wurde dem Großen Fuchs zum Verhängnis, da die Obstbauern meist zu oft und unnötig früh Giftspritzungen gegen Schadinsekten ausbringen.

Vanessa atalanta L. Admiral

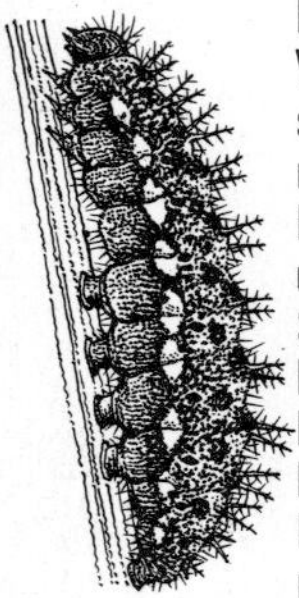

Merkmale: 2,5–3 cm lange Vorderflügel. Die auffallendsten Kennzeichen des Admirals sind ein leuchtendrotes Band auf dunklem Untergrund und die weißen Flecken in den Spitzen der Vorderflügel.

Fluggebiet: Sehr weit verbreitet: von der Meeresküste bis ins Gebirge in 2000 m Höhe. Besonders häufig kann man den Admiral im Herbst in Obstgärten an faulenden Birnen, Zwetschgen oder Äpfeln beobachten, wie er den Saft mit seinem langen Saugrüssel aufnimmt.

Verbreitung: Ganz Europa bis zum 62. Breitengrad. Einzelne Falter fliegen in warmen Jahren bis zum Polarkreis. Die Falter sind sehr kälteempfindlich, weshalb sie nördlich der Alpen im Herbst in den warmen Süden ziehen und erst im nächsten Frühjahr wieder zurückwandern. Sie sind »Zugvögel« unter den Faltern.

Häufigkeit: Der Admiral gehört glücklicherweise noch zu den häufigen Schmetterlingen unserer Heimat. Fast jeden Sommer kann man ihn beobachten, sogar mitten in Großstädten.

Flugzeit: Der Admiral fliegt im Mai, in höheren Lagen und in kalten Jahren im Juni nach Mitteleuropa ein. Dann folgen ein oder zwei Generationen, die sich überschneiden können. Normalerweise währt die I. Flugperiode von Juli bis August und die II. von September bis Oktober. In den letzten schönen Herbsttagen verlassen uns die Falter wieder.

Raupenzeit: I. Generation Juni bis Juli, die II. von August bis September. Die Färbung der Raupe schwankt zwischen Schwarz, Grün und Gelbbraun. Doch stets trägt sie auf der Seite je einen gelben Streifen und gelbe Dornen. Die Raupen des Admirals sind Einzelgänger. Sie leben in Blatt-Tüten von Brennesseln und verpuppen sich hier auch. An der Färbung und an ihrem Verhalten kann man die Raupen leicht von denen des Tagpfauenauges und des Kleinen Fuchses unterscheiden.

Futterpflanzen: Brennesseln, gelegentl. Disteln.

Vanessa cardui L. Distelfalter

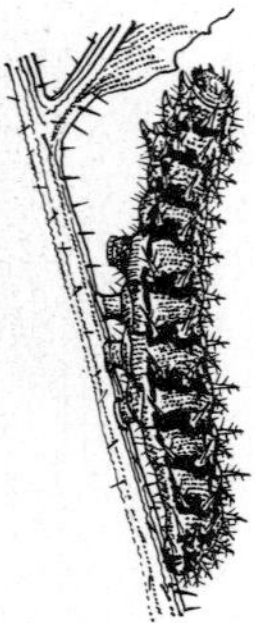

Merkmale: Vorderflügel fast 3 cm lang. Man könnte den Distelfalter in freier Natur mit dem ähnlichen Kleinen Fuchs verwechseln. Doch ist der Distelfalter allgemein blasser gefärbt, größer und im Flug viel schneller und unsteter. Ein eindeutiges Kennzeichen bilden die 5 kleinen Augenflecken auf der Unterseite der Hinterflügel. Beide Geschlechter gleich gefärbt.

Fluggebiet: Überall, wo es Brennesseln und Disteln gibt. Im Gebirge bis über 2000 m Höhe.

Verbreitung: Ganz Europa, doch nur in Südeuropa können die Distelfalter überwintern. Nördlich der Alpen müssen sie Jahr für Jahr einwandern. Manchmal ziehen sie in großen Scharen weit in den Norden und erreichen dabei Nordengland und sogar Island.

Häufigkeit: Einer der häufigsten Falter Europas. In den verschiedenen Jahren kann man ihn in unterschiedlicher Häufigkeit überall dort, wo Brennesseln wachsen, beobachten.

Flugzeit: Von Mai bis Juli fliegen die Distelfalter in die nördlich der Alpen gelegenen Gebiete ein. Der Zugang erfolgt je nach Witterung früher oder später. Meist treten zwei Generationen auf, die I. im Juli und August, die II. im August und September. In günstigen Jahren auch drei Generationen. Da sich der Einflug über einen großen Zeitraum hinzieht, fliegen oft im Gebiet geborene Falter und neu angekommene nebeneinander. Die Generationen schieben sich damit ineinander. Vor allem im Süden kann man die Generationen nicht genau voneinander trennen.

Raupenzeit: I. Generation Juni bis Juli, die II. im August und September. Doch auch hier kann man die Zeiten nicht scharf abgrenzen, da die Raupenzeiten in starkem Maße vom Einflug der Falter abhängen.

Futterpflanzen: Disteln, auch Klette, Brennessel, Huflattich.

Nymphalis antiopa L. Trauermantel RL!

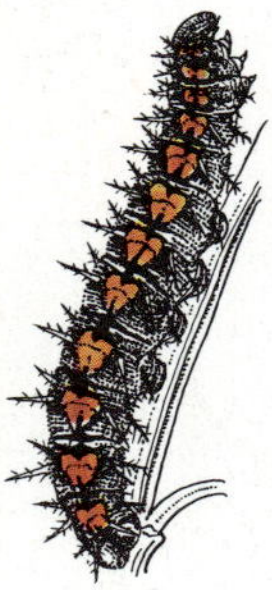

Merkmale: Mit 3,5 cm langen Vorderflügeln einer der größten Falter Europas. Dunkelbraune Grundfärbung mit dem breiten rahmfarbenen Rand mit keiner anderen Art zu verwechseln.

Fluggebiet: Lichte Wälder, Waldränder, Auen, in Schneisen und Schonungen, in buschbestandenem Gelände, in warmen Tälern, bis 2000 m Höhe, aber auch Gärten und Parks.

Verbreitung: Weite Teile Europas bis zum Nordkap. Fehlt im äußersten Süden von Spanien, in Griechenland und auf den Mittelmeerinseln. Nach England, Norddeutschland und Norwegen gelangen in günstigen Jahren einzelne wandernde Trauermäntel. Sie kommen dort auch zur Fortpflanzung, können sich aber wegen der naßkalten Witterung nicht dauerhaft halten.

Häufigkeit: Früher überall häufig anzutreffen. Nach dem Zweiten Weltkrieg schrumpfte aus bis heute ungeklärten Gründen der Bestand sehr stark zusammen. Er hält sich anhaltend niedrig, aber erstaunlich konstant. So kann man in vielen Gebieten Trauermäntel regelmäßig in einzelnen Exemplaren beobachten.

Flugzeit: Ende Juli bis Juni. Die Falter überwintern.

Raupenzeit: Juni bis Juli. Die schwarzen Raupen tragen eine Reihe rostroter Punkte auf dem Rücken. Wehrhafte Dornen befinden sich beidseitig auf jedem Segment des Körpers.

Futterpflanzen: Birke, Espe, Salweide und Ulme. Kleinere und mittelgroße Bäume werden bevorzugt.

Allgemeines: Im weiten Verbreitungsgebiet, das fast ganz Europa, das gemäßigte Asien und Nordamerika umfaßt, gibt es keine Ausbildung von Formen und Rassen. Das hellere Band im Frühjahr ist eine Folge des Verblassens während der Überwinterung und nicht auf eine eigenständige Frühjahrs- oder Herbstform zurückzuführen.

Charaxes jasius L. Erdbeerbaumfalter

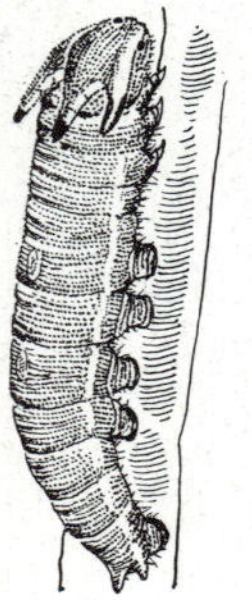

Merkmale: Sehr großer und auffallender Falter. Vorderflügel über 4 cm Länge. Das Dunkelbraun der Oberseite wird auf den Vorderflügeln durch eine breite hellbraungelbe Binde begrenzt. Dieses Band setzt sich auf den Hinterflügeln fort, wo es schwarz umrandet ist. Beim ruhenden Falter kann man je 4 blaue Flecken erkennen. Diese und die 2 Schwänze an den Hinterflügeln sowie die auffallende Größe – ein ♀ kann eine Flügelspannweite von 10 cm erreichen – sind die besten Kennzeichen für diese Art. In ihrem Fluggebiet kaum zu übersehen.

Fluggebiet: An warmen Meeresküsten bis in 500 m Höhe, auch in Parklandschaften und Auwäldern.

Verbreitung: Vor allem an den östlichen Mittelmeerküsten Griechenlands, Jugoslawiens und Ostitaliens, einschließlich der großen Inseln. Von da ab in Richtung Westen seltener. In Spanien und Portugal spärlich vertreten.

Häufigkeit: Im Kerngebiet der Verbreitung nicht selten, sonst in geringen Beständen.

Flugzeit: Zwei Generationen. I. Mai bis Juni, II. August bis September.

Raupenzeit: I. Generation September bis April, II. Juni bis Juli. Die Raupe überwintert auf immergrünen Pflanzen. Sie ist leuchtend grün gefärbt und mit zahllosen kleinen gelben Pünktchen übersät. Am Kopf trägt sie 4 Hautfortsätze, von denen die beiden mittleren am Ende einen roten Punkt tragen. Der Rücken weist 2 große grüne Punkte auf.

Futterpflanzen: Wie bei vielen Schmetterlingen trägt auch dieser Falter seinen Namen von der Futterpflanze: dem Erdbeerbaum *(Arbutus unedo),* der am Mittelmeer häufig vorkommt.

Allgemeines: Meist sitzt das ♂ am äußersten Ende eines Ästchens des Erdbeerbaumes und wartet auf ein vorbeifliegendes ♀. Da Schmetterlinge verhältnismäßig schlecht sehen, fliegt er oft falschen Objekten nach.

Polygonia c-album L. C-Falter, C-Fuchs

Merkmale: Vorderflügel 2,5 cm lang. Ähnelt einem zerfransten Kleinen Fuchs. Die Unterschiede ergeben sich aus der Verteilung und Ausdehnung der schwarzen Punkte auf der Flügeloberseite sowie an der gezackten Form der Flügel. Das C auf der Flügelunterseite ist das charakteristische Merkmal, das dem Falter seinen Namen gab.

Fluggebiet: An Waldrändern, in Lichtungen, in buschreichem Gelände, in Auen und Gärten, im Gebirge bis 2000 m Höhe sowie in Tälern.

Verbreitung: In ganz Europa bis zum 66. Breitengrad. Auch auf vielen Mittelmeerinseln.

Häufigkeit: Früher war der C-Falter wesentlich häufiger als heute. Doch schwankt seine Häufigkeit von Jahr zu Jahr sehr. Ein Trend für die letzten 15 Jahre läßt sich nicht erkennen. Gebietsweise fliegt er noch recht häufig, vor allem in Auwäldern.

Flugzeit: Normalerweise werden zwei Generationen ausgebildet. Die I. fliegt von Ende Juni bis Ende Juli und die II. Mitte August bis Anfang Juni. Die II. Generation entwickelt sich nur teilweise. Im Gebirge tritt nur eine Generation auf, da sich dort der Sommer über die kurze Zeitspanne von nur wenigen Wochen erstreckt. Schon im August ziehen sich die Falter in ihre Überwinterungsquartiere zurück.

Raupenzeit: I. Generation Mai bis Juni, II. Generation Juli bis August. Die Raupe ist bizarr geformt mit einer weißen Fläche auf der hinteren Oberseite.

Futterpflanzen: Die C-Falter-Raupen findet man an Brennesseln, Haselsträuchern, Wildem Hopfen; in Gärten an der Roten und Schwarzen Johannisbeere sowie an der Stachelbeere.

Allgemeines: Neben dem bei uns heimischen C-Falter kommt im östlichen Mittelmeerraum noch der Gelbe C-Falter *(Polygonia egea Cr.)* vor. Man kann ihn an dem kleineren und mehr wie ein Y aussehenden C-Muster auf der Flügelunterseite erkennen.

Araschnia levana L. Landkärtchen

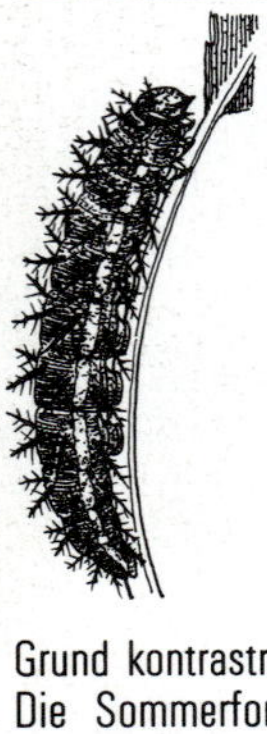

Merkmale: Vorderflügel knapp 2 cm lang. Das Landkärtchen zeichnet sich durch 2 Formen aus (in der Fachsprache nennt man dies *Saisondimorphismus),* die Frühjahrs- und die Sommerform. Erste (I. Generation) ist oberseits gelborange mit schwarzen Flecken, während sich auf der Unterseite ein weißes Gittermuster auf orangefarbenem Grund kontrastreich abhebt (die »Landkarte«). Die Sommerform *(f. prorsa)* sieht mit ihrer schwarzen Grundfarbe und den weißen Bändern völlig anders aus, auch wenn die gelben und orangefarbenen Flecken an die Frühjahrsform erinnern.

Fluggebiet: Weit verbreitet in Auen und feuchten Wäldern. Schattige und halbschattige Bereiche werden bevorzugt. Gern im Hügelland, aber nicht über 1000 m.

Verbreitung: Das Hauptverbreitungsgebiet liegt im gemäßigten Europa. Es bildet einen breiten Gürtel von Frankreich, über Mitteleuropa und Zentralasien bis Japan. Das Landkärtchen fehlt an der Nordseeküste, in England, Irland, Dänemark (hier nur lokal), Skandinavien und Finnland, aber auch in weiten Bereichen Spaniens, Portugals, Italiens, Jugoslawiens und Griechenlands.

Häufigkeit: Stellenweise noch sehr häufig, doch meist nur noch örtliche Verbreitung.

Flugzeit: Zwei Generationen. I. Ende April bis Mitte Juni, II. Mitte Juli bis August. In sehr seltenen Fällen fliegt eine III., unvollständige Generation.

Raupenzeit: I. Generation August bis September, II. Juni bis Juli. Die Puppe überwintert. Die Raupe hat eine tief schwarz-braune Farbe mit zahlreichen ebenso dunkel gefärbten Dornen.

Futterpflanzen: Streng gebunden an Brennesseln. Vor allem solche, die unter Gebüsch wachsen.

Frühjahrsform

Limenitis populi L. Großer Eisvogel RL!

Puppe auf Seite 283

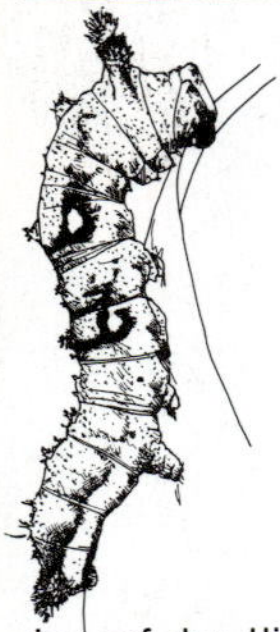

Merkmale: Der Vorderflügel erreicht gut 4 cm. Einer der größten heimischen Falter. Oberseits dunkel mit weißen, teilweise mehr oder weniger braun gefärbten, im unteren Bereich orangeroten und schwarzen Flecken. Unterseits orangebraun mit weißen und blaugrauen Flecken. Das ♀ wird größer als das ♂ und hat auffallendere weiße Binden auf den Hinterflügeln.
Fluggebiet: An Waldwegen und Waldrändern im Hügelland und in Gebirgstälern, auch in Auen; bis in 1500 m Höhe.
Verbreitung: Frankreich, Mittel- und Osteuropa bis zum 64. Breitengrad. Fehlt in Westfrankreich, in der Norddeutschen Tiefebene, in England, Spanien und Portugal; auch in Italien, Griechenland und auf den Mittelmeerinseln bisher nicht nachgewiesen.
Häufigkeit: Nur örtliche, zahlenmäßig kleine Vorkommen in Deutschland. Hochgradig bedroht. **Steht unter Naturschutz.**
Flugzeit: Juni bis Juli in einer Generation.
Raupenzeit: August bis Mai. Die Raupen überwintern an Spitzen von Espenzweigen in kleinen Gespinsten. Im August stellen sie die Nahrungsaufnahme ein und begeben sich ins »Hibernarium«, in dem sie meist in kleinen Gruppen überwintern. Die Verpuppung erfolgt in nächsten Frühjahr auf der Blattoberseite. Die Raupe ist grün und trägt an der helleren Seite Spiegelflecken. Mit einem ziemlich langen Dornenpaar versucht sie, Feinde, wie Singvögel, abzuwehren. Naßkalte Jahre schaden den Faltern mehr als natürliche Feinde.
Futterpflanzen: Die Raupen leben an Zitterpappeln *(Populus tremula)*. Die Seltenheit des Großen Eisvogels hängt auch mit dem Rückgang der Zitterpappel zusammen.
Allgemeines: Sein Schutz ist eine Frage des Biotopschutzes. Um die Art zu erhalten, müssen genügend große Bestände von Zitterpappeln vorhanden sein.

Limenitis camilla L. Kleiner Eisvogel

Kleiner Eisvogel Großer

Merkmale: 3 cm lange Vorderflügel. Oberseits schwarz-weiß, unterseits bunt. Von dem sehr ähnlichen *L. reducta,* dem **Blauschwarzen Eisvogel,** kann man ihn an 2 Reihen schwarzer Punkte unterscheiden.
Fluggebiet: Sowohl *L. camilla* als auch *L. reducta* leben in feuchten Auen und lichten Laubwäldern. Im Gebirge bis zur Baumgrenze.
Verbreitung: In weiten Bereichen Frankreichs, Mitteleuropas, Italiens, Jugoslawiens und Osteuropas überschneiden sich beide Arten. Doch kommt *L. reducta* mehr im Süden und *L. camilla* mehr im Norden vor.
Häufigkeit: Stellenweise in Mitteleuropa noch recht häufig. Sein Vetter *L. reducta* ist nördlich der Alpen nur sehr selten vertreten.
Flugzeit: Mitte Juni bis Mitte August in einer Generation. Dasselbe gilt für *L. reducta.*
Raupenzeit: August bis Anfang Juni. Die Raupe überwintert sehr klein in einem Gespinst. Sie ist grün und trägt weinrote Dornen.
Futterpflanzen: Geißblatt, seltener Heckenkirsche und Schneebeere.
Ähnliche Art: Blauschwarzer Eisvogel *Limenitis reducta,* der von Westfrankreich, Spanien, dem Mittelmeerraum bis nach Osteuropa vorkommt und sich im südlichen Mitteleuropa mit dem Kleinen Eisvogel überschneidet. Auf den Hinterflügeln trägt diese Art nur eine einfache Reihe runder dunkler Punkte.

♀

Apatura iris L. Großer Schillerfalter RL!

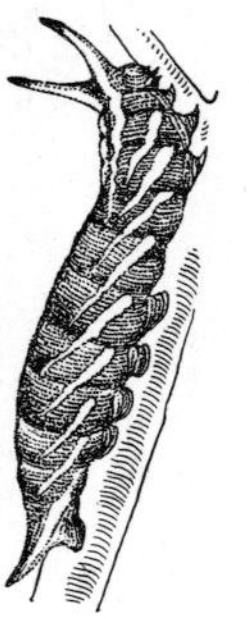

Merkmale: 2,8–3,3 cm lange Vorderflügel. Charakteristisch für alle Schillerfalter ist der Blauschiller auf den Flügeln. Die zackenförmigen Ausbuchtungen der Hinterflügel verleihen diesen Faltern zusätzlich ein exotisches Aussehen. Man unterscheidet 2 Arten, den Großen und den Kleinen Schillerfalter. Während der Große nur auf den Hinterflügeln 2 orange umrandete Augen trägt, hat der Kleine Schillerfalter auf allen 4 Flügeln je ein »Auge«. Die ♀ beider Arten zeigen keinen Schiller, aber die arttypische Augenfleckenverteilung.

Fluggebiet: In lichten Auwäldern, Laubmischwäldern von der Meeresküste bis ins Gebirge in 1000 m Höhe. Voraussetzung für die Anwesenheit von Schillerfaltern ist die Weide.

Verbreitung: Nördliche Arealgrenze am 60. Breitengrad. Fehlt in Mittel- und Nordengland, in Irland, Skandinavien und Südeuropa.

Häufigkeit: Lokal verbreitet. In günstigen Jahren öfter zu beobachten. Geht gern an Exkremente und läßt sich leicht anködern.

Flugzeit: Eine Generation von Mitte Juni bis Mitte August. Die sehr wärmeliebende Art bevorzugt die heißen Mittagsstunden. In den frühen Morgenstunden sitzen die Falter bewegungslos an ihren Schlafplätzen.

Raupenzeit: August bis Juni. Die Raupe überwintert. Sie ist grün mit gelben Punkten und hellen Seitenstreifen.

Futterpflanzen: Verschiedene Weidenarten, wie Salweide *(Salix caprea)*, Ohrenweide *(S. aurita)* und Grauweide *(S. cinerea)*.

Allgemeines: Der Schiller, der den Faltern ihren Namen gab, beruht nicht etwa auf einem blauen Farbstoff, sondern stellt eine Strukturfarbe dar, die durch teilweise Reflexion der blauen Wellenlänge des Lichtes entsteht. Die Schillerwirkung rufen winzige Luftkammern in den Schuppen hervor.

Apatura ilia SCHIFF. Kleiner Schillerfalter RL!

Merkmale: Die Vorderflügel werden 3,2–3,5 cm lang. Dem **Großen Schillerfalter** ähnlich, doch an den beiden zusätzlichen Augenflecken auf der Oberseite der Vorderflügel und am Fehlen eines zahnartigen Vorsprungs in der weißen Binde im Hinterflügel zu unterscheiden. Das ♀ ist größer und trägt keinen Schiller. Häufig sind die inneren weißen Flecken gelb gefüllt. Beide Formen, die weiße wie die gelbe, kommen nebeneinander vor und vermischen sich frei.

Fluggebiet: An Waldrändern, in Lichtungen von Mischwäldern, die auf Kalkböden stehen; an Waldbächen, in sonnenbeschienenen Gebirgstälern und besonders gern in lichten Auwäldern mit Weiden, Pappeln und Espen.

Verbreitung: Frankreich, Mitteleuropa, fehlt in Norddeutschland, im Osten weit nach Asien hineinreichend, im Süden bis Mittelitalien und Nordgriechenland. Fehlt auf den Mittelmeerinseln. Begrenzte Vorkommen in Spanien und Portugal, fehlt in Skandinavien und England.

Häufigkeit: Der Kleine Schillerfalter gehört zu den Schmetterlingsarten, die auf der »Roten Liste« stehen und **streng geschützt** sind. Doch geht die eigentliche Bedrohung der Falter nicht von der direkten Nachstellung aus, sondern von der Zerstörung ihrer Lebensräume.

Flugzeit: Von Juli bis Anfang August in einer Generation. Damit deutlich kürzer als beim großen Schillerfalter.

Raupenzeit: August bis Juni. Raupenstadium siehe Großer Schillerfalter.

Futterpflanzen: Zitterpappel *(Populus tremula)*, auch an anderen Pappeln und Weiden.

Allgemeines: Neben der Nominatform des **Kleinen Schillerfalters** kennt man den sogenannten Rotschiller, *f. clytie*. Bei ihm sind die inneren weißen Bereiche gelb-orange gefüllt. Diese Varietät kommt gebietsweise häufiger vor als die Nominatform. Die Raupe überwintert nach der zweiten Häutung an Pappelästen.

♂

♀

♂

Argynnis paphia L. Kaisermantel, Silberstrich

Puppe auf Seite 283

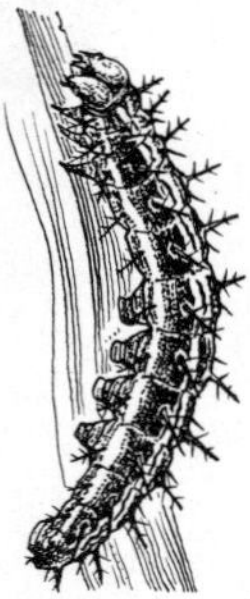

Merkmale: Mit 3,5 cm langen Vorderflügeln gehört der Kaisermantel, auch **Silberstrich** genannt, zu den größten Schecken- und Perlmutterfaltern. Oberseits ist er leuchtend orangebraun gefärbt mit eingestreuten schwarzen Punkten und Strichen. Auf der Unterseite fallen besonders die silbrig-weißen Streifen und Flügelsäume auf, die ihm den Namen gaben. Das ♀ kommt in 2 Formen vor: die eine gleicht dem ♂, die andere ist dunkler und grün überhaucht.

Fluggebiet: Bevorzugt Lichtungen und Waldränder des Hügellandes sowie sonnige Wiesen in Gebirgstälern. Bis in 1000 m Höhe.

Verbreitung: Fast ganz Europa bis zum 63. Breitengrad. Fehlt in Südspanien und Kreta.

Häufigkeit: Nicht selten. In günstigen Jahren mitunter sogar häufig.

Flugzeit: Die Falter fliegen von Ende Juni bis Mitte September in einer Generation.

Raupenzeit: Die Raupen schlüpfen im September, überwintern sehr klein, manchmal sogar als fertig entwickelte Räupchen innerhalb der Eischale. Ausgewachsen zeigt die Raupe eine hübsche Färbung: Über dem tiefschwarzen Körper verläuft auf dem Rücken ein breites gelbes Band, das von vielen feinen schwarzen Streifen unterteilt ist. Auf der Seite liegen zahlreiche gelbe Punkte. Besonders auffallend sind die sehr langen, dunkelgelben Dornen am ersten Segment des Raupenkörpers.

Futterpflanzen: Die Raupen des Kaisermantels findet man an Veilchen *(Viola silvestris* und *V. palustris),* daneben auch an Himbeeren *(Rubus idaeus).* Im Gegensatz zu anderen Raupen entfernen sie sich von ihrer Futterpflanze.

Allgemeines: Tritt in vielen Variationen auf, so z. B. in Spanien, auf Korsika und in Algerien. Auch bei uns findet man immer wieder grau bis schwarz überhauchte Exemplare. Sie verpaaren sich frei mit den normal gefärbten Kaisermänteln.

Speyeria aglaja L. Großer Perlmutterfalter

Raupe auf Seite 278

Merkmale: Mit 3 cm langen Vorderflügeln fällt der Große Perlmutterfalter deutlich kleiner aus als der ähnliche Kaisermantel. Zum Unterschied zu diesem fehlen ihm die Silberstreifen auf den Hinterflügeln, deren Unterseite gelb ist, manchmal ins Grüne übergehend, und silbrige Flächen trägt, die perlmutterartig schimmern. Die ♀ sind blasser gefärbt.

Fluggebiet: Auch in den Biotopansprüchen liegen Großer Perlmutterfalter und **Kaisermantel** dicht beieinander. Beide leben gern in lichten Wäldern der Mittelgebirge. Das Wechselspiel zwischen Licht und Schatten mögen sie ganz besonders. Im Gebirge trifft man sie bis zur Baumgrenze an. In Auwäldern sind sie seltener.

Verbreitung: Über ganz Europa hinweg. Das Vorkommen reicht fast bis ans Nordkap. Die Art fehlt aber auf den Mittelmeerinseln mit Ausnahme Siziliens.

Häufigkeit: Ähnlich häufig wie der **Kaisermantel:** in geeigneten Biotopen findet man ihn alljährlich in wechselnder Anzahl.

Flugzeit: Eine Generation mit einer langen Flugzeit von Mitte Juni bis Mitte August.

Raupenzeit: August bis Juni. Die Raupen des Großen Perlmutterfalters und des Kaisermantels kann man leichter unterscheiden als die Falter selber. Beim Großen Perlmutterfalter sind sie dunkel, über ihren Rücken verlaufen parallel 2 weiße Linien. An der Seite befinden sich rote Punkte und kleine Flecken. Ihre abwehrenden Dornen sind wie der Kopf schwarz.

Futterpflanzen: Meist Veilchen *(Viola tricolor* u. a.), daneben Wiesenknöterich *(Polygonum bistorta).* Die Raupe überwintert sehr klein. Erst im Frühjahr beginnt sie zu fressen und zu wachsen. Tagsüber hält sie sich versteckt, wobei sie sich auch von der Futterpflanze ein Stück entfernt. Nachtaktiv.

♂

Issoria lathonia L.
Kleiner Perlmutterfalter RL!

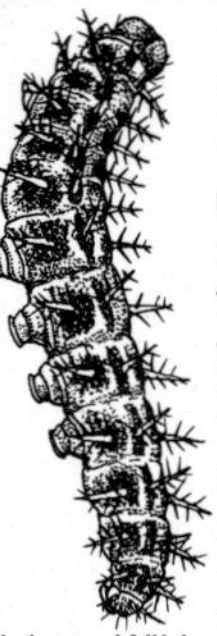

M: 2–2,2 cm lange Vorderflügel. Mittelgroß, dunkle Bestäubung auf der Oberseite der Hinterflügel. **Fg**: Trockenrasen, Hänge, Blößen, Brachflächen. **Vb**: In ganz Europa verbreitet. **H**: Früher viel häufiger. **Fl**: Zwei Generationen: I. April bis Mai, II. Juli bis Mitte September. **Rz**: I. September bis April, II. Juni bis Juli. Raupe überwintert. **FR**: Veilchen, Wildes Stiefmütterchen.

Clossiana selene SCHIFF.
Braunfleckiger Perlmutterfalter

M: 1,8–2 cm Vorderflügellänge. **Fg**: Nasse Wiesen, feuchte Hänge, Bruchgebiete, Auen, Waldränder. **Vb**: In Europa weit verbreitet, fehlt jedoch weitgehend im Mittelmeerraum und in Irland. **H**: Häufig. **Fl**: Zwei Generationen: I. Ende Mai bis Anfang Juli, II. Ende Juli bis Mitte September. **Rz**: I. September bis Mai, II. Juli. Raupe überwintert. **FR**: Hunds- und Sumpfveilchen.

Melitaea cinxia L.
Gemeiner Scheckenfalter

M: 1,5–2 cm lange Vorderflügel. Flügeloberseite dunkel gezeichnet; mitunter verwaschen. Unterseite der Vorderflügel fast zeichnungslos okkergelb, an der Spitze weißlich aufgehellt. **Fg**: Blumenwiesen, feuchte Wiesentäler, Waldränder. **Vb**: In ganz Europa verbreitet, bis 2000 m Höhe. **Fl**: Ende Mai bis Anfang Juli. **Rz**: Juli bis Mai. Raupe überwintert. **FR**: Spitzwegerich.

Euphydryas maturna L.
Kleiner Maivogel RL! *Raupe Seite 278*

M: 2,1–2,4 cm lange Vorderflügel. Schwer bestimmbarer Scheckenfalter, der nur in einem begrenzten Gebiet Europas vorkommt. **Rg**: Da die Art an das Vorkommen von Eschen gebunden ist, auch **Eschen-Scheckenfalter** genannt; man findet ihn in feuchten Tälern und Laubmischwäldern: **Vb**: Lokal in Frankreich, Mitteleuropa, Ungarn, auch in Norddeutschland und im Süden Fennoskandiens. **H**: Nicht häufig: **Fl**: Ende Mai bis Anfang Juli. **Rz**: Juli bis Mai, Raupe überwintert. **FR**: Raupen fressen im Herbst an Eschengebüsch, im Frühjahr wechseln sie auf niedere Kräuter.

Clossiana euphrosyne L.
Veilchen-Perlmutterfalter

M: 2–2,2 cm lange Vorderflügel, die schwarz gezeichnet sind. Zentraler Silberfleck auf Unterseite der Hinterflügel. **Fg**: Waldränder, Lichtungen, Kahlschläge. **Vb**: In ganz Europa weit verbreitet. Bis zum Nordkap. **H**: Meist häufig, doch in den letzten Jahrzehnten rückläufig. **Fl**: Mitte Mai bis Mitte Juli. **Rz**: Juli bis Mai. Raupe überwintert. **FR**: Veilchenarten, besonders Waldveilchen.

Melitaea phoebe D. & S.
Großer Scheckenfalter

M: 2,1 cm Vorderflügellänge. Zeichnung der Flügelunterseite sehr charakteristisch. Oberseite kräftig schwarz gemustert. **Fg**: Sonnige Lagen an Hängen, besonders auf Kalkböden. **Vb**: Alpenvorland und südlicheres Europa. **H**: Nur örtlich etwas häufiger, meist selten oder vereinzelt. **Fl**: Juni. **Rz**: Juli bis Mai; Raupe überwintert. **FR**: Flockenblumen *(Centaurea spec.)*, Speerdisteln *(Cirsium lanceolatum)* und Färberscharte.

Melanargia galathea L. Schachbrett, Damenbrett

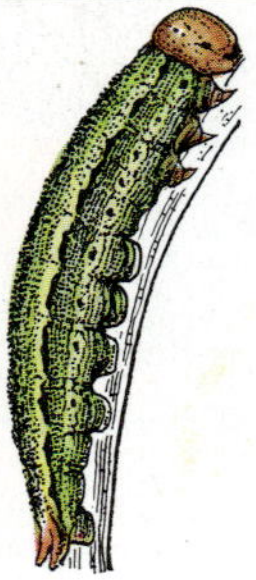

Merkmale: 2,6–2,8 cm lange Vorderflügel. Die Oberseite beider Flügelpaare ist auffallend schwarz-weiß wie ein »Schachbrett« gemustert. Das ♀ hat im Gegensatz zum ♂ eine hellere, gelblich überhauchte Unterseite. Es wird auch **Damenbrett** genannt.

Fluggebiet: An trockenen Hängen, Waldwiesen, Lichtungen des Hügellandes, aber auch im Gebirge bis nahe 2000 m Höhe.

Verbreitung: Über weite Bereiche Europas bis Südengland. Fehlt in der Norddeutschen Tiefebene weitgehend, in Dänemark, Skandinavien, Finnland sowie im Süden Spaniens, Portugals und Südfrankreichs, wo das Schachbrett jedoch von ganz ähnlichen Formen ersetzt wird. In Süddeutschland ist das Schachbrett wesentlich häufiger als in Mittel- und Westdeutschland.

Häufigkeit: In geeigneten Biotopen, wie Magerrasen an sonnigen Hängen, fliegt das Schachbrett sehr häufig. In Nordwestdeutschland tritt es nur in günstigen Jahren in größerer Anzahl auf. Sonst ist es ausgesprochen selten.

Flugzeit: Ende Juni bis August in einer Generation. Das Schachbrett ist als ausgesprochener Sommerflieger an heißen Sommertagen besonders in den Mittagsstunden aktiv.

Raupenzeit: September bis Juni. Die Raupe überwintert. Sie ist grünlich, manchmal sandfarben und mit einigen hellen Längsstreifen versehen. Sie trägt eine kurze, dichte Behaarung und eine kurze Schwanzgabel, die kennzeichnend für die ganze Familie ist.

Futterpflanzen: Die Raupen fressen immer nur nachts: an weichen Gräsern, wie Lieschgras *(Phleum)*, Honiggras *(Holcus)* u. a. Tagsüber verstecken sie sich im Gras und im Wurzelbereich vor ihren Feinden, vor allem vor den Singvögeln.

Allgemeines: Das sehr variable Schachbrett entwickelte eine Anzahl örtlicher Formen.

Aphantopus hyperantus L Brauner Waldvogel

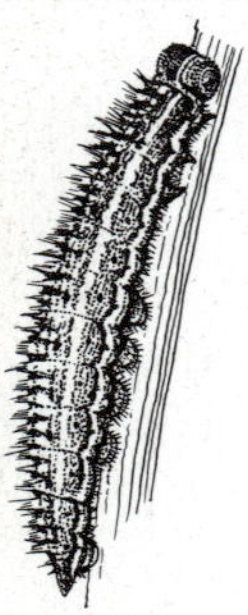

Merkmale: 2,5 cm lange Vorderflügel. Mittel- bis dunkelbraun gefärbter Falter mit dunkel gekernten, hell umrandeten kleinen »Augen«, auf den Oberseiten schwächer, auf den Unterseiten kräftiger ausgebildet. Schwankt stark in Tönung und Anzahl der Augen. Aus den Flecken der Unterseite tritt im dunklen Kern noch ein weißer Punkt hervor, der die Wirkung der hellen Ringe verstärkt.

Fluggebiet: In verschiedensten Lebensräumen. Besonders häufig trifft man ihn über feuchtem Gelände, aber auch über bunten Blumenwiesen, in lichten Wäldern, an Waldrändern, im Hügelland wie im Gebirge, wo er bis auf 1500 m Höhe ansteigt.

Verbreitung: Europa. Fehlt in Nordengland, in Skandinavien ab dem 64. Breitengrad kaum mehr zu beobachten. Im Süden fehlt er auf der Iberischen Halbinsel südlich der Pyrenäen. In den Pyrenäen selbst ist er regelmäßig anzutreffen. Fehlt auch in Italien, Griechenland und auf den Mittelmeerinseln.

Häufigkeit: Häufig bis gemein; in jedem Sommer kann man den Braunen Waldvogel an geeigneten Stellen örtlich zahlreich beobachten. Typisch für ihn ist sein langsamer »bedächtiger« Flug. Wenn er sich niederläßt, klappt er sofort die Flügel zu. Dann sieht man die »Augen« auf der Unterseite der Hinterflügel gut.

Flugzeit: Mitte Juni bis August in einer Generation.

Raupenzeit: September bis Mai. Die Raupe überwintert. Sie ist unscheinbar grau-braun gefärbt mit dunklerer Mittellinie.

Futterpflanzen: Die Raupen fressen nur wenig, wenn sie im Herbst schlüpfen, da das Nahrungsangebot an frischen, saftigen Gräsern im September schon zurückgeht. Erst im nächsten Jahr, wenn weiche Gräser wie *Holcus, Milium, Poa* und *Carex* frische Triebe zeigen, beginnt ihre Aktivität. Sie nehmen ihre Nahrung nachts auf.

♂

♀ ♂

Hipparchia fagi SCOP. Großer Waldportier RL!

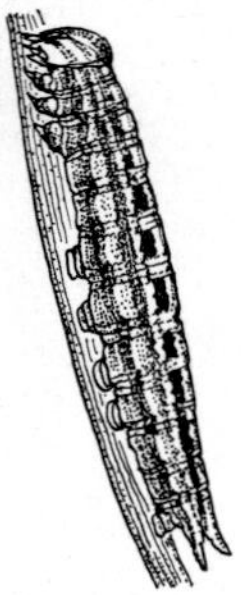

Merkmale: Mit 4 cm langen Vorderflügeln ein beachtlich großer Schmetterling. Auch durch seine Färbung ist der Große Waldportier ein auffallender Schmetterling. Seine dunklen Flügel tragen ein mehr oder weniger helles Band, in dem sich 1 oder 2 Augenflecke deutlich absetzen. Die Unterseite ist kontrastreicher, da das Band kaum überstäubt ist, sondern fast weiß bleibt. Wie bei fast allen Faltern ist das ♀ größer als das ♂. Man kann es auch an der mehr gelblichen Farbe des Bandes erkennen.

Fluggebiet: Lichtungen warmer Laubwälder, auch an deren Rändern und auf trockenen Wiesen. Kommt bis in 1000 m Höhe vor.

Verbreitung: Von den Pyrenäen an nach Westen und Norden, doch nicht nördlich des 52. Breitengrades, in Frankreich und Mitteleuropa, hier jedoch nördlich der Alpen nur auf »Wärmeinseln«, wie dem Kaiserstuhl und der Pfalz. Im Süden trifft man ihn in Italien und auf der Balkanhalbinsel.

Häufigkeit: Der Große Waldportier gehört zu den seltenen Faltern; nirgends häufig.

Flugzeit: Mitte Juli bis Mitte August in einer Generation. Die Falter fallen dank ihrer Größe zwar auf, doch können sie sich ausgezeichnet verstecken. Dazu setzen sie sich an einen Baumstamm und klappen die Flügel ganz zusammen. Ihre Unterseite trägt ein Rindenmuster, das den Falter gleichsam verschwinden läßt. So entdeckt man den Großen Waldportier stets nur im Flug. Man muß sehr genau beobachten, wenn man verfolgen möchte, wo er sich niederläßt.

Raupenzeit: September bis Juli. Die Raupen überwintern im Laub, wo sie sich mit Schüttelbewegungen eine kleine Mulde schaffen. Sie sind hell gefärbt und tragen feine Streifen.

Futterpflanzen: Die Raupen leben an weichen Gräsern, wie *Bromus, Lolium* und vor allem an *Holcus*-Arten. Sie sind nachtaktiv.

Hipparchia hermione SCHIFF. Kleiner Waldportier RL!

Merkmale: Mit 3,5 cm langen Vorderflügeln erreicht der Kleine Waldportier nicht ganz die Größe des **Großen Waldportiers;** doch sind viele Exemplare gleich groß, so daß man die beiden ähnlichen Arten nicht an der Größe unterscheiden kann. Auch die breiten Bänder der Ober- und Unterseite sowie die Augen bieten kein sicheres Unterscheidungsmerkmal. Die eindeutige Bestimmung muß in vielen Fällen über eine Genitaluntersuchung durch den Fachmann vorgenommen werden. Mitunter kann auch der Fundort als Bestimmungshilfe herangezogen werden, wenn sich die Vorkommen beider Arten nicht überschneiden. Dies trifft nur für ein kleines Areal zu.

Fluggebiet: Während der **Große Waldportier** mehr in Lichtungen von Laubwäldern fliegt, trifft man den Kleinen eher in Blößen von Kiefernwäldern an. Doch auch er liebt trockene, sandige Böden. Sein Vorkommen beschränkt sich im Süden auf Hügel- und Bergland bis 1500 m Höhe.

Verbreitung: Das geschlossene Vorkommen reicht von Südfrankreich über die Alpenländer und Süddeutschland nach Osteuropa hinein, wo die Art vor allem im Osten weiter nördlich lebt als der Große Waldportier. Auf der Iberischen Halbinsel und in Italien hat der Kleine Waldportier mehr inselartige Areale. Er ist dort auf die Gebirge beschränkt.

Häufigkeit: Wie sein Vetter, der **Große Waldportier,** ist auch der Kleine ein seltener Schmetterling.

Flugzeit: Juli bis August. Beim Ruhen suchen die Falter Baumstämme auf, deren Rinde dem Muster der Flügelunterseite ähnelt. So sind sie bestens getarnt, wenn sie sich dort mit zusammengeklappten Flügeln ausruhen.

Raupenzeit: September bis Juni. Die Raupe überwintert. Zwar ähnelt sie der des **Großen Waldportiers,** aber sie ist deutlich bunter gezeichnet. Tagsüber verstecken sich die nachtaktiven Raupen in der Vegetation.

Futterpflanzen: Hartgräser, vor allem Fiederzwenke.

Hipparchia semele L. Rostbinde RL!

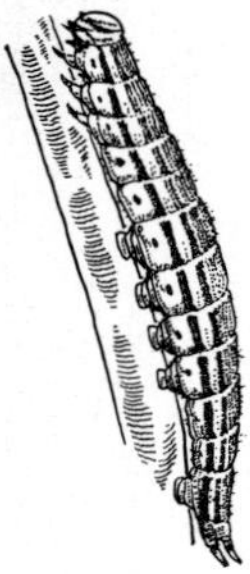

M: 2,4–2,8 cm lange Vorderflügel. Auf braunen Flügeln ein oft unterbrochenes gelbes bis dunkel überstäubtes Band; auf jedem Flügel 1 oder 2 Augen. **Fg**: Sandige, warme Flächen von der Meeresküste bis in 2000 m Höhe. **Vb**: Ganz Europa bis Südskandinavien und Nordengland. **H**: Nicht häufig. **Fl**: Juli bis September. **Rz**: September bis Juli. Raupe überwintert. **FR**: Trockene Gräser. Wenig anspruchsvoll bei der Nahrungswahl.

Minois dryas SCOP. Blauäugiger Waldportier RL!

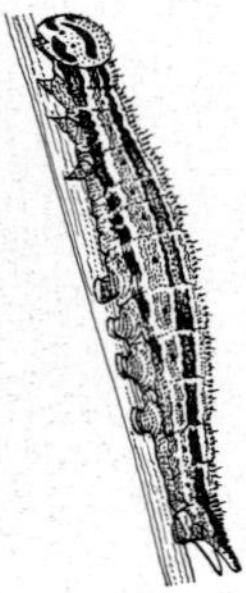

M: 3 cm lange Vorderflügel. Charakteristische Augenflekken. **Fg**: Anmoorige und moorige Wiesen, warme, feuchte Quellhänge und sumpfige Waldwiesen. **Vb**: Inselartiges Vorkommen in Nordspanien, Frankreich, Mittel- und Osteuropa. **H**: Selten. **Fl**: Juli bis August. Typisch ist sein hüpfender Flug. Eine Generation. **Rz**: September bis Juni. Raupe überwintert. **FR**: Pfeifengras u. a.

Arethusana arethusa SCHIFF. Rotbinden-Samtfalter RL!

M: Brauner Falter mit orangefarbener Binde auf der Vorderseite beider Flügelpaare. Je ein dunkler runder Fleck in der Spitze des Vorderflügels, der knapp 2,5 cm lang wird. ♀ größer als ♂ mit deutlicheren Augenflecken (im Vorderflügel 2). **Fg**: Warme, trockene Hänge mit kalkhaltigem Untergrund. **Vb**: Nur örtlich begrenzte Verbreitungsgebiete, so in Spanien, Portugal, Süd- und Mittelfrankreich, in Italien und Osteuropa. In Mitteleuropa nur im Elsaß und in Baden. **H**: Selten. **Fl**: Juli bis September. **Rz**: September bis Juni. Raupe überwintert. **FR**: Gräser.

Chazara briseis L. Berghexe RL!

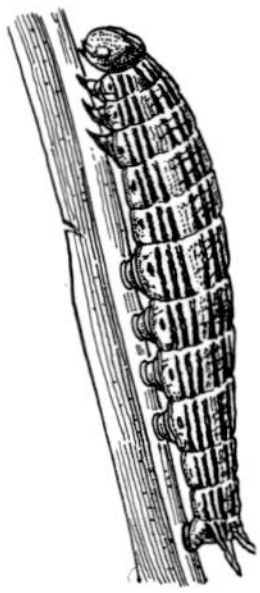

M: Braunweißer Augenfalter. **Vb**: Teile Spaniens, Frankreichs, der Alpenländer, Mitteleuropas nach Osten. Geschlossenes Verbreitungsgebiet in Italien und auf der Balkanhalbinsel bis Griechenland. **H**: Selten, nur in günstigen Jahren etwas häufiger. **Fl**: Ende Juli bis Anfang August. **Rz**: September bis Juni. Raupe überwintert. **FR**: Hartgräser, vor allem Schafschwingel *Festuca*- und *Sesleria*-Arten.

Brintesia circe F. Weißer Waldportier RL!

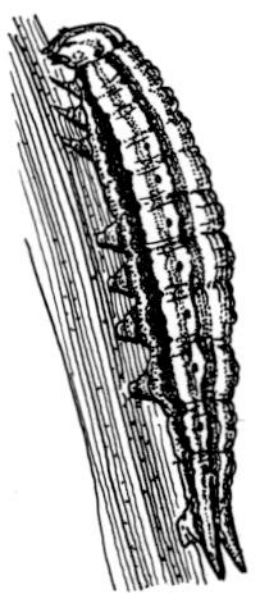

M: Dunkelbraun-weiß gefärbter Falter, dessen Band im vorderen Teil in Flecken aufgelöst ist. Vorderflügel etwas länger als 3,5 cm. **Fg**: Trokkene Waldwiesen, Lichtungen von Laubwäldern, seltener Auen. Bis 1500 m Höhe. **Vb**: Spanien, Süd- und Mittelfrankreich, sehr selten nördlich der Alpen. **H**: Sehr selten und hochgradig bedroht! **Fl**: Juli bis August. **Rz**: September bis Juni. Raupe überwintert. **FR**: Gräser.

Oeneis glacialis MOLL. Gletscherfalter

M: Heller, beigefarbener Falter mit Binden und Augenflecken. Vorderflügel knapp 3 cm lang. **Fg**: Als alpine Form trifft man ihn in 2000–3000 m Höhe an felsigen Steilhängen. **Vb**: Auf Hochlagen der Alpen beschränkt. **Fl**: Juni bis August in einer Generation. **Rz**: August bis Juli. Raupe überwintert gut versteckt im Boden. **FR**: Verschiedene Gräser, besonders aber die für die Hochgebirgsregionen typischen Formen des Schafschwingel *(Festuca ovina)*. **Allg.**: Der seltene und auf engem Raum begrenzt lebende Falter zeigt, daß die empfindlichen Schmetterlinge auch extreme Biotope erobern können.

♀

Erebia ligea L. Milchfleck

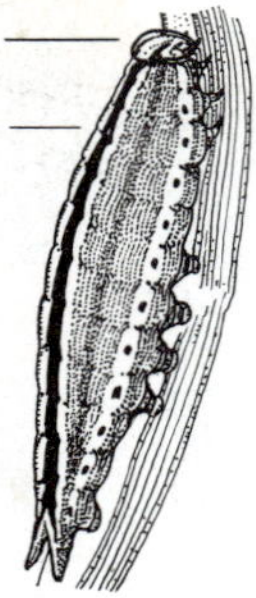

M: 2,4–2,8 cm lange Vorderflügel. Einer der schwer bestimmbaren Augenfalter, die in einer großen Arten- und Formenvielfalt in Europa vorkommen. **Fg:** In Mittelgebirgen und Vorgebirgen Mittel- und Südeuropas, in Skandinavien. Nasse Wiesen, feuchte Wälder. **Vb:** Mittel-, Süd- und Osteuropa. **H:** Häufig bis vereinzelt. **Fl:** Juli bis Mitte August. **Rz:** September bis Juli. Frisch geschlüpfte Raupen überwintern, fast erwachsene Raupen überwintern ein zweites Mal. **FR:** Waldgräser.

Erebia medusa SCHIFF. Rundaugen-Mohrenfalter

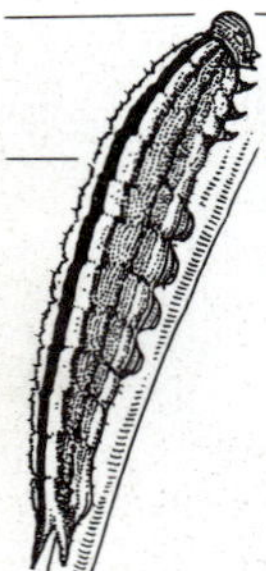

M: 2–2,2 cm lange Vorderflügel. Augenflecke nicht in ein durchgehendes Band eingelagert. Die beiden obersten größer. **Fg:** Feuchte Niederungen, Waldwiesen, Lichtungen, Kahlschläge. **Vb:** Von Frankreich über Mitteleuropa nach Osten hineinreichend. Fehlt in Norddeutschland, in Nordwest- und Teilen von Südeuropa. **H:** Häufig. **Fl:** Mitte Mai bis Juni. **Rz:** Juli bis April. Raupe überwintert. **FR:** Zahlreiche Grasarten.

Maniola jurtina L. Ochsenauge

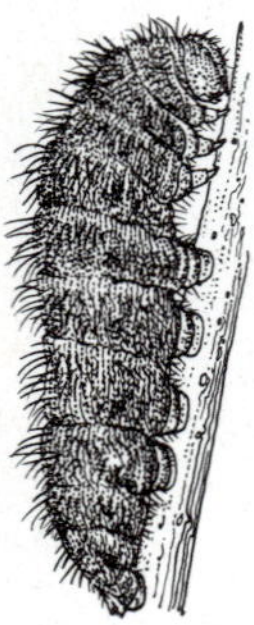

M: 2,2–2,6 cm lange Vorderflügel. ♂ mit kleinem Augenfleck auf samtschwarzem Grund, ♀ größer, mit rotbrauner Binde. **Fg:** Waldränder, Wiesen, Parkanlagen. **Vb:** In ganz Europa bis zum 62. Breitengrad verbreitet. Im Süden bis Nordafrika und auf Mittelmeerinseln. **H:** Häufig. **Fl:** Juni bis August. **Rz:** September bis Mai. Raupe überwintert. **FR:** Gräser, besonders Wiesenrispengras *(Poa pratensis)*.

Erebia alberganus PRUN.

M: Etwa 2 cm lange Vorderflügel. Dunkelbraun mit orangefarbener Binde, die durch die dunkel angelegte Äderung in kleine Felder aufgeteilt ist. In jeder Zelle liegt ein weiß gekernter schwarzer Punkt unterschiedlicher Größe. Das Muster der Vorderflügel wird auf den Hinterflügeln fortgesetzt. **Fg:** Alpine Art; auf Magerrasen. **Vb:** Mittel- und Südalpen, fehlt im nördlichen Bereich. Lokales Vorkommen auch im Apennin; bis in 1800 m Höhe. **H:** Inselartiges Vorkommen; lokal nicht selten. **Fl:** Ende Juni bis August. **Rz:** August bis Mai. Raupe überwintert. **FR:** Verschiedene Grasarten, besonders am Einjährigen Rispengras.

Erebia gorge HB. Kleiner Mohrenfalter

M: 1,7–2 cm lange Vorderflügel. Einer der zahlreichen Augenfalter, die schwer bestimmbar sind. Oft gelingt es nur durch eine Genitalpräparation. **Fg:** Trockenes Gelände zwischen 1600 m und 3000 m Höhe. Gern auf Geröllhalden und anderen vegetationsarmen Flächen. **Vb:** Dieser Augenfalter kommt wie die meisten dieser Gruppe nur auf eng begrenzten Räumen vor: in den Pyrenäen, Alpen, Karpaten, auf dem Apennin und in anderen Gebirgen. **H:** In den Verbreitungsinseln nicht selten, doch außerhalb fehlend. **Fl:** Juni bis August. **Rz:** August bis Mai. Raupe überwintert. **FR:** An verschiedenen Gräsern des Hochgebirges.

Pyronia tithonus L. Braungerändertes Ochsenauge RL!

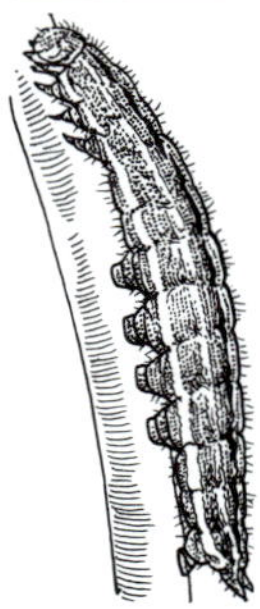

M: 1,6–2 cm lange Vorderflügel. Augenfleck doppelt weiß gekernt. ♂ rotbraune Flächen auf den Flügeln, ♀ heller, etwas größer. **Fg:** Feuchte und trockene Wiesen, Laubmischwälder, Heidegebiete. **Vb:** In Europa weit verbreitet, im Norden bis zum 52. Breitengrad. **H:** Früher häufiger, jetzt spärlich. **Fl:** Juli bis August. **Rz:** September bis Juni. Raupe überwintert. **FR:** Gräser.

Coenonympha pamphilus L. Kleiner Heufalter

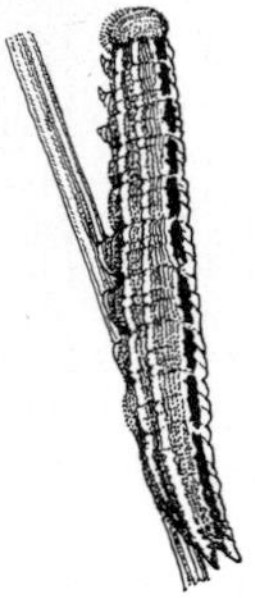

M: Etwa 1,5 cm lange Vorderflügel. Unterseite der Hinterflügel trägt verwaschen weißliche Binde in hellerem Außen- und dunklerem Innenteil. **Fg**: Wiesentäler, Waldlichtungen; auch an der Küste. **Vb**: Ganz Europa bis Nordskandinavien. **H**: Häufig. **Fl**: Bis zu drei Generationen: I. Mai, II. Juli, III. Ende August bis September. **Rz**: I. August bis April, II. Juni, III. August. **FR**: Gräser.

Pararge aegeria L. Waldbrettspiel

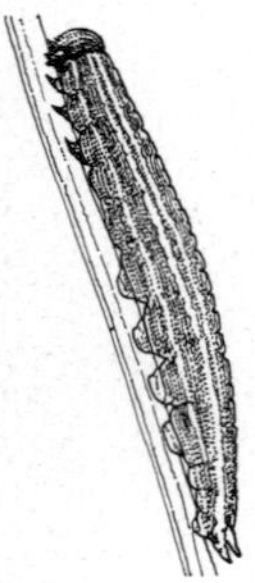

M: 2–2,2 cm lange Vorderflügel. Dunkelbraun, Flecken auf der Oberseite der Flügel: auf den Hinterflügeln 3 Augenflecke, in der Flügelspitze einer. **Fg**: Laubmischwälder, Lichtungen, Schneisen. **Vb**: Ganz Europa, bis in 1000 m Höhe. **H**: Häufig, gebietsweise rückläufig! **Fl**: Zwei Generationen: I. Mitte April bis Mitte Juni, II. Juli bis Mitte September. **Rz**: I. September bis April, II. Juni. Raupe überwintert. **FR**: Wildgräser.

Lasiommata maera L. Braunauge

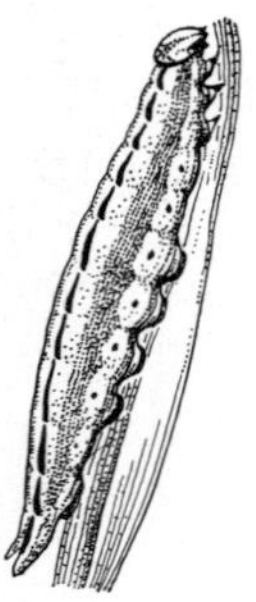

M: 2,2–2,8 cm lange Vorderflügel. Braun, aufgehellte Flügelspitze, auf dieser schwarzer, weiß gekernter, daneben viel kleinerer Punkt. Auf dem orangefarbenen Grund der Hinterflügel 2 mittlere Punkte und ein winziger. **Fg**: Lichte Wälder, Hügelland. **Vb**: In Europa sehr weit verbreitet, bis in 2000 m Höhe. **H**: Nicht überall häufig. **Fl**: Juni bis Juli. **Rz**: August bis Mai. Raupe überwintert. **FR**: Wildgräser.

Coenonympha hero L. Wald-Wiesenvögelchen RL!

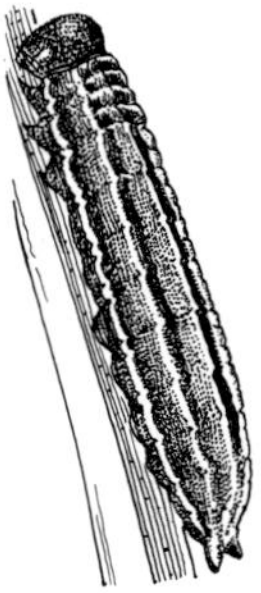

M: 1,5–1,8 cm lange Vorderflügel. Ihre Oberseite ist braun. Die Hinterflügel tragen auf der Oberseite 3–4 ungekernte, rotbraune Augenflecke. **Fg**: In Berg- und Hügelland an feuchten Stellen, auch im Laubmischwald. **Vb**: Von Mittelfrankreich über das mittlere Deutschland nach Osten. **H**: Stark rückläufig. **Fl**: Ende Mai bis Anfang Juli. **Rz**: Juli bis Mai. Raupe überwintert. **FR**: Gräser.

Lasiommata megera L. Mauerfuchs

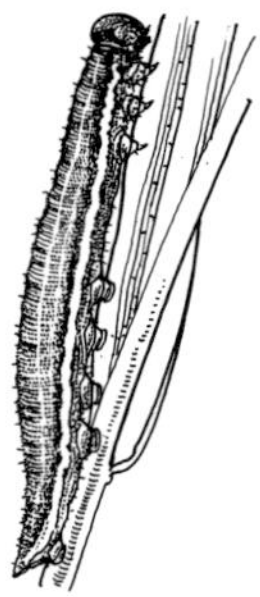

M: 2–2,6 cm lange Vorderflügel. Orangebraun mit dunkelbraunen, gezackten Querlinien; auf der Oberseite der Vorderflügel schwarzes, weiß gekerntes Auge, auf Hinterflügeln 3–4 Augen. **Fg**: Lichte Wälder, buschreiches Gelände, auch im Gebirge. **Vb**: In ganz Europa weit verbreitet. **H**: Regelmäßig. **Fl**: Zwei Generationen: I. Mai bis Juni, II. Juli bis Oktober. **Rz**: I. September bis Mai, II. Juli. Raupe überwintert. **FR**: Wildgräser.

Lasiommata achine SCOP. Gelbringfalter

M: 2,4–2,8 cm lange Vorderflügel. Dunkelbraun, mit dunkel gefüllten, gelb und orange umrandeten Augen auf Vorder- und Hinterflügeln. Flecke oval geformt und dicht beieinanderliegend. **Fg**: Im Hügelland in alten Laubmischwäldern, wo reichlich Unterholz vorhanden ist. **Vb**: In Europa verbreitet, fehlt im Norden und Süden. Hauptverbreitungsgebiete: Frankreich, Mitteleuropa und Osteuropa. Das Gesamtverbreitungsgebiet reicht über die gemäßigte Zone Eurasiens bis nach Japan. Im Gebirge bis 1000 m Höhe. **H**: Spärlich, auch selten. **Fl**: Mitte Juni bis Juli. **Rz**: August bis Mai. Raupe überwintert. **FR**: Waldgräser.

♀

Maculinea arion L. Schwarzgefleckter Bläuling

Merkmale: 1,4–2 cm lange Vorderflügel. Die Bläulinge bilden eine artenreiche Familie, mit etwa 100 Arten allein in Europa. Alle Arten sind klein, manche sehr klein. Die ♂ zeigen buntere Färbung als die ♀. Die Farbtöne reichen vom tiefen Blau über Grün bis Rot und Braun. Die ♀ sind meist dunkel, bräunlich oder grau. Die Flügelunterseite eignet sich besser zur Identifizierung der Art als die Oberseite. In vielen Fällen kann die exakte Bestimmung der Bläulinge nur vom Fachmann über die Genitaluntersuchung erfolgen. Der Schwarzgefleckte Bläuling sticht insofern aus der Gruppe hervor, als seine Bestimmung in Mitteleuropa keine Schwierigkeiten macht: auf leuchtendem Blau liegen tiefschwarze Flecken, die allerdings sehr unterschiedlich ausfallen können. Am Rand verläuft ein braunes Band auf den Flügeloberseiten.

Fluggebiet: Trockenes, kurzrasiges Gelände.

Verbreitung: In Europa weit verbreitet: fehlt in der Norddeutschen Tiefebene. Nach Osten hin häufig, bis nach Asien vorkommend.

Häufigkeit: Früher ausgesprochen häufig. In den letzten Jahren wegen intensiver Wiesennutzung aus vielen Gebieten verschwunden.

Flugzeit: Juni bis Juli in einer Generation.

Raupenzeit: August bis Mai. Die Raupe überwintert in Ameisenhaufen.

Futterpflanzen: Die jungen Raupen leben an Thymian *(Thymus serpyllum)*. Später ziehen sie in die Nester von Ameisen, wo sie sich von Eiern und Puppen ernähren. Dies führt jedoch zu keiner nennenswerten Schädigung der Ameisen. Sie saugen an Absonderungen der Raupen, die von einer Hinterleibsdrüse erzeugt werden. Siehe Zeichnung.

Thecla betulae L. Nierenfleck, Birkenzipfelfalter RL!

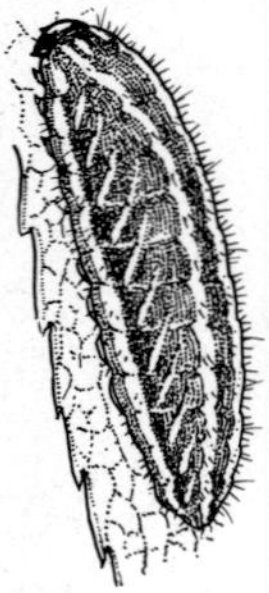

Merkmale: Vorderflügel etwa 2 cm lang, ♂ kleiner als ♀. Oberseits dunkelbraun mit nierenförmigem orangefarbenem Fleck. Beim ♂ erscheint der Fleck nur angedeutet oder fehlt ganz. Unterseits sind beide Geschlechter hell gefärbt: orangebraun mit je 2 schwarz und weiß angelegten Linien. Die Hinterflügel tragen die charakteristischen Fortsätze, die der Gruppe den Namen gaben.

Fluggebiet: Bevorzugt werden Waldränder, Parklandschaften, Gebüsch entlang von Bächen und an Gebirgshängen bis 1000 m Höhe. Der Untergrund kann auch steinig sein, wenn Schlehen, Haselsträucher oder andere Wildobstbäume gedeihen.

Verbreitung: Mitteleuropa mit den Alpenländern, Dänemark, Südskandinavien und Südfinnland, Norditalien, der Balkan und Osteuropa. Im Westen bis in die Pyrenäen, aber nicht mehr auf der Iberischen Halbinsel. In England und Irland nur im Süden.

Häufigkeit: Weit verbreitet, aber nirgends häufig anzutreffen.

Flugzeit: Ende Juli bis September in einer langgestreckten Generation. Der Nierenfleck ist ein Einzelgänger. Man braucht etwas Übung im Beobachten von Schmetterlingen, bis man diesen unscheinbaren, doch aus der Nähe betrachtet recht hübschen Falter entdeckt. Er legt kurze Strecken in schnellem Flug zurück und versteckt sich dann geschickt im Laub. Die Eier werden nicht wie bei vielen anderen Faltern in kleinen Paketen an der Futterpflanze befestigt, vielmehr kittet das ♀ jedes Ei gesondert an eine Astgabel, wo es überwintert.

Raupenzeit: Im Mai schlüpfen die kleinen Raupen. 4 Wochen später können sie sich verpuppen.

Futterpflanzen: Die Raupen fressen, anders als ihr Name vermuten läßt, bevorzugt Schlehe und Pflaume, aber auch an Birke.

♂

♂

♀

♀

Callophrys rubi L. Brombeerzipfelfalter

M: Durch seine grüne Unterseite mit kaum einem anderen Falter zu verwechseln. Vorderflügel 1,6–1,8 cm lang. **Fg:** Trockene Heide- und Ruderalflächen, sonnige Kiefernwälder. **Vb:** Ganz Europa bis nach Ostasien. In Nordamerika leben sehr nahe Verwandte. **H:** Häufig. **Fl:** Mitte April bis Juni. **Rz:** Mai bis August. In warmen Gegenden soll es zu einer II. Generation kommen. **FR:** Ginster, Goldregen, Brombeeren und Heidelbeeren. **Allg:** Der Brombeerzipfelfalter gehört zu den häufigsten seiner Gruppe. Er lebt im Gegensatz zu anderen Arten der Gruppe an einer Vielzahl von Pflanzen (polyphag).

Teratozephyrus quercus Blauer Eichenzipfelfalter

M: Dunkel gefärbter Falter mit tiefblau leuchtenden Feldern auf den Vorderflügeln, die nur 1,5 cm lang werden. Auf der Unterseite der Flügel verläuft eine weiße, leicht gezackte Linie. **Fg:** In Eichenwäldern, aber auch in Parkanlagen mit alten Eichen, vom Tiefland bis in eine Höhe von 1500 m. **Vb:** In ganz Europa bis zum 60. Breitengrad weit verbreitet. **H:** Früher wesentlich häufiger als heute. **Fl:** Mitte Juni bis August in einer langgestreckten Generation. **Rz:** Mai bis Juni. Im Sommer entwickeln sich die Raupen im Ei, schlüpfen aber erst im Frühjahr, wenn die Eichen austreiben.

Lycaena dispar HAW. Großer Feuerfalter

M: 2 cm lange Vorderflügel. Feuerrote Flügeloberseite *(f. rutilus)*. Bei der *f. batava* befindet sich auf den Vorderflügeln nur je 1 schwarzer Punkt, die Hinterflügel sind durch schwarzen Saum gekennzeichnet. Die Weibchen sind wesentlich dunkler mit zahlreichen schwarzen Punkten auf dem Vorderflügel und einem dunklen Feld auf den Hinterflügeln. **Fg:** Nasse Wiesen und Moore. **Vb:** *F. rutilus* inselartig in Mitteleuropa, etwas häufiger in Südosteuropa. **H:** Unterschiedlich, doch meist selten bis sehr selten. **Fl:** Juni bis Mitte August. **Rz:** August bis Mai. Raupe überwintert. **FR:** Verschiedene Ampferarten.

Satyrium ilicis ESP. Eichenzipfelfalter

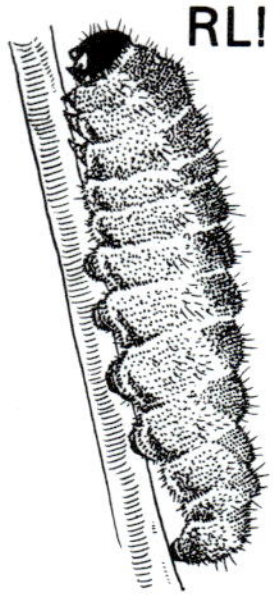

RL! **M:** Vorderflügel nur 1,8 cm lang. Oberseits unscheinbar gefärbt, unterseits kenntlich an einer Reihe kleiner roter, schwarz eingefaßter Punkte auf den Hinterflügeln. **Fg:** Lichte Buschvegetation mit Eichen. **Vb:** Mittel-, West- und Südeuropa. **H:** In Mitteleuropa auf einige Wärmeinseln beschränkt. **Fl:** Ende Juni bis Anfang August in einer Generation. **Rz:** Mai bis Juni. Die Raupen überwintern in der Eihülle. **FR:** Eichenblätter.

Lycaena phlaeas L. Kleiner Feuerfalter

M: 1,5 cm lange Vorderflügel, ♀ größer als ♂. Dunkler Saum mit schwarzen, unregelmäßig verteilten Punkten, die auf der helleren Unterseite der Vorderflügel weiß umrandet sind. **Fg:** Überall bis 2000 m Höhe. **Vb:** Ganz Europa bis zum Nordkap. **H:** Häufig. **Fl:** Zwei Generationen. I. Mai bis Ende Juni, II. Mitte Juli bis August. **Rz:** I. September bis April, II. Juni bis Juli. **FR:** Großer und Kleiner Sauerampfer, Knöterich.

Lycaena virgaurea L. Dukatenfalter

M: 1,7–2,0 cm lange Vorderflügel. Genaue Bestimmung nicht einfach, da die Art stark variiert und es eine ganze Anzahl ähnlicher Arten gibt. Oberseits leuchtend orange ohne Flecken. Unterseits sind in die orangefarbenen Flächen schwarze Punkte eingestreut. **Fg:** Feuchte Wiesen, Moore, auch Waldränder; bis 1500 m Höhe ansteigend. **Vb:** Europa, doch im Westen inselartig. Fehlt in großen Teilen der Iberischen Halbinsel. **H:** Früher häufig, heute vielerorts selten. **Fl:** Mitte Juni bis August. **Rz:** April bis Juni. Die im Ei fertig entwickelte Raupe überwintert. **FR:** Großer und Kleiner Sauerampfer.

♂

♂

Everes argiades Pall. Kleebläuling RL!

M: 1–1,5 cm lange Vorderflügel. ♀ größer als ♂. ♂ leuchtend blau mit feinen, schwarzen Punkten am Saum der Hinterflügel; ♀ dunkel bis schwärzlich, Punkte am Flügelsaum der Hinterflügel schwach sichtbar. Hinterflügel beider Geschlechter zeigen schwach ausgebildete Zipfel im Saum. **Fg**: Trockene Geröllhalden, Waldränder, Waldwege. **Vb**: In der gemäßigten Zone Europas verbreitet, auch in Nordamerika. **H**: Nicht überall häufig. **Fl**: Zwei Generationen: I. Mai bis Juni, II. Mitte Juli bis August. **Rz**: I. September bis April, II. Juni bis Juli, Raupe überwintert. **FR**: Kleearten, besonders Rotklee, Luzerne und Hornklee.

Celastrina argiolus L. Faulbaumbläuling

RL! **M**: 1,3–1,6 cm lange Vorderflügel. ♂ kleiner als ♀, einfarbig blau, ♀ am Flügelsaum brauner Rand, sonst blau. **Fg**: Hänge, Waldränder, Lichtungen, Auen. **Vb**: In ganz Europa weit verbreitet, bis über 1000 m Höhe. **H**: Nicht selten, doch gebietsweise rückläufig! **Fl**: Zwei Generationen: I. Mitte April bis Mitte Juni, II. Juli bis August. **Rz**: I. August bis September, II. Juni. Puppe überwintert. **FR**: Faulbaum, andere niedere Sträucher.

Maculinea teleius BERGSTR. Augenbläuling

M. Mit etwa 2 cm Vorderflügellänge einer der größeren Bläulinge. Die breiten, dunklen Säume auf den Flügeln, die einige schwarze Punkte tragen (im Bild gut sichtbar) kennzeichnen ihn. Beim ♀ sind die dunklen Säume breiter, beim ♂ die schwarzen Punkte kräftiger. **Fg**: Feuchte Wiesen in den Niederungen und im Bergland. **Vb**: Südliches Mitteleuropa bis Japan. **H**: Vorkommen meist lokal und inselartig; regelmäßig bis selten; kaum in größerer Anzahl. **Fl**: Ende Juni bis Mitte August. **Rz**: Sommer bis Frühling; Raupe überwintert in Ameisennestern. **FR**: Wiesenknopf.

Scolitantides orion PALL Fetthennenbläuling RL!

M: 1,3–1,5 cm lange Vorderflügel. Leicht bestimmbar. **Fg**: Steiniges Gelände, Geröllhalden, heiße trockene Hänge. **Vb**: Wärmeliebende Art, vor allem in Südtälern der Alpen bis etwa 1300 m; auch auf der Balkanhalbinsel weit verbreitet. Isoliertes Vorkommen in Südskandinavien und Südfinnland. **H**: Inselartig verbreitet, daher meist selten. **Fl**: Zwei Generationen: I. Mai bis Mitte Juni, II. Mitte Juli bis August. **Rz**: I. August bis September, II. Juni bis Juli. Puppe überwintert. **FR**: Nur an verschiedenen Fetthennen-Arten *(Sedum)*. **Allg**: Die Falter in Skandinavien sind intensiver blau.

Plebejus argus L. Geißkleebläuling √

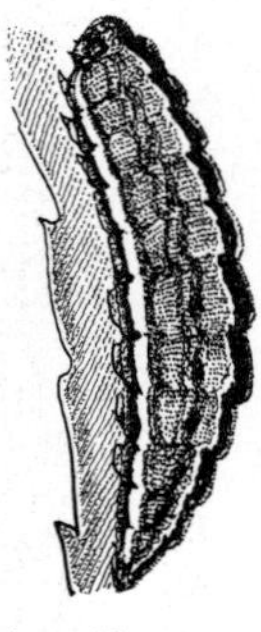

M: 1,1–1,5 cm lange Vorderflügel. **Fg**: Heidegebiete, Gegenden mit sandigem Boden. **Vb**: Sehr weit in ganz Europa verbreitet. In England nur im Süden. Von den Mittelmeerinseln nur auf Sardinien und Elba. **H**: Meist häufig; doch Bestände rückläufig. **Fl**: Mitte Juni bis Mitte August. **Rz**: April bis Juni. Ei überwintert. **FR**: Hornklee, Hauhechel, andere Kleearten, Heidekraut. Raupen leben in Gesellschaft zahlreicher Ameisen.

Plebejus idas L. Gemeiner Heidewiesenbläuling RL!

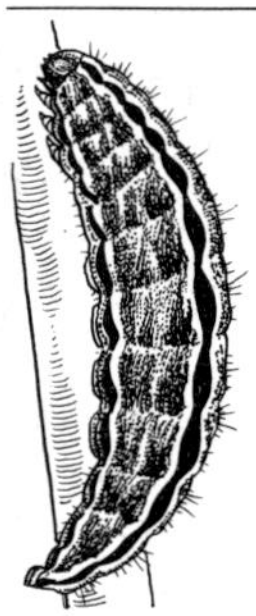

M: Etwa 1,5 cm lange Vorderflügel. **Fg**: Heidegebiete, Waldwiesen, Waldränder. Im Gebirge bis über 2500 m. **H**: Regelmäßig auftretend, doch nicht so häufig wie früher. **Fl**: Mitte Juni bis Mitte August. Gelegentlich II. Generation. **Rz**: Mai bis Juni. Ei überwintert. **FR**: Kleearten, auch Besenstrauch, Goldregen. Leben mit Ameisen in Symbiose. Weniger Ameisen bedingten Rückgang der Art.

♀

♂ darüber ♀

♂

Aricia agestis SCHIFF.
Dunkelbrauner Bläuling RL!

M: Kein Blau in den Flügeln! 1,5 cm lange Vorderflügel. Schwer von *A. artaxerxes* zu unterscheiden. **Fg:** Trockenrasen und Ruderalflächen, an Wegrändern und an sonnigen Hängen kalkhaltiger Mittelgebirge bis 1000 m. **Vb:** Europa bis zum 56. Breitengrad, in Südengland und Südskandinavien nur stellenweise. **H:** Lokal häufig, meist selten oder ganz fehlend. **Fl:** Zwei Generationen: I. Mai bis Juni, II. Mitte Juli bis Anfang August. **Rz:** I. September bis Mai, II. Juni bis Juli. **FR:** Storchschnabel *(Geranium pratense)*, Reiherschnabel *(Erodium cicutarium)* und Gelbes Sonnenröschen.

Polyommatus damon SCHIFF.
Grünblauer Bläuling RL!

M: 1,5–1,7 cm lange Vorderflügel. ♀ etwas kleiner als ♂. Name nach der grünblauen Farbe der Flügeloberseite. Wenig auffallend. **Fg:** Im Mittelgebirge auf Kalkböden über sonnigen Hängen, an Waldrändern, Wegrainen und krautreichen, extensiv genutzten Brachflächen. **Vb:** Inselartige Verbreitung in Europa. Die in den Alpen fliegende Form ist noch leuchtender gefärbt. **H:** Selten. **FR:** Esparsette *(Onobrychis sativa* und *O. arenaria)*. Gelegentlich hält sich der Grünblaue Bläuling als Gast bei Ameisen auf (siehe Schwarzgefleckter Bläuling).

Polyommatus bellargus ROTT.
Himmelblauer Bläuling

M: 1,6–1,8 cm lange Vorderflügel. Die Bestimmung ist sehr schwierig, da viele ähnliche Arten vorkommen. Deutlicher Geschlechtsdimorphismus: das ♂ ist leuchtend blau, das ♀ normalerweise unscheinbar braun, aber gelegentlich auch mit blauer Tönung. **Fg:** In kalkreichem Hügelland auf trockenen bis sandigen Böden mit spärlicher Vegetation. **Vb:** Ganz Europa bis zum 55. Breitengrad. **H:** Früher häufiger, heute spärlich. **Fl:** Zwei Generationen: I. Mai bis Juni, II. August bis September. **Rz:** I. September bis Mai, II. Juli. **FR:** Kronwicke, Hufeisenklee.

Polyommatus semiargus ROTT.
Violetter Waldbläuling

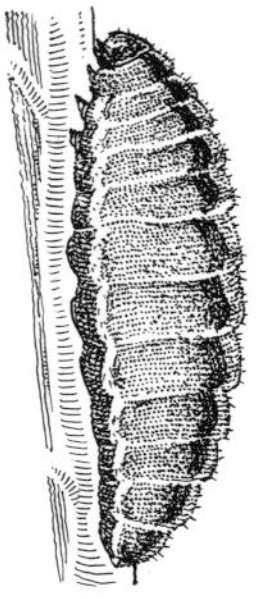

M: Knapp 2 cm lange Vorderflügel. ♂ dunkel violett, schwarzer Rand, ♀ einfarbig braun. Unterseits beide Geschlechter braun. **Fg:** Blumenwiesen, Wegränder, Lichtungen, Waldränder, bis 2500 m Höhe. **Vb:** Fast ganz Europa. **H:** Früher wesentlich häufiger. **Fl:** Juni bis August in ein oder zwei Generationen. **Rz:** August bis Juli. Raupe überwintert. **FR:** Wundklee, Wiesenklee u. a.

Polyommatus coridon Poda
Silbergrüner Bläuling

M: Dem Grünblauen Bläuling sehr ähnlich, aber deutlich größer. 1,6–1,8 cm lange Vorderflügel. Oberseits ist das ♀ braun mit einer Reihe von Augenflecken am äußeren Rand der Vorder- und Hinterflügel. ♂ grünlichblau auf der Oberseite. **Fg:** Trockene, warme Hänge, Kahlschläge, Feldraine, Wegränder, bevorzugt über Kalkböden. **Vb:** Europa, fehlt im Norden und äußersten Süden. **H:** Heute selten geworden. **Fl:** Juni bis August in einer Generation. **Rz:** April bis Juni. Die im Ei entwickelte Raupe überwintert in der Bodenstreu. **FR:** Wikken- und Kleearten.

Polyommatus icarus ROTT.
Hauhechelbläuling

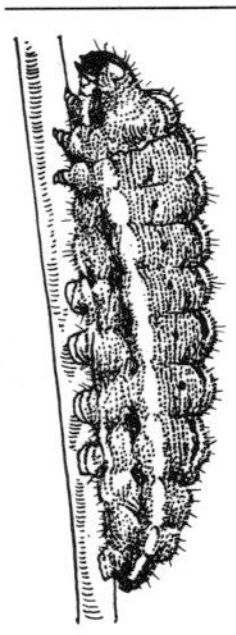

M: 1,2–1,5 cm lange Vorderflügel. Unterseits gelbe Randflecken und viele schwarze, weißgesäumte Punktflecken. **Vb:** Ganz Europa bis zum Nordkap, auf allen Mittelmeerinseln, bis 2000 m Höhe. **H:** Häufig. **Fl:** Zwei bis drei Generationen: I. Mai bis Juni, II. Juli bis September. **Rz:** I. September bis Mai, II. Juni bis Juli. **FR:** Hauhechel, Klee, andere Leguminosen.

♀ ♂

♀ darüber ♂

♂ darüber ♂

Hesperia comma L. Kommafalter

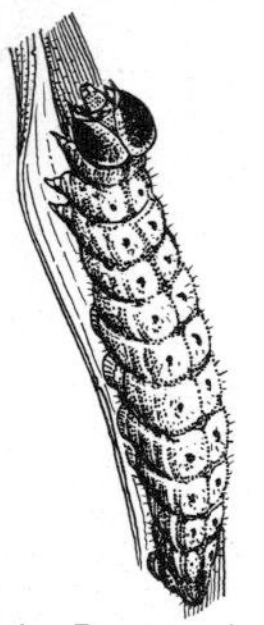

Merkmale: Die Dickkopffalter sind eine Schmetterlingsgruppe, die eigentlich den Kleinschmetterlingen näher steht als den Tagfaltern. Mit diesen haben sie aber das Verhalten, am Tag zu fliegen, gemeinsam. Schon ihr dicker Kopf mit den weit auseinanderstehenden Fühlern deutet an, daß sie in der zoologischen Systematik in Richtung der Fensterschwärmerchen *(Thyrididae)* zu rükken sind. Als Besonderheit können einige Dickköpfe den Vorderrand der Vorderflügel zu einer Tasche einklappen, in der sich die Duftschuppen verbergen. Da die ♂ durch Aussenden von arteigenen Düften ihre ♀ anzulocken versuchen, findet man die Dufttaschen auch nur bei ihnen. Ebenso typisch für die Dickköpfe sind die eigenartigen Fühler, die am Ende nach einer kleinen Verdickung in einem kurzen Haken enden (*Apiculus* genannt). Diese Spezialkonstruktion dient als besonderes Rezeptionsorgan (Empfänger) für ausgesandte Duftsignale.

Der Kommafalter ist mit 1,5 cm langen Vorderflügeln ziemlich klein, aber für die europäischen Arten seiner Familie ein typischer Vertreter. Auch seine braun-goldene Flügelfärbung und die Verteilung der weißen Flecken darauf lassen ihn nicht auffallen. Im Flug wirkt er sehr nervös. Unruhig fliegt er von Blüte zu Blüte. Das »Komma«, das dem Falter den Namen gegeben hat, findet man nur beim ♂ auf der Oberseite der Vorderflügel. Das ♀ trägt keine solche Zeichnung. Es ist dafür dunkler gefärbt und hat größere, kräftigere weiße Flecken auf den Vorderflügeln.

Fluggebiet: Weit verbreitet von der Meeresküste bis über 2500 m Höhe im Gebirge. In fast allen Biotopen findet man ihn an warmen Sommertagen, sei es über bunten Blumenwiesen, an Feldrainen oder in aufgelassenen Kiesgruben und Waldlichtungen. Am häufigsten ist er über kalkhaltigen Böden zu finden.

Verbreitung: Über ganz Europa. Im Norden kommt er bis Südengland, Südskandinavien und Südfinnland vor. Auf den Mittelmeerinseln konnte er bisher nicht nachgewiesen werden.

Häufigkeit: Er ist einer unserer häufigsten Falter.

Flugzeit: Mitte Juni bis August in einer Generation.

Raupenzeit: April bis Juni. Die im August abgelegten Eier überwintern. Erst im kommenden Frühjahr schlüpfen die kleinen Raupen und beginnen sofort zu fressen. Sie sind fast nackt oder nur schwach behaart. Auffallend ist ihr dunkler, kugeliger, großer und deutlich vom Körper abgesetzter Kopf. Man kann darauf ein Stirndreieck und 2 braune Längsstreifen erkennen. Auf der Körperunterseite liegen auf den beiden letzten Segmenten 2 weiße Flecken. Die Raupen leben am Boden, wo sie sich zum Schutz vor Feinden eine Röhre (eine Art Köcher) zusammenweben, von der aus sie an verschiedenen Gräsern fressen.

Futterpflanzen: Praktisch alle Raupen der Dickköpfe fressen an Wildgräsern und -kräutern. Meist handelt es sich dabei um solche Pflanzen, die für den Menschen Unkräuter sind, gegen die er mit Giften eingreift, um deren Ausbreitung zu verhindern. Dadurch sind die Dickköpfe vielerorts selten geworden. Auch der Kommafalter lebt an verschiedenen Grasarten, besonders gern an Schwingel *(Festuca)*, an Rispengras *(Poa)*, an der Quecke *(Triticum repens)* und an anderen.

Allgemeines: Der Kommafalter ist sehr schwer von *Ochlodes venatus* (siehe S. 70) zu unterscheiden, dessen ♂ ebenfalls einen auffallenden Kommastrich aus Duftschuppen im Vorderflügel trägt (Bild oben). Doch bei dieser Art bleibt das Komma flach und geschlossen schwarz, während es beim Kommafalter über die Flügeloberfläche hochragt und oft in der Mitte einen silbrigglänzenden Teilstrich trägt. Die gelben Flecken im Flügel treten deutlicher hervor, die Fühlerkeulen sind kürzer und dicker. Diesen in Europa weit verbreiteten und häufigen Falter trifft man auch in Nordamerika und Asien an. Dickkopffalter sind weltweit in vielen Arten verbreitet. Allerdings sind die Dickkopffalter in den letzten Jahrzehnten in Europa so stark zurückgegangen, daß die Wahrscheinlichkeit, jenen nicht im Buch dargestellten Arten zu begegnen, gering ist.

Ochlodes venatus ♂ (S. 70)

Hesperia comma (Paarung)

Pyrgus malvae L.
Malven-Würfelfleckfalter

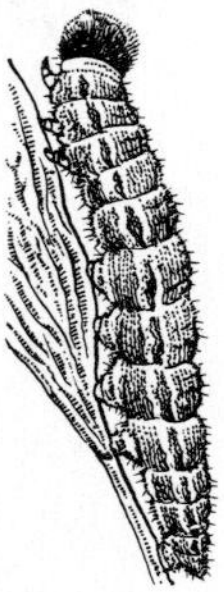

M: Typische Fleckung. Knapp 1,5 cm lange Vorderflügel. **Fg**: Überall, am häufigsten im Hügelland, von der Meeresküste bis in 2000 m Höhe. **Vb**: Fast ganz Europa bis zum 65. Breitengrad. **H**: Häufig. **Fl**: Ende April bis Juni in einer Generation. **Rz**: August bis September. Puppe überwintert in einem Gespinst am Boden. **FR**: Malven, Walderdbeeren, Fingerkraut. Polyphag.

Carterocephalus palaemon PALL.
Gelbwürfeliger Dickkopffalter

M: 1,5 cm lange Vorderflügel. Auf dunkelbraunem Grund eine Reihe orange-gelber Punkte unterschiedlicher Größe. ♀ grauer als ♂ mit gelben Flecken. **Fg**: Falter der gemäßigten Breiten. Fliegt über Blumenwiesen, an Waldrändern, an buschreichen Hängen und über Moorwiesen. **Vb**: Frankreich, Mittel-, Ost- und Südosteuropa. Fehlt in Südeuropa, in weiten Bereichen Englands und Irlands sowie in Skandinavien. **H**: Inselartige Verbreitung, daher tritt er nur regional häufig auf. **Fl**: Mitte Mai bis Juni in einer Generation. **Rz**: Juli bis Mai. Raupe überwintert. **FR**: Wildgräser.

Ochlodes venatum BREMER ET GREY
Rostfarbener Dickkopffalter

M: 1,7 cm lange Vorderflügel. Dunkelbraun mit hellen gelb-braunen Feldern und Flecken, unterseits grünlich aufgehellt. **Fg**: Wiesen, Hänge, Waldränder, Parklandschaften. **Vb**: Europa. Fehlt in Irland, Nordschottland und in Skandinavien ab dem 56. Breitengrad. Im Süden fehlt der Falter auf Sardinien, Korsika und Kreta. **H**: Häufig. Doch für den Laien ist es schwierig, diesen Falter, der so vielen anderen ähnlich sieht, im Flug richtig zu bestimmen. **Fl**: Lange Flugzeit von Ende Mai bis Mitte August in einer Generation. **Rz**: September bis Mai. Raupe überwintert. **FR**: Wildgräser.

Erynnis tages L. Dunkler Dickkopffalter

M: Klein, knapp 1,5 cm lange Vorderflügel. Braun mit einem Saum feiner weißer Punkte am Rand der Vorder- und Hinterflügel. **Fg**: Weit verbreitet. Liebt sonnige, trockene Hänge mit spärlicher Vegetation. **Vb**: Ganz Europa. Im Norden erreicht die Art nur spärlich Nordengland, Irland und Nordskandinavien. **H**: In seinem Biotop recht häufig, doch außerhalb, also in der intensiv bewirtschafteten Kulturlandschaft, sehr viel seltener. **Fl**: Zwei Generationen: I. Ende April bis Anfang Juni, II. Juli bis August. **Rz**: I. September bis April, II. Juni bis Juli. **FR**: Hornklee, Kronwicke, Mannstreu, Luzerne, Hufeisenklee. Polyphag.

Thymelicus acteon ROTT.
Mattscheckiger Braundickkopf

M: 1,3 cm lange Vorderflügel. Goldbraun mit undeutlichen gelben Strichen und Flecken. Olivbraun verdunkelt. **Fg**: Wärmeliebende Art: Südhänge, buschbestandene Wiesen, Waldränder. Häufiger über kalkhaltigen Böden. **Vb**: Europa nur bis zum 48. Breitengrad. Fehlt in Norddeutschland. In Dänemark nur in sehr günstigen Jahren zu finden. Fehlt auf Sardinien und Korsika. **H**: Lokal kann die Art in größerer Zahl fliegen, sie ist jedoch selten. **Fl**: Juli bis August in einer Generation. **Rz**: September bis Juni. Raupe überwintert am Boden. **FR**: Glatthafer, Quecke, Schwingel und andere Gräser.

Adopaea sylvestris PODA
Ockergelber Braundickkopf √

M: 1,5 cm lange Vorderflügel. Ockerbraun mit dunklem Wisch. Unterseits heller. **Fg**: Weit verbreitet. Vom Flachland bis in 2000 m Höhe. **Vb**: Europa. Nicht in Fennoskandien und Irland. Im Süden überall außer auf Sardinien, Korsika und Kreta. **H**: Einer der häufigsten seiner Gruppe. **Fl**: Juni bis August in einer Generation. **Rz**: August bis Mai. Raupe überwintert. **FR**: Wildgräser.

Lymantria monacha L. Nonne

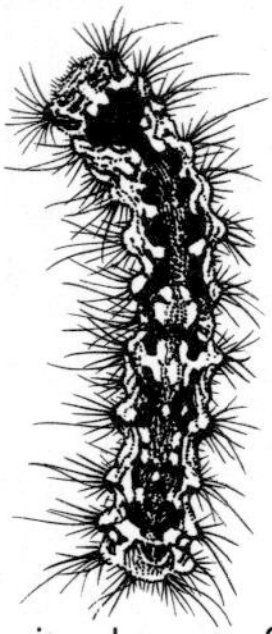

Merkmale: 1,8–2,6 cm lange Vorderflügel. ♂ deutlich kleiner als ♀. Grundfarbe weiß mit zahlreichen dicken, zackig verlaufenden Bändern und Punkten. Unregelmäßig treten auch teilweise oder ganz melanistische, d. h. schwarze, Formen auf. Sie können bei Massenvermehrungen einen Anteil bis 50% erreichen. Hinterflügel beige mit schwarzen Saumpunkten.

Fluggebiet: Bevorzugt werden Fichten- und Kiefernwälder, besonders, wenn sie, wie in vielen Wirtschaftswäldern, dichte Altersklassenbestände bilden. Die Falter wurden auch in Mischwäldern gefunden. Dort kam es aber bisher nicht zu der gefürchteten »Nonnenkalamität«.

Verbreitung: Gemäßigtes Eurasien. Im Norden erreicht die Nonne Mittelschweden und Südfinnland.

Häufigkeit: Sehr unterschiedlich. In manchen Jahren tritt sie nur mäßig auf, in anderen kommt es zu Massenentwicklungen. Ein Zyklus umfaßt wenigstens 3–5 Jahre, die nicht regelmäßig aufeinander folgen müssen.

Flugzeit: Juli bis Anfang September in einer Generation.

Raupenzeit: Ende April bis Juni. Der Falter setzt seine Gelege in kleinen Paketen unter der Rinde oder an glatten Baumstämmen unter Flechten ab, die bis zu 300 Eier pro ♀ umfassen können. Ein einzelner Eihaufen enthält 20–100 Eier. In der Regel werden die Eier im unteren Bereich des Stammes angebracht. Nur in starken Nonnenjahren legen die ♀ die Eier auch an den oberen Baumkronen ab. Schlüpfen die kleinen Räupchen, dann bleiben sie einige Zeit – bei schönem Wetter nur wenige Stunden, bei schlechtem einige Tage – beisammen. Forstleute sprechen von »Spiegeln«, wenn sie die frisch geschlüpften Tiere sehen. Bald danach klettern die Raupen in die oberen Baumkronen und zerstreuen sich. Ganz auffallend ist ihr Verhalten bei Wind: schon eine etwas kräftigere Böe veranlaßt die kleinen Raupen, sich an Spinnfäden abzuseilen und so vom Wind wegtreiben zu lassen. Auf diese Art und Weise können sie neue – nicht befallene – Bäume ausfindig machen. Im Gegensatz zu den meisten Schmetterlingen verfügt die Nonne damit über 2 Mechanismen zur Ausbreitung: einen über das ♀, das die Eier gezielt an nicht befallenen Bäumen ablegt und durch Suchflug auch ein ganz neues Gebiet ergründen kann; einen weiteren über das Abseilen der kleinen Raupen. Daß diese Verhaltensweise eine spezielle Anpassung ist und nicht bloß ein Schutzsuchen vor dem Wind darstellt, zeigt sich daran, daß sich die Raupen bei starkem Wind fest anklammern. Man kann kleine Raupen durch leichtes Schütteln der Zweige abklopfen, doch bei heftigem Schütteln kommen sie nicht herunter.

Futterpflanzen: Polyphag an verschiedenen Baumarten, bevorzugt Fichte und Kiefer. Bei Kahlfraß wandern die Raupen sogar in die Krautschicht.

Allgemeines: Die Nonne hat im Laufe des letzten und dieses Jahrhunderts mehrmals große Schäden verursacht. Massenentwicklungen gibt es aber offenbar erst, seit der Mensch Fichtenmonokulturen bewirtschaftet. Gerade Fichten sind besonders anfällig: Im ersten Frühjahr nagen die frisch geschlüpften Räupchen die austreibenden Maiknospen an. Eine Raupe frißt etwa 1000 Nadeln, noch mal so viele gehen durch einfaches Abbeißen zugrunde. Bei 70% Nadelverlust stirbt die Fichte ab. Eine Kiefer erträgt 90%. Man unterscheidet 3 Intensitätsstufen: 1. Jahr »Nachfraß«, 2. Jahr »Lichtfraß«, 3. Jahr und folgende bis zum Zusammenbruch »Kahlfraß«. Beim Lichtfraß aber können die geschwächten Bäume dann an Sekundärfolgen eingehen, z. B. wenn sie von anderen Schädlingen befallen werden, krank werden oder ungünstigen Witterungsverhältnissen im darauffolgenden Winter ausgesetzt sind.

Die Forstleute müssen alljährlich feststellen, wie hoch der Befall an Nonnen ausfallen wird. Dies erfolgt durch Zählen der Gelege, aber auch durch Abschätzen der Zahl der natürlichen Feinde wie Vögel, Parasiten, Schlupfwespen u. v. a. Diese halten gewöhnlich den Nonnenbestand auf einem erträglichen Niveau.

♂

♂

Dasychira pudibunda L. Streckfuß

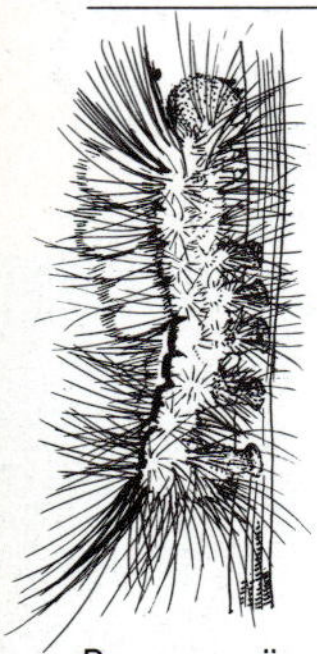

M: ♂ 1,7 cm, ♀ 2,6 cm lange Vorderflügel. ♂ kontrastreicher gezeichnet mit sehr großen, stark gefiederten Fühlern, ♀ cremefarben mit 3 dunklen Querlinien. **Fg:** Mischwälder, Parks, alte Gärten. **Vb:** Ganz Europa mit gemäßigtem Klima. **H:** Nicht selten, in Laubwäldern häufig. **Fl:** Mai bis Juni. **Rz:** Juli bis Oktober. Puppe überwintert. Raupen grün, gelb, rosa oder schwarz. **FR:** Rotbuche, Birke, Eiche, Hainbuche.

Arctornis l-nigrum MUELL. Schwarzes L

Raupe auf S. 278

M: 1,7–2,2 cm lange Vorderflügel. Geschlechter gleich. Blaß-grün gefärbt mit deutlichem, schwarzem L-Zeichen. ♂ hat längere Fühler, ♀ kürzere, aber einen viel größeren Körper. **Fg:** Laubmischwälder in sonniger Lage, auch an Hängen und in Tälern. **Vb:** Gemäßigtes Europa. **Fl:** Mitte Juni bis Anfang August. Nachtaktiv. **Rz:** September bis Mai. Raupe überwintert in einem dünnen Gespinst zwischen Blättern. **FR:** Zahlreiche Laubhölzer wie Linde, Eiche, Buche. Im Norden findet man sie in Altholzbeständen, im süddeutschen Raum gern in Gebüsch und an Sträuchern.

Lymantria dispar L. Schwammspinner

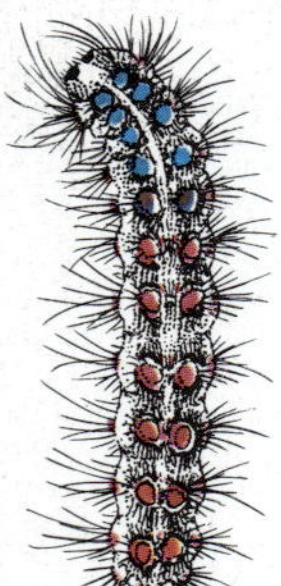

M: ♂ 2,5 cm, ♀ 3,2 cm lange Vorderflügel. ♂ dunkel, mittelbraun mit schwarzen, zackig verlaufenden Linien und Saumflecke. ♀ cremeweiß. Zahlreiche Varianten. **Fg:** Laub-Mischwälder, Parkanlagen. **Vb:** Mittel- und Südeuropa, im Norden bis Mittelschweden und Südfinnland. **H:** Verbreitet, in manchen Jahren Massenentwicklungen mit Schadfraß. **Fl:** Juli bis August. **Rz:** Mai bis Juli. **FR:** Laubhölzer.

Orgyia recens HBN. Schlehenspinner

M: 1,5 cm lange Vorderflügel des ♂. Dieses hat orange-braune Flügeloberseiten. Vorderflügel mit je einer schwarzen Linie und einem nierenförmigen Fleck. ♀ dagegen kleiner und wie ein Tönnchen geformt. Flügel stark zurückgebildet, daher flugunfähig. **Fg:** Wälder. **Vb:** Europa der gemäßigten Breiten. Bis in 2000 m Höhe. **Fl:** Zwei Generationen: I. Juni bis Juli, II. August bis September. Die ♀ geben den arttypischen Duftstoff ab, der vom ♂ aufgefangen wird und dieses anlockt. Die Eier legen die ♀ auf ihrem Puppengespinst ab. **Rz:** I. Mai, II. Juli bis August. **FR:** Laubhölzer, gerne an Schlehen (Name!).

Leucoma salicis L. Pappelspinner

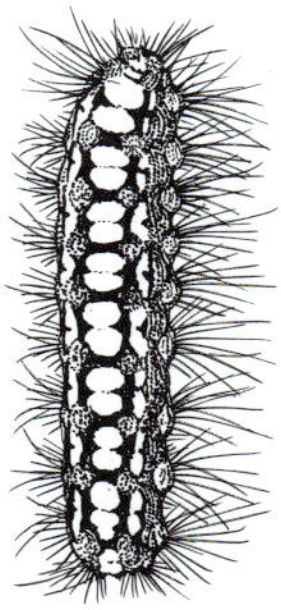

M: 2,0–2,6 cm lange Vorderflügel, deutlich größer als das sonst sehr ähnliche Schwarze L. Flügel- und Körperfarbe rein weiß, ohne L. **Fg:** Pappelpflanzungen, Pappelalleen, an Bach- und Flußufern, in Auen und Parkanlagen. **Vb:** Ganz Europa. **H:** Überall verbreitet, manchmal sogar häufig. **Fl:** Juni bis Juli. **Rz:** Mai bis Juni. Die frisch geschlüpften, 2 mm großen Raupen überwintern. **FR:** Raupen fressen besonders an Weiden und Pappeln.

Ocneria detrita ESP. Rußspinner RL!

M: 1,4 cm lange Vorderflügel. Dunkel rotbraun, schwarz überstäubt. Auf der Oberseite der Hinterflügel in der Mitte ein feiner Punkt. Oberseits der Vorderflügel undeutliche Zeichnung. **Fg:** Auf Heideflächen mit sandigem Untergrund häufiger, manchmal in alten Eichenwäldern, wenn die Gegenden warm und die Hänge sonnig sind und auf Waldblößen. **Vb:** Europa. **H:** Selten. In manchen Jahren tritt die Art etwas häufiger auf. **Fl:** Juni bis Juli. **Rz:** August bis Mai. Raupe überwintert. Die Eier werden vom ♀ in einem Gelege auf der Blattunterseite abgegeben. **FR:** Eichenlaub des Unterholzes; nie in den oberen Baumkronen.

Porthesia similis FUESSL. Schwan

Winterkokon

Merkmale: 1,5–1,8 cm lange Vorderflügel. ♀ wesentlich größer als ♂. Vor allem der Hinterleib des ♀ ist viel mächtiger. Er enthält die Eier und die für ihre Produktion notwendigen Reservestoffe. Das Gelege umfaßt 200 und mehr Eier – eine beachtliche Leistung! Flügelfarbe schneeweiß mit je einem schwärzlichen Fleck auf der Oberseite der Vorderflügel. Am Ende des Hinterleibs ein auffallend gelbes Haarbüschel, dadurch in Farbe, Größe und Aussehen dem Goldafter sehr ähnlich.

Fluggebiet: Offene Parklandschaft, lichte Laubwälder, Obstanlagen und Gärten. Dämmerungs- und nachtaktiv, fliegt häufig abends ans Licht.

Verbreitung: Europa, im Norden bis Mittelskandinavien und Südfinnland.

Häufigkeit: Nicht selten und in manchen Jahren Schäden an Obstkulturen verursachend.

Flugzeit: Juni bis August. Die ♀ setzen die Gelege auf die Unterseite von Blättern ab und bedecken sie mit den gelben Haaren an der Spitze des Hinterleibs.

Raupenzeit: September bis Mai. Nach dem Schlüpfen verteilen sich die Räupchen und fressen bis zur 2. Häutung. Dann spinnen sie sich einen Winterkokon und verstecken sich unter Holzritzen oder im Fallaub, um hier die Kälte zu überdauern. Im Frühjahr tauchen sie Ende März auf. Vor dem Gefressenwerden sind sie ziemlich sicher: ihre schwarz-weiß-rote Warnfarbe hält die Feinde zurück. Deshalb kann man sie auch offen auf der Blattoberseite finden. Berührt man sie, dann bekommt man die ätzende Wirkung ihrer Haare, die seitlich in Büscheln abstehen, deutlich zu spüren.

Futterpflanzen: Verschiedene Laubhölzer, wie Pappeln, Linden, Eichen, auch an Kirschen, Apfel- und Pflaumenbäumen.

Allgemeines: In manchen Gegenden treten Farb-Varianten auf.

Euproctis chrysorrhoea L. Goldafter

Merkmale: Dem **Schwan** äußerst ähnlich. Doch der Goldafter-Spinner ist mit gut 2 cm langen Vorderflügeln deutlich größer. Bestes Unterscheidungsmerkmal ist die Ausdehnung der gelben Färbung an der Spitze des Hinterleibs: Das ♂ zeichnet sich durch ein rostrotes Ende aus, das ♀ trägt einen breiteren rostfarbenen Bereich. Manchmal ist der Hinterleib auch mit gelbbraunen Borsten bedeckt. Die Oberseite der Vorder- und Hinterflügel ist rein weiß und es fehlt der den Schwan kennzeichnende schwarze Punkt.

Fluggebiet: Auch in der Lebensweise ähnelt das Goldafter dem **Schwan.** Wichtigste Lebensräume sind heute Parkanlagen und Obstgärten. Ursprünglich war die Art in lichten Laubmischwäldern zu Hause.

Verbreitung: Ganz Europa; weit verbreitet. Im Norden bis Mittelschweden und Südfinnland.

Häufigkeit: Überall anzutreffen, manchmal in größerer Anzahl.

Flugzeit: Ende Juni bis Anfang August. Die ♀ legen die Eier in einem Haufen ab, der bis zu 200 Eier enthält, und verteilen darauf ihre Haare, die sie am Ende des Hinterleibs tragen (Schutz vor natürlichen Feinden). Die Goldaftergelege sehen wie ein Baumschwamm aus, was ihr Auffinden durch Vögel erschwert.

Raupenzeit: September bis Juni. Die Raupen bleiben auch nach dem Schlüpfen längere Zeit beisammen. Im Sommer weben sie mehrere Blätter zu einem weißen, filzartigen Gespinst, das verhältnismäßig groß (8–10 cm) ist. Hierin überwintern sie. Auch nach dem Schlüpfen im Frühjahr kehren die Jungraupen nach dem Fressen immer wieder in ihr Gespinst zurück. Beim Fressen sondern sie Spinnfäden ab. Dies ist so typisch, daß man daran schon jede Goldafterraupe ausmachen kann. Nach einiger Zeit trennen sich die Raupen voneinander. Bei der Verpuppung sind sie stets allein.

Futterpflanzen: Eichen, doch auch verschiedene Obstbäume, wie Kirsche, Pflaume, Apfel und Birne. Da die Raupen ständig Spinnfäden abgeben, sind bald die ganzen Blätter in ihrer näheren Umgebung eingesponnen.

♂

Arctia caja L. Brauner Bär

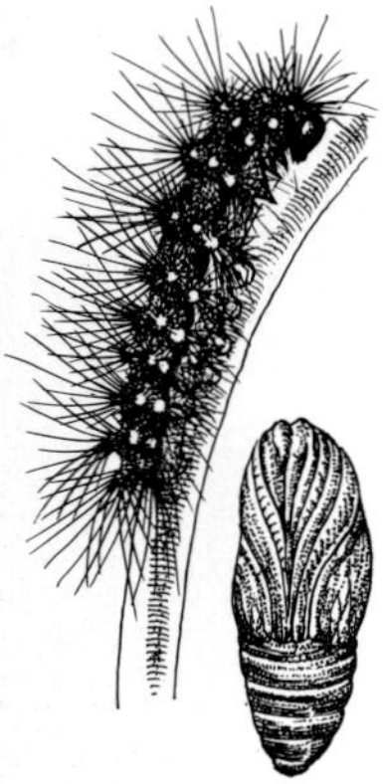

Merkmale: 2,5–3,3 cm lange Vorderflügel. Oberseits zeigt der Falter ein braun-weißes, unregelmäßiges Mäandermuster, das individuell stark variiert. Die Oberseite der Hinterflügel ist leuchtend rot und mit großen, schwarzen bis bläulichen runden Flecken durchsetzt. Dieses auffällige Muster soll Freßfeinde warnen (»wer mich frißt, dem bekommt das schlecht!«). Braune Bären besitzen nämlich giftiges Blut, dessen Wirksamkeit jedoch nicht ganz geklärt ist. Wahrscheinlich reicht aber der »Schock«, der beim plötzlichen Aufblitzen der Warnfarben eintritt, damit sich der Falter noch schnell in Sicherheit bringen kann.

Fluggebiet: Besonders an feuchten Stellen, wie Flußniederungen, aber auch in Gärten und Parkanlagen. Der Braune Bär konnte sich in die veränderten Umweltbedingungen ganz gut einpassen und ist auch in der Kulturlandschaft häufig.

Verbreitung: Über ganz Europa verbreitet. Im Norden erreicht der Braune Bär sogar Lappland. Im Gebirge bis 2000 m Höhe.

Häufigkeit: Regelmäßig und nicht selten. In manchen Jahren auch häufig. Da die Falter nachtaktiv sind, sieht man sie meist abends, wenn sie eine Lichtquelle, etwa eine Straßenlampe, anfliegen. Tagsüber halten sie sich auf dunklem Untergrund auf. Sie verlassen sich auf die Tarnfärbung ihrer Vorderflügel. Werden sie von den scharfen Augen einer Meise dennoch entdeckt, dann schlagen sie blitzartig ihre Flügel nach vorn, so daß die roten Hinterflügel aufleuchten. Während der Vogel noch stutzt, ist der Braune Bär schon verschwunden.

Flugzeit: Juli bis August in einer Generation.

Raupenzeit: September bis Mai. Die Raupe überwintert. Sie führt ein recht offenes Dasein. Mitunter kann man sie über den Weg laufen sehen, wenn sie gerade nach einem Versteck zur Verpuppung sucht. Sie fällt durch ihre langen Haare mit rötlichen Borsten im Kopfbereich besonders auf. Zudem erreicht sie mit fast 6 cm eine stattliche Größe. Bei Gefahr läßt sie sich auf den Boden fallen, rollt sich zusammen und stellt sich tot. Scharfe Borsten ragen nach allen Seiten. Bei der Verpuppung spinnt sie sich in Bodennähe zwischen Stengeln oder auf dem Boden in einer kleinen Vertiefung ein.

Futterpflanzen: Braune Bären stellen für den Forst keine Gefahr dar, auch wenn sie häufiger auftreten sollten. Man findet sie an Himbeere, Brombeere, Schneeball, Geißblatt, Heidekraut, Ginster und vielen anderen Pflanzen der Kraut- und Strauchschicht. Weil sie an vielerlei Pflanzenarten fressen, nennt sie der Fachmann polyphag. Polyphage Schmetterlinge können sich leichter auf Veränderungen im Lebensraum einstellen als die sogenannten monophagen Arten, d. h. solche, deren Raupen sich nur von einer einzigen Pflanzenart ernähren können. Sie breiten sich schwerer aus oder können dies überhaupt nicht mehr.

Allgemeines: Der Braune Bär neigt außerordentlich stark zur Bildung von Varianten. So hat fast jedes Individuum oberseits ein anderes Vorderflügelmuster. Auch die Oberseite der Hinterflügel fällt entweder rot, gelb, mit vielen kleinen Punkten, ganz ohne Punkte oder fast schwarz aus. Außerdem gibt es auch noch eine Reihe nahe verwandter und sehr ähnlicher Arten, von denen die bekanntesten genannt werden sollen: **Augsburger Bär** *(Pericallia matronula L.)*, der mit 4 cm langen Vorderflügeln wesentlich größer wird als der viel häufigere Braune Bär. Der **Augsburger Bär** trat in ganz Europa auf bis tief nach Asien hinein. Heute ist er vielerorts ausgestorben. So weiß man über seine Lebensweise, seine individuelle Variabilität und seine Ökologie fast noch nichts. Seine Raupen überwintern zweimal, ehe sie sich verpuppen.

Den **Schwarzen Bären** *(Epicallia villica L.)* findet man nur in wärmeren Teilen Europas und Vorderasiens. Obgleich seine Raupe an so häufigen Pflanzen wie Löwenzahn, Taubnessel und Schafgarbe lebt, ist dieser Falter in Mitteleuropa beinahe ausgestorben.

Panaxia dominula L. Spanische Fahne RL!

dominula

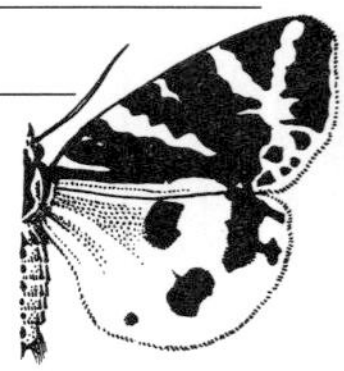

quadripunctaria

Merkmale: 2,2–2,7 cm lange Vorderflügel. Ihre Oberseite ist glänzend dunkelbraun mit weißen und großen gelben Punkten. Oberseite der Hinterflügel rot – in seltenen Ausnahmen gelb – mit schwarzen Flecken, die individuell stark variieren können. Die Spanische Fahne hat gut entwickelte Mundwerkzeuge zur Aufnahme von Nektar. Dies unterscheidet sie von den meisten Bärenspinnern, die einen verkümmerten Saugapparat besitzen.

Fluggebiet: Die Spanische Fahne findet man in feuchteren Gebieten wie Bachschluchten, nassen Wäldern mit Lichtungen, wo Himbeere und Brennessel wachsen.

Verbreitung: Inselartig in ganz Europa verbreitet. Im Norden bis Mittelschweden und Südfinnland.

Häufigkeit: In manchen Gebieten Europas tritt die Art häufig auf, aber auch dort ist sie starken Bestandsschwankungen unterworfen.

Flugzeit: Mitte Juni bis Juli in einer Generation.

Raupenzeit: August bis Ende Mai. Die Raupe überwintert.

Futterpflanzen: Die Raupen leben an verschiedenen Pflanzen der Krautschicht wie Vergißmeinnicht *(Myosotis)*, Brennessel *(Urtica)*, Taubnessel *(Lamium)*, Hahnenfuß *(Ranunculus)*, auch an Himbeere und Geißblatt.

Allgemeines: Die Spanische Fahne, treffender **»Schönbär«** genannt, da sie den Farben Spaniens recht wenig ähnelt, kommt in 2 Varianten vor, der roten, sehr viel häufigeren und der gelben, sehr seltenen *f. flava.* Diese Form ist nicht auf ein bestimmtes Gebiet beschränkt. An der schwarzweißen Streifung der Vorderflügel erkennt man den ähnlichen, sehr seltenen **Englischen Bären** *(Ammobia festiva).*

Panaxia quadripunctaria PODA Russischer Bär

Merkmale: 2,1–2,6 cm lange Vorderflügel. Ihre Oberseite hat gelbe Streifen auf dunkelbraunem bis ockerfarbenem Grund. Auf der roten Oberseite der Hinterflügel finden wir 2 schwarze Punkte und einen unregelmäßig geformten schwarzen Fleck. Zwar können auch diese Falter einzelne Unterschiede zeigen, dennoch lassen sie sich leicht ansprechen. Man verwechselt sie kaum, sofern man sie in der Hand hält und nicht im Flug bestimmen muß. Tagsüber sitzen die Falter ruhig an geschützten Orten. Ihre dunkle Oberseite verschwimmt mit dem Untergrund. Nur bei Gefahr ziehen sie die Vorderflügel zur Seite, damit der Hinterflügel grell aufleuchten und damit ihre Warntracht zeigen kann.

Fluggebiet: Kalkgebirge mit Steinschluchten und felsigen Steilhängen mit Sturzbächen. Zwar mögen sie auch trockene und heiße Täler, doch dann muß stets eine Wasserstelle vorhanden sein, etwa ein Bach oder Sumpf mit dichtem Pflanzenwuchs am Ufer.

Verbreitung: Durch die Mitte Deutschlands verläuft ungefähr die nördliche Verbreitungsgrenze des Russischen Bären. Die Art tritt nur südlich der Linie Krefeld–Harz auf.

Häufigkeit: Inselartige Verbreitung, doch in manchen Jahren sehr zahlreich. Dennoch ist der Bestand **vom Aussterben bedroht.**

Flugzeit: Ende Juli bis August. Die Falter sind tagaktiv.

Raupenzeit: September bis Juni. Die Raupen fressen im Herbst; bis zur Überwinterung häuten sie sich mehrmals.

Futterpflanzen: Taubnessel, Brennessel, Weidenröschen, im Frühjahr auch an Hasel und Himbeere.

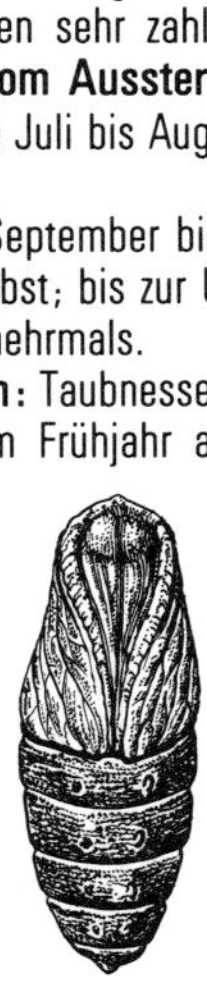

Puppe

♀

♀

Tyria jacobaea L. Blutbär, Jakobskrautbär

Merkmale: 1,7–2 cm lange Vorderflügel. Die Oberseite der Vorderflügel zeichnet sich durch je 2 rote Punkte und am Flügelrand durch einen langen roten Strich auf schwarzem Untergrund aus. Die Oberseite der Hinterflügel ist dagegen leuchtend rot.

Fluggebiet: Trockenes Gelände mit steppenartigem Charakter. Auch über Wiesen. Gelegentlich in Steinbrüchen, Waldwiesen, auch an deren Rändern, entlang von Bach- und Flußläufen.

Verbreitung: Über ganz Europa verstreut. Im Norden bis Mittelschweden, doch hier nur sehr spärlich. Im Süden vor allem in den nach Süden auslaufenden Alpentälern, bis 1600 m.

Häufigkeit: Im nördlichen Verbreitungsgebiet selten bis sehr selten. Etwas häufiger im süddeutschen Raum, doch auch hier nur inselartig verbreitet. In den Südtälern der Alpen häufig.

Flugzeit: Von Mai bis Juli in einer Generation. Die Falter sind nachtaktiv. Beim Durchstreifen durch ihre Biotop lassen sie sich leicht aufscheuchen, so daß man ihre Anwesenheit schnell feststellen kann.

Raupenzeit: Nördlich der Alpen Juli bis September. Die Puppe überwintert. Die Raupen sind unter den Bärenspinnen einzigartig gefärbt: sie sind schwarz-gelb geringelt – eine typische Warmfärbung (»Wespenmuster«). Dadurch, daß sie giftig sind, können sie es sich auch leisten, gesellig beieinander zu bleiben. Erst in halberwachsenem Zustand verteilen sie sich stärker im Gebiet.

Futterpflanzen: Die Raupen leben polyphag, ihre Lieblingspflanze ist das giftige Jakobskreuzkraut *(Senecio jacobaea)*. Dieses Gift nehmen die Raupen mit auf und sind deshalb für ihre Feinde ebenfalls giftig. Die Raupen fressen aber auch an Huflattich und Pestwurz.

Diacrisia sannio L. Rotrandbär

Merkmale: Knapp 2,5 cm lange Vorderflügel. Das größere ♂ ist oberseits hell gelb gefärbt mit je einem roten Mittelfleck auf jedem der 4 Flügel. Hinterflügel grau überhaucht. Das ♀ dagegen ist deutlich kleiner und bunter gezeichnet. Vorderflügel orangerot mit rotem Punkt. Hinterflügel fast schwarz mit roten Randbereichen.

Fluggebiet: Moorwiesen, Bruchwälder und Flußauen, auch an Waldrändern, in Schonungen oder in grasbewachsenen, feuchten Waldlichtungen. Bis in 2400 m Höhe.

Verbreitung: Sehr weit in Europa bis zum 68. Breitengrad verbreitet. Doch immer nur inselartig. Die ehemals flächenhafte Verbreitung ist vor allem durch die menschlichen Eingriffe aufgesplittert worden. Diese Teilpopulationen vermischen sich heute auch nicht mehr, so daß die Vorkommen immer stärker isoliert werden. Bei einer Art, die wie der Rotrandbär flugunlustig ist, kann dies problematisch werden.

Häufigkeit: Früher häufiger als heute.

Flugzeit: Juni bis Juli. In manchen Jahren II. Generation im Juli und August. Die Falter sind unterschiedlich aktiv. Während das ♂ bei Tag und Nacht, besonders aber in der Dämmerung zu beobachten ist, taucht das ♀ nur selten auf. Meist sitzt es fast reglos am Stengel von Wegerich, Löwenzahn oder Labkraut und sendet von hier aus den Sexuallockstoff, der über weite Entfernungen die ♂ anzieht. Bei den flugunlustigen ♀ findet man Tiere mit leicht zurückgebildeten Flügeln. Es scheint sich um einen Zustand zwischen voller Flugfähigkeit und Flugunfähigkeit zu handeln, der gebietsweise unterschiedlich stark ausgeprägt ist. Offenbar werden die Rotrandbären von Vögeln kaum gejagt, obwohl sie keine besonders ausgeprägte Warntracht tragen.

Raupenzeit: I. Generation September bis Mai, II. Juli bis August. Raupe nachtaktiv.

Futterpflanzen: Labkraut, Wegerich, Löwenzahn, Brennessel.

♂

Rhyparia purpurata L. Purpurbär RL!

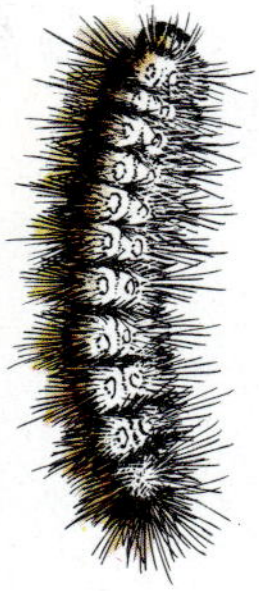

M: Knapp 2,5 cm lange Vorderflügel. Ihre Oberseite ist dunkelgelb mit braunen Flekken. Hinterflügel sind leuchtend rot mit schwarzen Punkten. ♂ mit langen Kammfühlern. **Fg**: Feuchte Wiesen, Blößen, Hänge. **Vb**: Vor allem südlich der Alpen. Im Norden inselartig. **H**: Im Norden selten, in Südeuropa regelmäßig. **Fl**: Mitte Juni bis Juli. **Rz**: August bis Juni. Raupe überwintert. **FR**: Labkraut, Beifuß, Heidekraut.

Phragmatobia caesarea GOEZE Kaiserbär RL!

M: 2 cm lange Vorderflügel. Dicker Falter mit dunklen, graubraunen Flügeln, deren Adern schwärzlich hervorstechen. Auffallend ist das Gelb am Ende der Hinterflügel und am Körper selbst. **Fg**: Sonnige, trockene Waldwiesen, Ödflächen. Falter fliegen abends und morgens. **Vb**: Mitteleuropa. **H**: Regelmäßig. In Norddeutschland sehr selten. **Fl**: Mitte Juni bis Juli. In günstigen Jahren eine II. Generation im August. **Rz**: Juli bis August, II. Generation im September. Puppe überwintert in grauschwarzem Gespinst am Boden oder gut versteckt in Mauerspalten. **FR**: Polyphag an Wegerich und Ehrenpreis, an Labkraut und Miere.

Coscinia cribraria L. Weißer Grasbär RL!

M: 1,5–1,8 cm lange Vorderflügel. ♂ größer als ♀. Flügelfarbe weiß mit dunklen, in Punkte aufgelösten Linien auf der Oberseite der Vorderflügel. **Fg**: Trockene Waldböden mit Heidekraut, auch an sandigen Kiefernkahlschlägen und besonders im Dünengebiet der Ostsee. **H**: In Norddeutschland noch regelmäßiger als im Süden, wo die Art ausgesprochen selten ist. **Fl**: Ende Juni bis Mitte August. **Rz**: August bis Juni. Die Raupe überwintert. Die Verpuppung findet am Boden in einem leichten, grauen Gespinst statt. **FR**: Polyphag wie die meisten Bärenspinner an Gräsern und Kräutern.

Diaphora mendica CL. Graubär

M: Knapp 2 cm lange Vorderflügel. ♂ klein und graubraun, ♀ größer und schneeweiß; beide mit einigen verstreuten schwarzen Punkten auf der Oberseite der Vorder- und Hinterflügel. ♂ mit Kammfühlern. **Fg**: Trockenes, sandiges Gelände wie Heidemoore, Kiefernwälder und Schonungen. **Vb**: Über das gemäßigte Europa weit verbreitet. In Mitteleuropa mehr inselartiges Auftreten. **H**: Gelegentlich häufiger, sonst nur spärlich. **Fl**: Mitte Mai bis Anfang Juli. Stets nur eine Generation. **Rz**: Juli bis August. Die Puppe überwintert in einem grauen Gespinst am Boden gut versteckt. **FR**: Polyphag an Löwenzahn, Taubnessel, Ampfer u. a.

Spiris striata L. Strohhütchen RL!

M: 1,5–1,8 cm lange Vorderflügel. Oberseite der Vorderflügel auffallend schwarz gestreift auf gelbem Grund. Oberseite der Hinterflügel dunkler gelb mit schwarzem Saum und Nierenfleck. **Fg**: Trockene, warme Hänge mit spärlicher Vegetation. **Vb**: Ganz Europa, im Süden seltener, auf einige Verbreitungsgebiete beschränkt. In Süddeutschland in vielen Gebieten ganz fehlend. **H**: Im Norden noch nicht so gefährdet wie im Süden. **Fl**: Juni bis August. **Rz**: August bis Juni. Die Raupe überwintert. Puppe im Boden in grauem Gespinst. **FR**: Schwingelgras, Wiesensalbei u. a.

Hyphoraia aulica L. Hofdame RL!

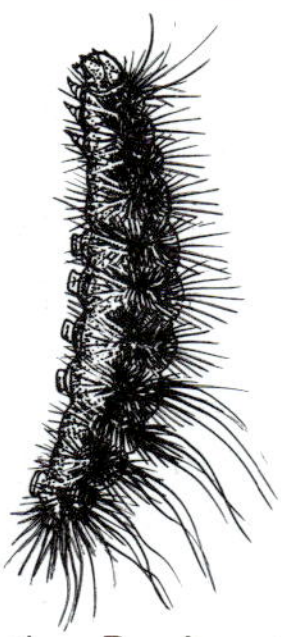

M: 1,6–1,8 cm lange Vorderflügel. ♂ kleiner als ♀. Oberseite der Vorderflügel schokoladenbraun mit gelben Flekken, Oberseite der Hinterflügel mit scharf gezeichneten schwarzen Flecken. **Fg**: Sonnige, trockene, sandige Flächen. **Vb**: Ganz Europa. **H**: Nur inselartiges Vorkommen. **Fl**: Ende Mai bis Anfang Juli. In günstigen Jahren II. Generation. **Rz**: August bis April. Raupe überwintert. **FR**: Löwenzahn, Schafgarbe, Habichtskraut.

♀

♀

♂

Spilarctia lubricipeda L. Gelber Bär (Gelbe Tigermotte)

Merkmale: 2 cm lange Vorderflügel. Kaum mit einer anderen Art zu verwechseln. Der gelbliche Falter trägt auf der Oberseite der Vorderflügel eine schräg stehende Reihe dunkler Punkte, wobei die Intensität der Farbe sehr schwankt. Körper schwarz-gelb geringelt. Deutliche Kammfühler.

Fluggebiet: Überall im Verbreitungsgebiet. Besonders gern an feuchteren Stellen, aber auch an allen Waldrändern, Blößen, in alten Kiesgruben, an Feldrainen und an Ruderalflächen, wie sie in den letzten Jahrzehnten häufig in Nähe der Städte entstanden sind.

Verbreitung: Ganz Europa, im Norden bis zum 62. Breitengrad, lebt also in Südskandinavien und in Südfinnland. Im Gebirge bis 1800 m.

Häufigkeit: Regelmäßig und häufig, bildet aber keine Massenentwicklungen.

Flugzeit: Mitte Mai bis Juli. In günstigen Jahren fliegt eine II. unvollständige Generation. Die Falter sind nachtaktiv, besonders aktiv sind sie kurz vor Sonnenaufgang. Sie stehen damit im Gegensatz zu den meisten anderen nachtfliegenden Faltern, die in den späten Abendstunden bis kurz vor Mitternacht ihre Hauptflugzeit haben.

Raupenzeit: Juli bis September. Puppe überwintert am Boden.

Futterpflanzen: Löwenzahn, Brennesseln, Wegerich und Sauerampfer, aber auch Brombeere, Himbeere und sogar Holunder. Stets im gleichen Gebiet wie die Gelbe Tigermotte lebt auch die **Weiße Tigermotte,** mit der sie eine gewisse Ähnlichkeit hat. Interessanterweise fliegt die Gelbe Tigermotte immer im Anschluß an die Flugphase der Weißen Tigermotte. Neuere Untersuchungen haben gezeigt, daß die weniger giftige Gelbe Tigermotte sozusagen im Schutz der schlecht schmeckenden Weißen Tigermotte lebt. Fliegt nun die Weiße Tigermotte, dann lernen die Singvögel sehr schnell, daß es sich nicht lohnt, diesen wenig scheuen Falter zu erbeuten. Schon nach wenigen Sekunden spucken sie ihn wieder aus. Diese Erfahrung nützt dann auch der Gelben Tigermotte.

Spilosoma menthastri ESP. Weißer Bär

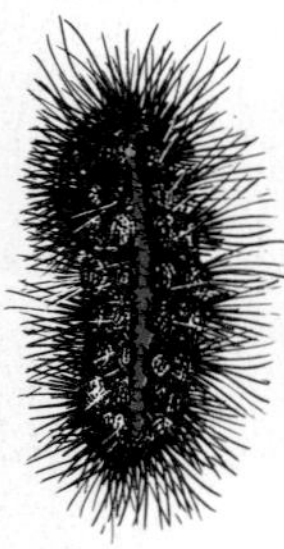

Merkmale: 2,2 cm lange Vorderflügel. Weißer Falter mit unregelmäßig verteilten, schwarzen Punkten auf der Oberseite der Vorderflügel. Die der Hinterflügel trägt nur einen schwarzen Punkt.

Fluggebiet: Waldränder, buschreiches Gelände, aufgelassene Kiesgruben, Brachländer.

Verbreitung: Ganz Europa, im Norden bis zum 64. Breitengrad. In den Alpen bis 1600 m Höhe.

Häufigkeit: Überall in größeren Beständen, doch keine Massenentwicklungen. Da Weiße Tigermotten nur in der Krautschicht leben, stellen sie auch für den Forst keine Gefahr dar.

Flugzeit: Mai bis Juli. In günstigen Jahren fliegt im August eine II. Generation, doch meist unvollständig. Die Falter sind nachtaktiv.

Raupenzeit: Mai bis September in 2 ineinander verschobenen Generationen. Die Raupen sind wie fast alle Bärenspinner-Raupen dicht behaart und für die meisten insektenfressenden Vögel ungenießbar.

Futterpflanzen: Wie bei der Gelben Tigermotte lebt die Raupe an Pflanzen der Ruderalflächen: an Löwenzahn, Wegerich, Knöterich, Brennessel und Taubnessel.

Allgemeines: Bei Gefahr stellen sich die Gelben und Weißen Tigermotten »tot«. Dabei verkrümmt sich der Körper, wobei die grellen gelb-schwarzen Körperzeichnungen vorgezeigt werden, die den Feind zurückhalten sollen. Da die Weißen Tigermotten schlecht schmecken, merken sich das die Singvögel schnell und lassen in Zukunft auch die anderen in Ruhe. Eine sehr ähnliche, aber etwas kleinere Art, ist der nach Europa eingeschleppte **Amerikanische Webebär** *(Hyphantria cunea Drury),* der in manchen Teilen Deutschlands schon zum festen Bestand zählt. Hier ist seine Ökologie noch wenig bekannt. Doch die ersten Befürchtungen, er könne sich zu einem Schädling entwickeln, wurden bisher nicht bestätigt.

Phragmatobia fuliginosa L. Rostflügelbär, Zimtbär

Merkmale: Knapp 2 cm lange Vorderflügel. Ihre Oberseite ist zimtfarben mit einem kleinen schwarzen Punkt in der Mitte. Die der Hinterflügel ist meist leuchtend dunkelrot mit schwarzen Flecken, die individuell stark variieren. Das Rot mit den schwarzen Punkten wiederholt sich auf dem Körper. Die auffallende Zeichnung des Falters ist als Warnung an die Singvögel zu deuten. Sollte ein noch unerfahrener Jungvogel die Warnung nicht erkennen und den Rostflügelbär dennoch probieren, dann wird er eine Erfahrung machen, die er so schnell nicht vergißt: diese Schmetterlinge schmecken so schlecht, daß sie der Vogel sofort wieder ausspuckt und bestimmt keinen zweiten dieser Art versuchen wird.

Fluggebiet: Wiesen, Weiden, Waldränder, Heidegebiete und Ödländer. Im Gebirge bis in 3000 m Höhe.

Verbreitung: Ganz Europa.

Häufigkeit: Gehört zu den häufigsten seiner Gattung. Vor natürlichen Feinden wirkungsvoll geschützt und in der Nahrungswahl anspruchslos, setzen ihm nur kalte und nasse Sommer zu. Doch kann man ihn alljährlich treffen, in warmen und trockenen Jahren sogar recht häufig.

Flugzeit: Zwei Generationen: I. Mitte April bis Anfang Juni, II. Juli bis Mitte August. Interessanterweise fliegt die II. Generation meist häufiger. Die Falter sind nachtaktiv.

Raupenzeit: I. Generation September bis Anfang April. II. Juni bis Juli. Die Verpuppung, die sofort nach dem Erwachen aus dem »Winterschlaf« stattfindet, erfolgt an Pfählen, in Baumritzen und an Zäunen. Die Raupe spinnt sich dazu einen weichen, braunen Kokon, den sie stets senkrecht stehend anheftet. Die Falter und die Raupen sind für Singvögel ungenießbar.

Futterpflanzen: Brennesseln, Taubnesseln, Löwenzahn und andere Pflanzen.

Parasemia plantaginis L. Wegerichbär

Merkmale: Bis 2 cm lange Vorderflügel. In Farbe, Form und Aussehen erinnert der Wegerichbär an eine kleine Ausgabe des **Braunen Bären.** Doch kaum eine Schmetterlingsart variiert so stark wie diese. So treten manche mit rot-schwarzen Hinterflügeln auf, andere mit weiß-schwarzen und wieder andere sind gelb-schwarz gezeichnet. Der Wegerichbär ist ein Beispiel einer polymorphen Art, d. h. in einer Population findet man stets verschiedene Typen (Morphen) beieinander. Dabei spielt das Geschlecht eine Rolle: so sind ♀ stets rot, ♂ gelb oder weiß.

Fluggebiet: Im Hügelland über nassen Wiesen, Mooren, an feuchten Waldrändern und -schneisen.

Verbreitung: Europa, doch bevorzugt in den Gebirgen und Mittelgebirgen. In den Alpen steigen sie bis über 3000 m Höhe.

Häufigkeit: Im Gebirge auf feuchten Almwiesen und in Hochmooren mitunter häufig, außerhalb seines Lebensraumes jedoch spärlich anzutreffen. In Norddeutschland nur an wenigen Stellen.

Flugzeit: Juni bis Mitte Juli in einer Generation. Die Falter sind tagaktiv.

Raupenzeit: August bis Mai. Raupe überwintert. Schon bald nach dem Schlüpfen im Sommer ziehen sie sich in ihr Winterquartier zurück. Erst im kommenden Frühjahr beginnen sie richtig zu fressen und zu wachsen. Typisch für Bärenspinner: die Raupe ist dicht rötlich behaart und für die meisten Singvögel ungenießbar. Dennoch bringt sie sich bei der kleinsten Erschütterung der Futterpflanze in Sicherheit. Erstaunlich gewandt läßt sie sich herabfallen oder springt sogar zur Seite.

Futterpflanzen: Wegerich *(Plantago)* bevorzugt; auch Löwenzahn, Sauerampfer und andere Kräuter.

♀ Eiablage

♀

Miltochrista miniata FORST. Rosenmotte

M: Knapp 1,5 cm lange Vorderflügel. Durch die leuchtend hellrote Flügelfärbung mit gelber Beimischung und die feinen schwarzen Strichzeichnungen unverwechselbar. **Fg**: Feuchtigkeitsliebende Art: Auwälder, Bruchwälder, Moore, in Mischwäldern an feuchten, sonnenbeschienenen Stellen. **Vb**: Ganz Europa bis Südskandinavien. **H**: Nicht selten. **Fl**: Mitte Juni bis Mitte August. Falter sind nachtaktiv. **Rz**: August bis Juni. Raupe überwintert unter Flechten. **FR**: Die frisch geschlüpften Raupen fressen noch im Herbst an jungen Flechten. Im nächsten Frühjahr nehmen sie daneben auch Blätter von Eichen, Birken oder Geißblatt.

Lithosia quadra L. Stahlmotte

M: ♂ 1,9 cm lange Vorderflügel. Sie sind einfarbig grau mit schwarzem Fleck an der Basis, Hinterflügel gelb. ♀ mit 2,3 cm langen gelben Vorderflügeln deutlich größer und kenntlich an den 2 blauen Punkten darauf. **Fg**: Auwälder, auch in Fichten- und Mischwäldern, selbst in Parkanlagen und Obstgärten. **Vb**: Fast ganz Europa. **H**: Sehr stark schwankend: mal selten, dann wieder häufig. **Fl**: Juli bis August. **Rz**: September bis Juni. Raupe überwintert. **FR**: Flechten, unter denen sie auch überwintern. Bei Massenentwicklungen der Nonne *(Lymantria monacha)* spezialisiert sich die Raupe der Stahlmotte auf Nonnenraupen.

Eilema lurideola ZINCKEN

M: Knapp 1,8 cm lange Vorderflügel erreicht das ♀, während die des ♂ nur 1,4–1,6 cm groß werden. Oberseite grau mit deutlich erkennbarem gelbem Saum. Vorderseite der Hinterflügel gelb. Das Ende des Körpers kennzeichnet bei den Vertretern dieser Gattung eine dunkelgelbe Bürste. **Fg**: Laubwälder, auch Heidelandschaften. **Vb**: Über die gesamte Paläarktis verbreitet. Bevorzugt Mittel- und Hochgebirge. **H**: Überall regelmäßig anzutreffen. **Fl**: Ende Juni bis Mitte August. **Rz**: September bis Juni. Raupe überwintert unter Flechten in Baumritzen. **FR**: Flechten von Nadel- und Laubbäumen, aber auch Steinflechten.

Cybosia mesomella L. Flechtenbär

M: 1,5–1,7 cm lange Vorderflügel. Sie sind grau gefärbt mit gelbem Saum und haben je 2 schwarze Punkte. **Fg**: Auwälder, Moore, trokkene Lichtungen von Laubmischwäldern und Kiefernbestände. **Vb**: Ganz Europa bis zum 64. Breitengrad. **H**: Meist häufig. **Fl**: Juni bis Juli. **Rz**: August bis Mai. **FR**: Die Raupen ernähren sich von Flechten, die am Boden wachsen. Sie überwintern auch in deren Schutz. Ebenso findet man sie an Lebermoosen *(Jungermannia)*. **Allg**: Von den anderen Flechtenbären unterscheidet sich *C. mesomella* durch die breiteren Vorderflügel, doch zeigt sich dies erst im Vergleich.

Eilema deplana ESP. Nadelholzflechtenbär

M: 1,2–1,4 cm lange Vorderflügel. ♀ etwas größer und dunkler gefärbt als das ♂, dieses blaßblau mit gelben Einmischungen. ♀ ist dunkelviolett mit gelbem Saum an den Vorderflügeln. **Fg**: Waldart, die in Laub-, bevorzugt aber in Nadelwäldern vorkommt. **Vb**: In ganz Mitteleuropa verbreitet mit Schwerpunkt im Süden. **H**: Häufig. Im Norden unregelmäßig und selten. **Fl**: Ende Juni bis August in stets nur einer Generation. Falter sind dämmerungsaktiv. **Rz**: August bis Juni. Die Raupe überwintert in Holzspalten. **FR**: Einzige Nahrung sind die Flechten von Nadelbäumen. Selten an Laubbäumen.

Eilema complana L. Flechtenspinner

M: 1,4 cm lange Vorderflügel. Gelber Streifen an ihrem Vorderrand, der gleichmäßig bis in die Flügelspitze verläuft. **Fg**: In Laubmischwäldern und auf Blößen. **Vb**: Gemäßigte Zonen Europas. **H**: Regelmäßig und teilweise auch häufig. **Fl**: Ende Juni bis August in stets nur einer Generation. **Rz**: September bis Juni. Die Raupe überwintert unter Ritzen am Boden versteckt. **FR**: Flechten aller Art. Auch trockenes Laub (Eiche und Buche).

Eilema sororcula HBN. Frühlingsflechtenbär

M: 1,3 cm lange Vorderflügel. Leuchtend dunkel- bis fast dottergelb gefärbt. Manche Exemplare fallen aber blasser aus. Charakteristisch ist der Vorderflügelrand, der etwa bei ⅔ der Länge stark abgebogen ist und sich dadurch von anderen ähnlichen Arten deutlich unterscheidet. **Fg**: Laub- und Mischwälder. **Vb**: Inselartige Verbreitung in Europa, bis 1000 m Höhe. **H**: Lokal häufig, doch meist nur vereinzelt. **Fl**: Mai bis Juni. Von allen Flechtenbären fliegt er am frühesten im Jahr. **Rz**: Juli bis September. Puppe überwintert in braunem Gespinst am Boden. **FR**: Flechten.

Setina irrorella CL. Steinflechtenbär

M: 1,6 cm lange Vorderflügel. Gelber Falter mit je 3 Punktreihen auf ihrer Oberseite. Auf der Oberseite der Hinterflügel liegen 2 deutlich erkennbare Punkte. **Fg**: Bewohner trockener Rasen mit spärlicher Vegetation, auch auf Moor- und Heidewiesen. Im Gebirge auf Almwiesen. **Vb**: Europa. Im Norden häufiger als in Südeuropa. Im Gebirge bis 1800 m. **H**: Nicht selten, in günstigen Biotopen sogar häufig. **Fl**: Juni bis Ende August in einer Generation. **Rz**: August bis Juni. Die Raupe überwintert unter Flechten oder Steinen. **FR**: Flechten. **Allg**: Bei der *f. signata* sind die beiden inneren Punktreihen zu einer Linie verschmolzen.

Syntomis phegea L. Weißfleckwidderchen

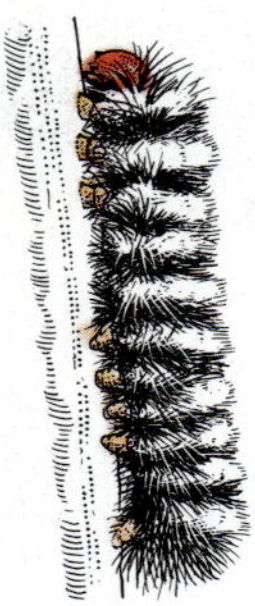

M: 1,8 cm lange Vorderflügel. Charakteristisch blau mit zahlreichen weißen Flecken und einem ungewöhnlich langen Körper mit gelbem Ring. **Fg**: Sonnige Hänge, Lichtungen, verlassene Kiesgruben. **Vb**: Fehlt im Norden Mitteleuropas, auch im Süden nur inselartig verbreitet. **H**: Bei idealen Voraussetzungen häufig, sonst selten. **Fl**: Juni bis Juli. **Rz**: August bis Mai. **FR**: Taubnesseln, Löwenzahn u. a. Ackerkräuter.

Atolmis rubricollis L. Rothals

M: 1,7 cm lange Vorderflügel. Von allen Flechtenbären am leichtesten an der tief dunklen Färbung und dem gelben Körperende zu unterscheiden. Name wegen des leuchtend roten Halsrings. **Fg**: Laub- und Mischwälder, in Auen und an Waldrändern häufig zu finden. **Vb**: In ganz Europa bis zum 62. Breitengrad. **H**: Sehr starke Bestandsschwankungen, doch nie selten. **Fl**: Anfang Mai bis Juli in stets nur einer Generation. Tagsüber kann man den Rothals aus der Vegetation aufscheuchen; aktiv fliegt er in der Dämmerung. **Rz**: August/September. Puppe in graubraunem Gespinst am Boden, meist unter Moos. **FR**: Flechten.

Pelosia muscerda HUFN. Mausgrauer Flechtenspinner RL!

M: 1,5 cm lange Vorderflügel. Grau mit 2 kurzen Punktreihen. Die Hinterflügel sind gewöhnlich heller als die Vorderflügel. **Fg**: Feuchte Moore, Bruchwälder, Flußauen. **Vb**: Europa, im Norden wesentlich häufiger als im Süden. **H**: In Norddeutschland manchmal häufig. Tritt im Süden nur ab und zu auf. **Fl**: Ende Juni bis Anfang August. **Rz**: September bis Juni. Raupe überwintert am Boden unter Flechten. Hier auch Verpuppung. **FR**: Erlenflechten, aber auch Algen und sogar welke Blätter. **Allg**: Die sehr seltene *Pelosia obtusa* ist etwas bräunlicher und zeigt nur undeutliche Punkte.

Apoda limacodes HUFN. Große Schildmotte

M: 1,1–1,3 cm lange Vorderflügel. ♂ deutlich kleiner als ♀. Relativ kleine Schmetterlinge mit dickem Körper, dunkelbraunen bis dunkelgelben Flügeln und 2 deutlichen, außen zusammenlaufenden Linien. **Fg**: Eichen- und Buchenwälder. **Vb**: Flächenmäßig über ganz Europa verbreitet. **H**: Regelmäßig. **Fl**: Mai bis Juli. **Rz**: Juli bis September. Die Puppe überwintert. Das Aussehen der Raupen gab der Gruppe auch den Namen Asselspinner, weil die Raupen mehr einer Assel als einer Schmetterlingsraupe ähneln. **FR**: Eiche und Buche.

Bärenspinner

Steinflechten-
bären

Weißfleck-
widderchen,
Asselspinner

Thaumetopoea processionea L. Eichenprozessionsspinner RL!

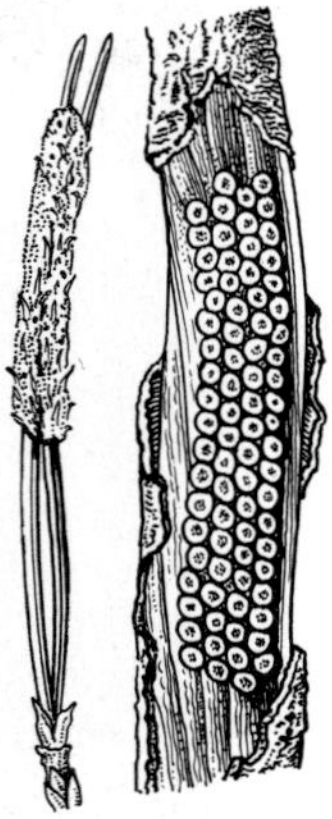

Merkmale: ♂ 1,3 cm, ♀ 1,6 cm lange Vorderflügel. Bräunlich-grau mit einer mehr oder weniger erloschenen Zeichnung. ♂ mit intensiverer Musterung. Dicker Körper. Falter unscheinbar.

Fluggebiet: Eichenwälder.

Verbreitung: In ganz Europa, fehlt aber von der Norddeutschen Tiefebene an nordwärts.

Häufigkeit: In manchen Jahren Massenentwicklungen, sonst selten und nur lokal anzutreffen.

Flugzeit: Juli bis Anfang August in einer Generation. Nachtaktiv. Eier überwintern.

Raupenzeit: Mai bis Juni. Die kleinen, frisch geschlüpften Raupen können sich schon vom ersten Tag an mit ihren giftigen Haaren erfolgreich wehren, die bei Mensch und Tier heftige Reizungen hervorrufen. Es sind sehr kleine Haare, die auch vom Wind verweht werden können. Tagsüber halten sich die Raupen in bis zu Kindskopf großen Nestern auf. Jeden Abend klettern sie dann in einer langen »Prozession« den Baum hinauf zu den Blättern. Kleinere werden ganz abgefressen, von großen bleiben die Blattrippen stehen. Beim Wandern hält eine Raupe stets Berührungskontakt mit der vor ihr laufenden. Der Eichenprozessionsspinner wandert in mehreren Reihen, die stets von einem Spinnfaden begleitet werden. Dieser »Leitfaden« verhindert das Ausbrechen aus der Reihe. Sollte dennoch eine Raupe den Anschluß verlieren, so sucht sie so lange, bis sie ihn wieder findet. Die Raupen fressen oben in den Blättern bis in die Morgendämmerung und kehren dann wieder in der gleichen Marschformation zurück.

Futterpflanzen: Eichenblätter.

Thaumetopoea pinivora TR. Kiefernprozessionsspinner RL!

Merkmale: 1,4–1,7 cm lange Vorderflügel. Etwas grauer und kontrastreicher als der Eichenprozessionsspinner, ansonsten diesem in Aussehen und Verhalten sehr ähnlich.

Fluggebiet: Wie der Name sagt, fliegt der Kiefernprozessionsspinner in Kiefernwäldern, die auf trockenem und sandigem Boden stehen.

Verbreitung: Östliches Europa. In Mitteleuropa lokal verbreitet.

Häufigkeit: Gelegentlich kommt es zu Massenentwicklungen, von denen die bekanntesten in den Kiefernmonokulturen im Ostseeraum auftreten. Sonst nur spärlich.

Flugzeit: Mitte Juli bis August.

Raupenzeit: Ende April bis Juni. Die ♀ des Kiefernprozessionsspinners legen um eine Kiefernnadel ihre Eier in einem Paket ab, so daß diese wie ein Rohrkolben aussieht. Die Eier überwintern. In vielen Gebieten überwintern im darauffolgenden Jahr die Puppen, so daß der Falter bis zur letzten Metamorphose 2 Jahre braucht. Die Raupe hat ebenfalls Haare, die einen heftigen Juckreiz beim Menschen verursachen können. Selbst bei der Berührung der Gespinste kann die Haut mit Entzündungen reagieren. Die Raupen führen eine nächtliche Lebensweise. Tagsüber ruhen sie in ihren Nestern und abends wandern sie in einer langen »Prozession« an die Nahrungsplätze. Der berühmte französische Biologe Fabre konnte bei der nahe verwandten Art *T. pytyocampa* mit einem einfachen Versuch nachweisen, daß dieses Verhalten zwar sinnvoll für die Erhaltung der Art ist, von den Raupen aber ganz automatisch ausgeführt wird: er schloß eine »Prozession« kurz; d. h., er ließ Raupen um eine 1,5 m dicke Vase wandern. So hatte jede Raupe einen »Vordermann«. Die Tiere marschierten mehrere Tage, bis sie total erschöpft zusammenbrachen. Keine hatte den Versuch gemacht, aus dem Kreis auszubrechen.

Futterpflanzen: Kiefernnadeln *(Pinus silvestris* und *P. uncinata)*.

Allgemeines: Weltweit kennt man knapp 100 Arten von Prozessionsspinnern. Typisch ist ihr Ruhen bei Tag und das Wandern am Abend.

Phalera bucephala L. Mondfleck, Mondvogel

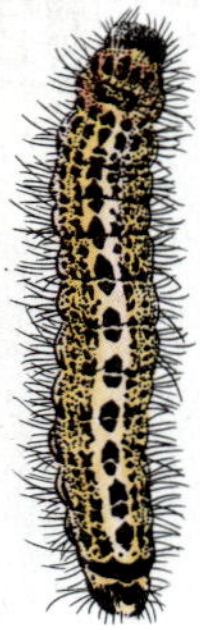

Merkmale: 2,7–2,8 cm lange Vorderflügel. Geschlechter sehen gleich aus, doch werden die ♀ etwas größer als die ♂. Auffallendstes Kennzeichen ist der gerundete Mondfleck auf der Oberseite der Vorderflügelspitze. In Ruhestellung täuscht dieser Schmetterling ein abgefallenes Ästchen vor. Der »Mondfleck« wirkt wie eine abgebrochene Seite, die Haare auf der Brust *(Thorax)* stellen die andere »Bruchstelle« dar; doch auch Unregelmäßigkeiten der Rinde werden in der Zeichnung der Flügel täuschend ähnlich nachgeahmt. Damit gelingt es dem Mondvogel in der Regel, sich vor den scharfen Augen der Singvögel zu verstecken.
Fluggebiet: Auwälder, Mischwälder, an Bach- und Flußläufen mit baumbestandenen Ufern, auch in Parks und in trockenen Heiden.
Verbreitung: Europa. Im Norden bis zum Polarkreis, im Gebirge bis zur Baumgrenze. In Südeuropa trifft man die Art fast überall an.
Häufigkeit: Zwar findet man den Mondvogel wegen seiner Tarnung nur schwer, doch nachts, wenn er aktiv ist, fliegt er gern und regelmäßig ans Licht. Massenentwicklungen sind nicht bekannt, auch wenn die Raupen mit Kahlfraß gebietsweise Schäden verursachen.
Flugzeit: Anfang Mai bis Juli. Die Eier werden zu einem Gelege vereint auf der Blattoberseite von Futterpflanzen abgelegt.
Raupenzeit: Juli bis August. Die Raupen sehen mit ihrer blauschwarz-gelb-weißen Färbung recht hübsch aus. Sie leben gesellig, da sie dank ihrer Behaarung von Vögeln nicht gefressen werden. In ungünstigen Jahren überdauern die Puppen den Winter und leben noch ein weiteres Jahr. Die Entwicklung bis zum Falter dauert dann 2 Jahre.
Futterpflanzen: Raupen leben polyphag an vielen verschiedenen Laubholzarten wie Eiche, Buche, Pappel, Weide, Erle und Hasel. Dicht nebeneinander fressen sie an den Blättern.

Gluphisia crenata ESP.

Merkmale: Das ♂ erreicht nur etwa 1,3 cm lange Vorderflügel. Die Art ist ein kleiner Vertreter unter den sonst mittelgroßen Zahnspinnern und trägt den typischen »Zahn« am unteren Rand der Vorderflügel, auch wenn man ihn nicht so deutlich erkennen kann. In der Färbung fällt dieser Zahnspinner wenig auf. Besonders schon etwas »abgeflogene« Stücke erscheinen glasartig, durchsichtig. Ein vollausgefärbtes Tier wie auf der Abbildung findet man ausgesprochen selten in freier Natur. Dazu kommt, daß die Falter nachtaktiv sind und sich tagsüber gut versteckt halten.
Fluggebiet: *Gluphisia crenata,* ein Falter, der keinen deutschen Namen trägt, bewohnt feuchte, warme Gebiete wie Auwälder und sonnige, warme Lichtungen und Kahlschläge.
Verbreitung: In Mitteleuropa fliegen 2 Formen von *Gluphisia crenata.* Die *ssp. crenata,* die ein deutlich aufgehelltes Mittelfeld im Vorderflügel trägt, finden wir in Süd- und Südwestdeutschland. Die viel dunklere, manchmal fast schwarze Form *ssp. vertuna* tritt in Belgien, Mittel-, Nord- und Ostdeutschland, aber auch im südostdeutschen Raum (Ostbayern).
Häufigkeit: *Gluphisia crenata* kommt zwar in vielen Bereichen Deutschlands vor, ist aber nirgends häufig. Schmetterlingssammler fanden in vielen Gebieten nur Einzelexemplare, von denen man nicht sicher weiß, ob sie dort auch wirklich bodenständig sind.
Flugzeit: Ende April bis August in einer langgezogenen Flugzeit. Doch innerhalb eines Gebietes dürfte sich die Flugperiode nicht über einen so langen Zeitraum erstrecken. Im süddeutschen Raum beispielsweise fliegt die I. Generation von April bis Juni, die II. im August. Im Norden tritt nur eine Generation von Juni bis August auf. Die Falter halten sich bevorzugt in den Kronen von Pappeln auf. Dies erschwert zusätzlich noch die Beobachtung dieser ausgesprochen seltenen Art.
Raupenzeit: Juni bis September. Im Norden leben die Raupen im August, im Süden im Juni und August. Die Raupe ist glatt und ohne Haare. **Futterpflanzen:** Pappeln aller Art.

Pheosia tremula CL. Pappelzahnspinner, Porzellanspinner

1 ½fach

Merkmale: 2,5–3 cm lange Vorderflügel. An der Größe und am Schuppenzahn am Innenrand der Vorderflügel als Zahnspinner zu erkennen. Die ♀ sind größer als die ♂. Der porzellanfarbige Schimmer auf den Flügeloberseiten gab dieser Art den Namen.

Fluggebiet: Der Lebensraum muß Pappeln enthalten: so fliegt die Art in Auwäldern, Parkanlagen, Mischwäldern, Mooren, an Bach- und Flußläufen, an sonnigen Hängen, doch häufig in feuchteren Gebieten, da Pappeln meist gute Wasserversorgung benötigen.

Verbreitung: Ganz Europa. Im Norden bis zum Polarkreis. In den Alpen bis 1600 m.

Häufigkeit: Ursprünglich war der Pappelzahnspinner sicher nicht so häufig wie heute. In manchen Gebieten, besonders in den Flußtälern, wurden nämlich in den letzten beiden Jahrzehnten Pappelmonokulturen angelegt. Sie bestehen meist aus kanadischen Hybridpappeln *(Populus x canadensis)*. In manchen Jahren gibt es eine richtige Massenvermehrung des Pappelzahnspinners, doch führten sie bislang nicht zu Kahlfraß.

Flugzeit: Zwei Generationen: I. Ende April bis Mitte Juni, II. Mitte Juli bis Mitte August. In ungünstigen Jahren fällt die II. Generation aus. Die Falter sind nachtaktiv.

Raupenzeit: I. Generation September bis Anfang Oktober, II. von Juni bis Juli. Die beiden Generationen können sich ineinander verschieben. Zur Verpuppung graben sich die Raupen mit Schüttelbewegungen in den weichen Boden ein. Die Raupen selbst sind gelb mit grüner oder brauner Zeichnung und stets glatt.

Futterpflanzen: Wie der Name besagt, fressen sie bevorzugt an Blättern der verschiedenen Pappelarten, nicht nur an Schwarzpappel und Espe, sondern auch an den Hybridpappeln; auch an Weiden und Birken.

Allgemeines: Der ähnliche **Birkenzahnspinner** *(P. gnoma)* trägt einen weißen Keilfleck.

Drymonia ruficornis HUFN.

1 ½fach

Merkmale: 2,1 cm lange Vorderflügel. Diese Art ist kenntlich an den 3 gezackt verlaufenden schwarz-weißen Linien, von denen die innerste schlecht sichtbar ist. Zwischen den beiden anderen liegt ein schwarzer Mondsichelfleck, der allerdings nicht immer deutlich zu erkennen ist. Besonders auffallend sind beim ♂ die langen Kammfühler.

Fluggebiet: Bewohner von trockenen Laubmischwäldern, besonders in Eichenwäldern, auch in kleineren Gehölzen, in denen Eichen eingestreut wachsen.

Verbreitung: Ganz Europa. Im Norden bis Mittelschweden. Im Süden bis nach Nordafrika, im Osten bis Japan auftretend.

Häufigkeit: Nicht selten. Da jedoch von Eichen und anderen Laubbäumen abhängig, in manchen Gegenden nur spärlich.

Flugzeit: Ende April bis Mitte Mai. *Drymonia ruficornis* gehört zu den Nachtschmetterlingen, die in Mitteleuropa recht früh im Jahr fliegen und deren Flugzeit auch als eine der ersten zu Ende geht. Erst spät in der Nacht werden die Falter aktiv, und nach einigen Stunden ziehen sie sich schon wieder in ihr Versteck zurück. Daher ist dieser Falter wenig bekannt, auch wenn er gar nicht so selten ist. Bezeichnenderweise trägt er keinen deutschen Namen.

Raupenzeit: Ende Mai bis Juni. Die Raupen sind glatt und nicht behaart. Tagsüber halten sie sich auf der Unterseite von Eichenblättern auf. Nur nachts fressen sie auch an der Oberseite. Die Raupe ist zunächst leuchtend gelb, später grün-gelb gefärbt.

Futterpflanzen: Eichenblätter.

Allgemeines: Manche Falter haben ein deutlich aufgehelltes Mittelfeld; sie werden der Form *f. lunula* zugerechnet. Sie tritt überall vereinzelt auf und vermischt sich frei mit der Nominatform. Neben *Drymonia ruficornis* leben in Mitteleuropa u. a. *D. querna* und *D. trimacula.*

Stauropus fagi L. Buchenspinner

Merkmale: Mit 2,8–3 cm langen Vorderflügeln eine beachtlich große Art, die man an der schwarzen Reihe von Punkten auf der Außenseite der Vorderflügel erkennen kann. Der Falter ist graubraun, mit hellen Einmischungen unterschiedlich gefärbt. Auf der Oberseite der Hinterflügel in der oberen, äußeren Hälfte stets ein großer, viereckiger Fleck; auf der unteren Seite ein dunkler Wisch.
Fluggebiet: Besonders in Buchenwäldern, aber auch in Schneisen, Rändern und Lichtungen von Laubmischwäldern. Seltener in Auwäldern. Bevorzugt warme Tallagen.
Verbreitung: In der gesamten Laubwaldzone von Europa und Asien. Im Gebirge bis etwa 1500 m Höhe.
Häufigkeit: Meist selten oder vereinzelt.
Flugzeit: Ende April bis Mitte Juli. In günstigen Gegenden und warmen Sommern bildet sich im August auch eine II. Generation aus.
Raupenzeit: Juni bis September. Die Raupe ist mittel- bis dunkelbraun gefärbt und trägt auf dem Rücken zwischen dem 3. und 8. Segment je einen paarigen Höcker. Besonders auffallend sind die langen Beine, mit denen sie die Gestalt einer großen Ameise nachahmt.
Futterpflanzen: Bevorzugt an Buchen, doch auch an anderen Laubgehölzen.

Cerura vinula L. Großer Gabelschwanz

M: 3,5–4 cm lange Vorderflügel. Sehr groß, schwarzweiß gezeichnet und auf dem inneren Teil dicht, außen dagegen dünn beschuppt. **Fg:** Auwälder, alte Steinbrüche, an Bach- und Teichrändern. **Vb:** Ganz Europa bis zum Polarkreis. **H:** Regelmäßig. **Fl:** Ende April bis Anfang Juli. Nachtaktiv. **Rz:** Juni bis September. Die Raupe trägt am Ende des Körpers eine auffallend große Gabel. **FR:** Weiden und Pappeln.

Cerura erminea ESP. Hermelinspinner RL!

M: 2,8 cm lange Vorderflügel, die stets in der Grundfarbe rein weiß und gleichmäßig dicht bestäubt sind. Auch der Hinterleib ist auf der Unterseite rein weiß im Gegensatz zum Großen Gabelschwanz, bei dem er weißgrau ist. **Fg:** Auen, Pappelalleen und Parkanlagen. **Vb:** Europa. **H:** Wesentlich seltener als der Große Gabelschwanz. In Norddeutschland sehr selten. In Süddeutschland etwas häufiger. **Fl:** Mitte Mai bis Anfang Juli, meist jedoch etwas kürzer. **Rz:** Juli bis August. Die Raupe baut aus abgebissenen und zerkleinerten Holzstückchen einen Kokon. **FR:** Pappeln; Weiden.

Furcula furcula CL. Salweidengabelschwanz

M: 1,4–1,7 cm lange Vorderflügel. Kein ausgebildeter »Zahn« am unteren Ende der Vorderflügel. Von *C. bicuspis* an der helleren Mittelbinde und von *C. bifida* an der geringeren Größe zu unterscheiden. Zeichnung kontrastarm. **Fg:** Mischwälder, Moore, Heiden, Lichtungen, Parkanlagen. **Vb:** Europa, nicht weit nach Norden. **H:** Regelmäßig, doch nirgends häufig. In Norddeutschland selten. **Fl.:** Mitte Mai bis Anfang Juli. **Rz:** Juli bis September. Die Raupe baut einen festen Kokon. Darin überwintert die Puppe. **FR:** Im Norden an Birken, im Süden an Buchen und Eichen.

Furcula bifida GOEZE Kleiner Gabelschwanz

M: 2,2–2,5 cm lange Vorderflügel. Schwarze Umrandung der Querbinden. **Fg:** Auen, Erlenbrüche, Bach- und Flußufer, Parkanlagen. **Vb:** Ganz Europa. **H:** Nicht selten. **Fl:** Ende April bis Juni. In günstigen Jahren eine II. Generation. **Rz:** Juli bis August. Raupe gelb-braun gefärbt, trägt einen bizarren Gabelschwanz. Zur Verpuppung spinnt sie kleine Holzspäne zu einem festen Kokon zusammen. Hierin überwintert die Puppe und überdauert manchmal ein Jahr, so daß der Falter erst im 2. Jahr schlüpft. **FR:** Blätter von Pappeln, selten von Weiden.

Ptilodon capucina L. Kamelspinner

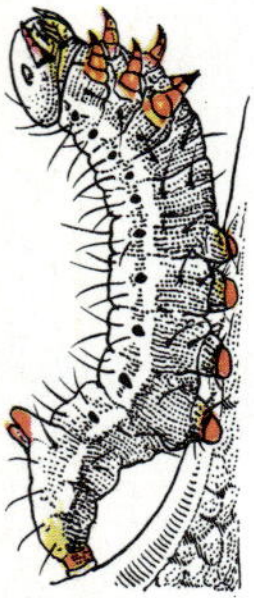

M: Knapp 2 cm lange Vorderflügel. Keine »Schnauze«, ein kräftiger »Zahn« und ein dunkler Fleck auf der Oberseite der Hinterflügel. **Fg:** Misch- und Auwälder, Parks. **Vb:** Europa, bis über 1000 m. **H:** Regelmäßig, doch nirgends in großen Mengen. **Fl:** Zwei Generationen: I. Ende April bis Juni, II. Ende Juni bis Ende August. **Rz:** I. August bis September, II. Juni bis Juli. Puppe überwintert. **FR:** Blätter von Eiche, Buche, Birke usw.

Euchila palpina L. Schnauzenspinner

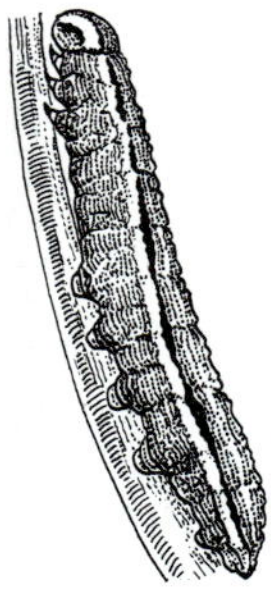

M: 1,9–2,5 cm lange Vorderflügel. An deren Innenrand ein »Zahn« aus verlängerten Schuppen. **Fg:** Misch- und Auwälder, Waldränder. **Vb:** Ganz Europa. In Mittelgebirgen bis 1500 m. **H:** Häufig. **Fl:** Zwei Generationen: I. Ende April bis Anfang Juni, II. Ende Juli bis August. Falter nachtaktiv. **Rz:** I. Generation August bis September, II. Juni bis Juli. **FR:** Weiden, Pappelarten.

Lophopteryx cuculla ESP. Ahornspinner RL!

M: Knapp 2 cm lange Vorderflügel. Dem **Kamelspinner** sehr ähnlich. Beim Ruhen mit seitlich hochgeklappten Flügeln ragt der »Zahn« ebenfalls wie ein Höcker nach außen. Deutlichstes Kennzeichen ist die Aufhellung am Außenrand der Oberseite der Vorderflügel. **Fg:** Laubmischwälder. **Vb:** Inselartig in Mittel- und Osteuropa. **H:** Sehr viel seltener als der Kamelspinner, vor allem in Norddeutschland rar. **Fl:** Anfang Mai bis Ende Juni. **Rz:** Juni bis August findet man die glatte, grüne, unscheinbare Raupe an den Blättern bestimmter Laubbäume. **FR:** Ahornarten.

Notodonta ziczac L. Zickzackspinner

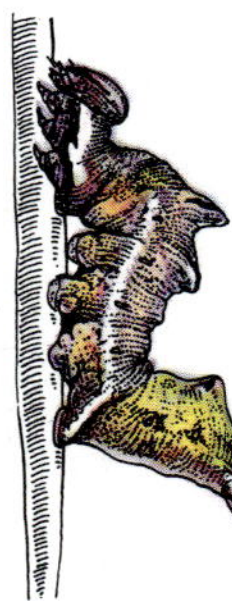

M: 1,8 cm lange Vorderflügel. Kräftige, schwarze, gebogene Strichzeichnungen. Weist 2 deutliche »Zähne« auf. **Fg:** Au- und Bruchwälder, Lichtungen, Mischwälder, Parkanlagen. **Vb:** Ganz Europa. Bis 2500 m. **H:** Überall, doch nirgends in großen Mengen. **Fl:** Zwei Generationen: I. Ende April bis Anfang Juni, II. Anfang Juli bis August. **Rz:** I. August bis September, II. Juni bis Juli. Puppe überwintert. **FR:** Espe, Pappel, Weide.

Notodonta dromedarius L. Erlenzahnspinner

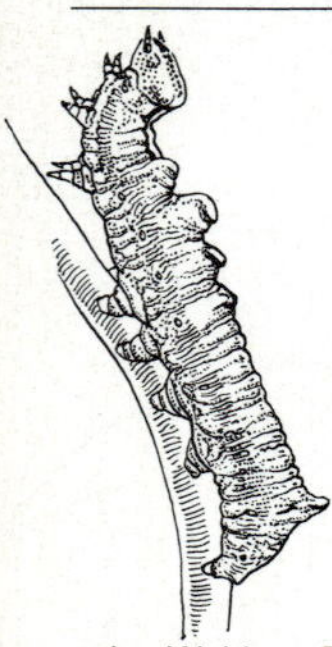

M: 2,3 cm lange Vorderflügel. Charakteristische Zeichnung. Dunkle Hinterflügel. **Fg:** Mischwälder, Parkanlagen, Moore, Auwälder. **Vb:** Im Norden und Süden bis 2400 m. **H:** Überall, doch meist nur in wenigen Exemplaren. **Fl:** Zwei Generationen: I. Mai bis Juni, II. August. **Rz:** I. August bis September, II. Juni bis Juli. Puppe überwintert. **FR:** Pappeln, Weiden, Birken, Erlen.

Notodonta tritophus SIEB. RL!

M: Mit 2,7 cm langen Vorderflügeln deutlich größer als der sonst sehr ähnliche Erlenzahnspinner. An der kräftigeren Zeichnung, dem schwarzen Band und dem weißen Strich am Flügelrand sowie den weißen Hinterflügeln mit schwarzem Fleck deutlich unterschieden. **Fg:** Auwälder, buschbestandene Fluß- und Bachufer, Parklandschaften. **Vb:** Überall in der gemäßigten Zone Europas. **H:** Regelmäßig, doch nirgends häufig. **Fl:** Zwei Generationen: I. April bis Juni, II. Juni bis Juli. Puppe überwintert auf dem Boden. **FR:** Wie bei den meisten Spinnern leben die Raupen an Weichhölzern, wie Espen, Weiden und verschiedenen Pappelarten, auch an Birken.

Clostera curtula L. Erpelschwanz

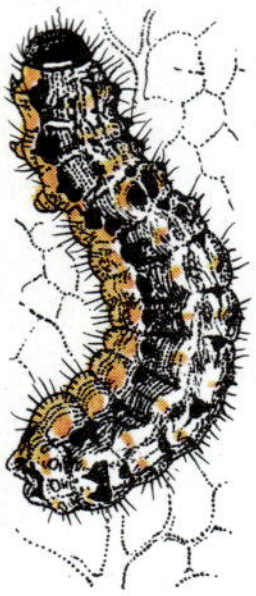

M: 1,6–1,8 cm lange Vorderflügel. Dunkler, manchmal rötlich schimmernder Fleck in der Flügelspitze, der nach innen weiß abgegrenzt wird. Flügelfarbe hell bis dunkelokker. **Fg:** Moore, Auwälder, Erlenbrüche, an Bach- und Flußufern. **Vb:** Ganz Europa bis zum Polarkreis. **H:** Häufig. **Fl:** Zwei Generationen: I. April bis Juni, II. Juli bis August. **Rz:** I. August bis September, II. Juni bis Juli. **FR:** Pappelarten, Espen, Weiden.

Clostera pigra HUFN. Espenspinner

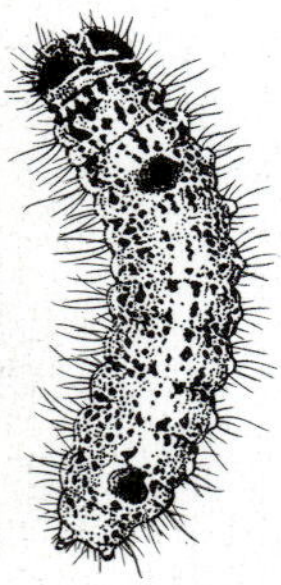

M: 1,3 cm lange Vorderflügel. Dunkle Grundfarbe, lila überhaucht. **Fg:** Auen, Ufer, Heide. **Vb:** Europa, nicht weit nach Norden. Bis etwa 2500 m. **H:** Überall, doch nirgends häufig. **Fl:** Zwei Generationen: I. Mai bis Juni, II. Juli bis August. **Rz:** I. September bis Oktober, II. Juni bis Juli. Puppe überwintert in einem Kokon, den die Raupe zwischen Blättern befestigt. **FR:** Weiden, Espen, Pappeln.

Ptilophora plumigera ESP. Haarschuppenspinner

M: 2 cm lange Vorderflügel. ♂ mit stark gekämmten Fühlern. Grundfarbe hellbraun, doch variiert die Art von hell bis schwarz. Meist treten die Adern verdunkelt hervor. **Fg:** Trockene Mischwälder, Hänge, Lichtungen und Parkanlagen. **Vb:** Europa, doch im Süden häufiger als im Norden. **H:** Sehr unterschiedlich: wo reichlich Ahorn wächst, kann es zu häufigem Auftreten der Art führen, sonst bleibt sie selten. **Fl:** Sehr spät im Jahr. Immer erst nach den ersten Frösten: Oktober bis November. **Rz:** Mai bis Juni. Die im November abgelegten Eier überwintern. **Fr:** Ahornarten.

Clostera anachoreta F. Einsiedler

M: Mit 1,7–1,9 cm langen Vorderflügeln etwas größer als der sonst sehr ähnliche **Erpelschwanz.** Bestes Unterscheidungsmerkmal: der schwarze Fleck in der Flügelspitze reicht über die weiße Linie hinaus (siehe **Erpelschwanz**). Daneben liegen 2 deutliche schwarze Punkte. **Fg:** Au- und Mischwälder. **Vb:** Nicht so weit nach Norden und Süden wie der **Erpelschwanz.** Bis 1600 m. **H:** Etwas seltener als dieser. Wo beide Falter nebeneinander vorkommen, ist *C. anachoreta* seltener. **Fl:** Zwei Generationen: I. Mai bis Juni, II. Juli bis August. **Rz:** I. August bis September, II. Juni. **FR:** Erlen, Weiden, Pappeln.

Clostera anastomosis L. Weidenspinner RL!

M: 2 cm lange Vorderflügel, mit dunklem, dreieckig geformten Mittelfeld. Innerhalb einer Population findet man neben hellen auch dunkle Exemplare. **Fg:** In Auen, an Bach- und Flußrändern, in Parkanlagen. **Vb:** Ganz Europa. **H:** In entsprechenden Biotopen regelmäßig, in Norddeutschland ist er allerdings selten. **Fl:** Zwei bis drei Generationen: Von Mai bis August. Die Generationen schieben sich ineinander. **Rz:** I. September bis Mai, II. Juni bis Juli. Als einzige *Clostera*-Art überwintert der Weidenspinner als Raupe und nicht als Puppe. **FR:** Weichhölzer, wie Weide, Pappel, Espe.

Harpya milhauseri F. Pergamentspinner RL! *Raupe auf S. 279*

M: 2,5–2,6 cm lange Vorderflügel. Kräftiger Falter mit auffallenden Fühlern. Oberseite der Vorderflügel grün-gelblich überstäubt, Hinterflügel stets hell mit schwarzem Fleck. **Fg:** Mischwälder, Parkanlagen. **Vb:** In Mittel- und noch mehr in Südeuropa beheimatet. **H:** Überall selten. **Fl:** Mai bis Juni. **Rz:** Mitte Juni bis August. Ausgewachsene Raupen verspinnen fein zernagte Holzstücke zu einem sehr festen Kokon, der in Holzspalten in 1–2 m Höhe befestigt wird. Hierin überwintert die Puppe. **FR:** Raupen leben an alten Eichen, selten an Birke und Buche.

♂

♂

Zygaena filipendulae L. Gemeines Blutströpfchen

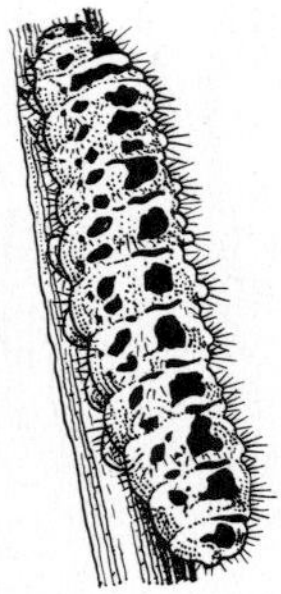

Merkmale: 2 cm lange Vorderflügel. Wie alle Blutströpfchen fliegen sie in den heißesten Stunden des Tages langsam, fast behäbig von Blüte zu Blüte. Gewöhnlich treten sie in größeren Mengen auf und halten gesellig zusammen. Die Vertreter dieser Gruppe sind auffallend gefärbt: Das Schwarz, Blau, Gelb und Rot stellt eine Warnfärbung dar – Blutströpfchen gelten als hochgiftig. Sie selbst sind unempfindlich gegen manche Gifte. Das wissen alle Schmetterlingssammler, die einmal versucht haben, *Zygaeniden* in einem Zyankaliglas abzutöten: Blutströpfchen ertragen sogar Blausäure! Doch dadurch, daß sie so wenig scheu und ungewöhnlich bunt gefärbt sind, kann man sie nicht übersehen. Dennoch machen sie bei der Bestimmung der Arten Schwierigkeiten. Es gibt viele Varianten und Rassen. Besonders in der Anzahl und Anordnung der Punkte zeigen sie größte Vielfalt, was für die Bestimmung sehr wichtig ist. Das Gemeine Blutströpfchen besitzt meist 6 große rote Punkte auf schwarz- bis grünschillerndem Untergrund. Die Keulen an den langen Fühlern sind typisch für die ganze Gruppe der Blutströpfchen.

Fluggebiet: Bewohner trockener Magerrasen, in aufgelassenen Kiesgruben mit spärlicher Vegetation, auch über Moor- und Heideflächen.

Verbreitung: In ganz Europa bis zum 61. Breitengrad. Sie kommen bis 2000 m Höhe vor.

Häufigkeit: Häufig, doch in den letzten Jahrzehnten rückläufig.

Flugzeit: Juli bis August. Falter tagaktiv.

Raupenzeit: August bis Juni. Die Raupen sind unscheinbar, klein, grün und mit dünner Behaarung. Ihre Gestalt ist kurz und gedrungen. Sie bauen am Blattstiel einen kleinen Kokon. (S. 283).

Futterpflanzen: Wildkräuter: vor allem an Hornklee *(Lotus corniculatus)* und Bergkronwicke *(Coronilla coronata).*

Zygaena trifolii ESP. Kleewidderchen

Puppenkokon auf S. 283

Merkmale: Mit 1,5 cm langen Vorderflügeln etwas kleiner als das sonst außerordentlich ähnliche **Gemeine Blutströpfchen.** Doch im Gegensatz dazu trägt das Kleewidderchen nur 5 große rote Punkte auf dem dunklen Untergrund der Vorderflügel. Diese Punkte, vor allem die beiden inneren, können auch ineinander verlaufen. Das Kleewidderchen variiert noch stärker als das **Gemeine Blutströpfchen.** Bei der Form *f. minoides* sind alle Punkte zu einem großen roten Feld mit schwarzer Umrandung geworden.

Fluggebiet: Das Kleewidderchen lebt über feuchten, sumpfigen Wiesen. Damit schließen beide Arten Konkurrenz aus, denn das **Gemeine Blutströpfchen** bevorzugt trockene Kurzrasen. Der Name ist daher etwas irreführend.

Verbreitung: In ganz Europa beheimatet.

Häufigkeit: In Gebieten mit entsprechendem Angebot an geeignetem Lebensraum kann die Art häufig sein. Meist jedoch tritt sie inselartig auf und ist vielerorts ganz verschwunden.

Flugzeit: Mitte Juni bis Mitte August. In sehr warmen Jahren schon im Mai; sie bilden stets nur eine Generation.

Raupenzeit: August bis Juni. Die Raupe überwintert in der Bodenstreu. Den Kokon baut sie im nächsten Frühjahr an einem Stengel.

Futterpflanzen: Die Raupen leben nur an Hornklee *(Lotus corniculatus).*

Allgemeines: Weltweit gibt es etwa 1000 Arten von Blutströpfchen. In Mitteleuropa kommen dagegen nur etwa 24 Arten vor. Manche *Zygaena*-Arten überwintern sogar zwei-, drei- oder viermal, ehe sie sich zum Falter entwickeln. Die Ursache für dieses in den gemäßigten Breiten überraschende Verhalten ist noch nicht bekannt.

Procris statices L.
Gemeines Grünwidderchen

M: 1,4–1,6 cm lange Vorderflügel. Unscheinbar gefärbt. Oberseite der Vorderflügel leuchtend metallisch grün, die Hinterflügel dagegen braun. Genaue Bestimmung nur durch einen Fachmann möglich; mehrere ähnliche Arten! **Fg**: Feuchtgebiete, selten über trockene Heiden. **Vb**: Ganz Europa bis zum Polarkreis. **H**: Stellenweise häufig. Bestände sehr rückläufig, da ihre Futterpflanzen in der vom Menschen stark veränderten Landschaft abnehmen. **Fl**: Mai bis August. **Rz**: August bis Mai. Raupe überwintert am Boden. **FR**: Verschiedene Ampferarten *(Rumex acetosa* und *acetosella).*

Zygaena transalpina ESP.

M: 1,5 cm lange Vorderflügel mit 6 roten Flecken auf der Oberseite, in seltenen Fällen sind es nur 5. In einigen Gebirgstälern der Alpen fliegen manche mit gelben Flecken *ssp. tilaventa.* **Fg**: Trockene, warme, sonnenbeschienene Hänge mit spärlichem Bewuchs. Nur auf Kalkböden. **Vb**: Mittelgebirge Zentraleuropas, Kalkalpen. Inselartige Verbreitung. **H**: Häufig. Am Südrand der Alpen sogar häufiger als das **Gemeine Widderchen. Fl**: Juni bis August. **Rz**: August bis Juni, Raupe überwintert. **FR**: Hufeisenklee, Hornklee, Kronwicke. **Allg**: Bildet auf jeder Verbreitungsinsel eine Rasse aus, allein in Mitteleuropa ein halbes Dutzend.

Zygaena exulans HOCHENW. UND RAINER

M: 1,3–1,5 cm lange Vorderflügel, überwiegend schwarz mit 3 großen roten Punkten und 1 roten Wurzelfleck. Hinterflügel rot. Kann leicht mit einer Reihe ähnlicher Arten verwechselt werden. **Fg**: Hochalpine Art, die man zwischen 1800 und 3000 m Höhe antrifft. Fliegt über Blumenwiesen. **Vb**: Pyrenäen, Alpen. **H**: Regional nicht selten, doch aufgrund des kleinräumigen Vorkommens bedroht. **Fl**: Juli bis August. **Rz**: August bis Mai. Raupen leben und überwintern gesellig, meist 2mal, ehe sie sich verpuppen. Den dünnhäutigen Kokon findet man an Felswänden. **FR**: An verschiedenen Schmetterlingsblütlern.

Zygaena lonicerae SCHEVEN

M: Mit 1,6 cm langen Vorderflügeln etwas größer als die beiden ähnlichen Arten, das **Gemeine Blutströpfchen** und das **Kleewidderchen.** Von den 5 roten Flecken sind die beiden mittleren stets getrennt. Die beiden inneren (1 + 2) können ineinanderfließen. **Fg**: Trokkene Magerrasen, sonnige Hänge, Kahlschläge und Laubwaldwiesen. **Vb**: Europa. **H**: Regional noch häufig, aber vielerorts stark zurückgegangen. **Fl**: Juli bis August. Die wärmeliebende Art kann man am besten in den heißen Mittagsstunden beobachten, wenn sie die Blumen besucht. **Rz**: September bis Juni. **FR**: Hornklee und andere Kleearten.

Zygaena ephialtes L.
Wickenwidderchen

M: Etwa 2 cm lange Vorderflügel. Bestes Kennzeichen dieser außerordentlich veränderlichen Art ist der rote, manchmal auch gelbe Ring um den Körper. Die Farbe der Flecken, meist 6 auf den Vorderflügeln, schwankt zwischen weiß, rot und gelb. Manche Formen sind weit verbreitet, andere auf kleine Vorkommen begrenzt. **Fg**: Magerrasen an sonnenbeschienenen Plätzen auf Kalkböden. **Vb**: Inselartig in Mitteleuropa, auch im übrigen Europa nicht allzu häufig. **H**: Selten. **Fl**: Juli bis August. **Rz**: September bis Juli. **FR**: Kronwicke *(Coronilla varia).*

Zygaena fausta L. RL!

M: 1,2 cm lange Vorderflügel. Die ineinanderfließenden roten Punkte sind stets gelb umrandet, so daß der schwarze Anteil stark zurückgedrängt ist. Hinterflügel rot-orange. **Fg**: Nur an sehr warmen Kalkböden mit spärlicher Vegetation zu finden. **Vb**: Mediterrane Art, die man vor allem in Südfrankreich antrifft. In Deutschland sehr lokal, fehlt in Norddeutschland. **H**: Selten. Stark bedroht. **Fl**: Mitte Juli bis Mitte August. **Rz**: September bis Juni. Raupe überwintert. **FR**: An verschiedenen Kronwickenarten *(Coronilla coronata, C. minima* und *C. vaginalis).* **Allg**: Art sehr variabel: jede Verbreitungsinsel trägt eine eigene Form.

♀

Acherontia atropos L. Totenkopfschwärmer

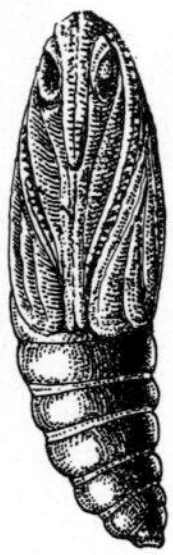

Merkmale: Mit 7 cm langen Vorderflügeln und 9 g Körpergewicht ist der Totenkopf nicht nur einer unserer bekanntesten Schmetterlinge, sondern auch einer der größten und schwersten. Um ihn ranken sich viele Geschichten, die vor allem auf seine totenkopfähnliche Zeichnung auf dem Rückenschild zurückzuführen sind. Aber auch manche Besonderheit aus seinem Leben erscheint höchst ungewöhnlich.

In normaler Ruhestellung kann man den Totenkopfschwärmer nur schwer ausmachen: die Färbung ahmt Baumrinde nach. Die Gestalt löst sich völlig auf, wenn er ruhig an einem Baumstamm sitzt. Entdeckt ihn das scharfe Auge einer Meise dennoch, dann klappt er blitzartig seine beiden Flügel auseinander. Die grell gelb-schwarze Zeichnung der Hinterflügel und die Ringelung des Körpers lassen im ersten Augenblick den Feind zurückschrecken und zögern. Diesen Moment nutzt der Totenkopf zur Flucht. Der gelb-schwarz geringelte Körper erinnert an eine überdimensionalen Hornisse. Der Flug des Totenkopfschwärmers ist schnell und reißend.

Fluggebiet: Jedes Jahr fliegen Totenkopfschwärmer in wechselnder Anzahl über die Alpen nach Norden: je nach Witterung fliegen sie mehr oder weniger weit. In günstigen Jahren erreichen sie sogar Island. Ihre Ansprüche an den Lebensraum sind gering. Als wärmeliebende Art bevorzugen sie Täler mit geringer Meereshöhe, aber auch warme Stellen in Mittelgebirgen.

Verbreitung: In ganz Europa, jedoch nur südlich der Alpen bodenständig. Überwinternde Puppen sterben beim ersten Frost. Ihre eigentliche Heimat ist Nordafrika. Selbst die in Italien vorkommenden Totenköpfe brauchen nach kalten Jahren Nachschub aus dem Süden. Da Totenköpfe ausgezeichnete Flieger sind, überqueren sie vermutlich das Mittelmeer in breiter Front und nicht nur an den Engstellen Sizilien, Gibraltar oder Kleinasien.

Häufigkeit: Der Bestand an Totenköpfen wechselt von Jahr zu Jahr außerordentlich stark. In kühlen Perioden scheinen sie auszubleiben, doch wenn warme Jahre folgen, fliegen sie in größerer Zahl ein. Die genaue Erfassung der Bestandsgröße ist ungewöhnlich schwierig, da Totenköpfe erst spät in der Nacht aktiv werden. Man kann nur indirekt die gefundenen Puppen als Maß für die Häufigkeit nehmen.

Flugzeit: Von Mai bis Juni fliegen die Falter aus dem Süden nach Mitteleuropa ein. Dann folgen Raupen- und Puppenzeit. In günstigen Jahren schlüpfen die Puppen im Oktober und November.

Raupenzeit: Von Juli bis September leben bei uns Totenkopfraupen. Sie treten in einer bräunlichen und in einer gelben Färbungsphase auf und sind nachtaktiv. Da sie die Blüten der Kartoffel besonders lieben, stammen die meisten Funde von Kartoffeläckern. Leichter als die Raupen findet man die Puppen bei der Kartoffelernte. Zur Verpuppung graben sich die Raupen bis zu 20 cm tief in die Erde ein. Werden nun die Kartoffeln von Hand eingesammelt, so fällt die außerordentlich große, schwarzbraun oder rotbraun glänzende Puppe auf. Doch die zunehmende Mechanisierung der Landwirtschaft brachte es mit sich, daß heute die Kartoffeln fast nur noch mit der Maschine geerntet werden. Seither findet man auch viel weniger Totenkopfpuppen. Man kann sie leicht in der Wohnung zur Weiterentwicklung bringen. Nach etwa 3 Wochen schlüpfen sie, strecken ihre Flügel und lassen den charakteristischen Zirpton hören.

Futterpflanzen: Neben der oben schon erwähnten Kartoffel leben die Raupen auch an Bockskraut *(Lycium barbarum)*, an Tollkirsche *(Atropa belladonna)* und an anderen Nachtschattengewächsen. Eine weitere Vorliebe hat schon vielen Totenköpfen das Leben gekostet: sie saugen gern an Honig. Dazu dringen sie in die Bienenstöcke ein. Werden sie beim »Honigdiebstahl« von den Bienen entdeckt, fallen diese über sie her und stechen von allen Seiten.

Allgemeines: Bei Gefahr kann der Totenkopf Piepslaute ausstoßen, die im Schlund erzeugt werden.

♀

braune Raupe

gelbe Raupe

Smerinthus ocellata L. Abendpfauenauge

Merkmale: 4–4,5 cm lange Vorderflügel. Ein am Stamm eines Apfelbaumes ruhendes Abendpfauenauge könnte man leicht mit einem welken, hier zufällig hängengebliebenen Blatt verwechseln. Die Vorderflügel des Abendpfauenauges werden waagrecht gehalten, wobei stets die Hinterflügel zugedeckt bleiben. Stört man den Falter, dann präsentiert er blitzartig die »Augen«, die auf den beiden Hinterflügeln liegen. Mit rhythmischen Auf-und-Ab-Bewegungen des Körpers, die den Eindruck eines sich bewegenden Kopfes vortäuschen, versucht er zusätzlich den Feind abzuschrekken, was ihm im ersten Augenblick auch sicher oft gelingt. Diesen Augenblick der Unsicherheit muß er zur Flucht nutzen, denn sonst wird er von den Vögeln gefressen, die sich nur einen kurzen Augenblick täuschen lassen und dann den gut schmeckenden Falter doch erkennen und verzehren würden.

Fluggebiet: Das Abendpfauenauge stellt wenig Ansprüche an seine Umwelt: es fliegt in Niederungen, in Auen, auch Obstgärten, Parklandschaften und buschreiches Gelände.

Verbreitung: Ganz Europa bis zum 62. Breitengrad, im Süden fehlt es ab dem Balkan.

Häufigkeit: Nur wenige Menschen bekommen das Abendpfauenauge zu Gesicht, da es sich tagsüber gut versteckt hält und nur in der Nacht fliegt. Es kommt in Europa nur in einer Unterart vor, die ziemlich einheitlich gefärbt ist und stets die gleiche Zeichnung aufweist.

Flugzeit: Mai bis Juli. In günstigen Jahren entwickelt sich eine II. unvollständige Generation von August bis Oktober.

Raupenzeit: Juli bis September. Die Raupe hat das typische Aussehen einer »Sphinx-Raupe«: mit Gesicht und Schwänzchen. Über den Körper ziehen sich schräg gestellte, parallel verlaufende, weiße Linien. Der Körper ist über und über mit feinen weißen Punkten übersät. Im Laubwerk kann man sie wegen dieser trefflichen Färbung nur schwer erkennen. Zur Verpuppung zieht sich die Raupe in eine Höhlung am Boden oder in einen Baumspalt zurück, wo es sich einen Kokon baut. Die Puppe überwintert.

Futterpflanzen: Die Raupen fressen an Obstbäumen, wie Birne, Pflaume oder Apfel, aber auch an Pappeln, Weiden und Traubenkirschen.

Allgemeines: Neben den Ordensbändern und dem Wiener Nachtpfauenauge sind die Schwärmer die größten und auffallendsten nachtfliegenden Falter, die es gibt. Typisch für alle Schwärmer sind die langen, schmalen Flügel und die kräftigen Körper, ein Zeichen dafür, daß es sich um gute bis ausgezeichnete Flieger handelt. Viele Schwärmer sind auch ausgesprochene Wanderfalter, die alljährlich von Italien oder Nordafrika nach Mitteleuropa einwandern und im Herbst zurückfliegen müssen, da sie die kalten Winter nördlich der Alpen nicht überstehen. Obgleich man von vielen Schwärmern weiß, daß sie ziehen, ist der wissenschaftliche Nachweis dafür außerordentlich schwer. Schon die individuelle Markierung ist ein Problem: Farben auf den Flügeln und dem Körper verblassen oder verschwinden innerhalb weniger Wochen. So müssen die Flügel mit einer Marke versehen werden. Dies kann nur mit größter Vorsicht und Übung durchgeführt werden. Sind die Falter nun markiert und wieder freigelassen worden, so ist die Wahrscheinlichkeit gering, sie im Süden oder im darauffolgenden Jahr wiederzufinden. Dennoch kommt es vor: So verteilt das Museum Alexander Koenig in Bonn an »Schmetterlingsberinger« sogar Marken und koordiniert die Daten. Alljährlich werden die Wiederfänge veröffentlicht. So bekam man nach einigen Jahren von den häufigen Wanderfaltern, z. B. dem Admiral, dem C-Falter u. a. ein ziemlich genaues Bild über das Zugverhalten. Doch bei den seltenen und in der Nacht fliegenden Schwärmern ist es bis heute nicht gelungen, exakte Nachweise zu liefern. So weiß man nicht, ob und wieviel in Mitteleuropa geschlüpfte Linien-, Totenkopf- oder Windenschwärmer tatsächlich den Weg in ihre Heimat zurückfinden, und ob diese Exemplare im Jahr darauf wieder nach Norden fliegen oder ob sie im Süden Eier ablegen und dann sterben. Auf diesem Forschungsgebiet gibt es noch sehr viel zu tun.

Paarung

Laothoe (Amorpha) populi L. Pappelschwärmer

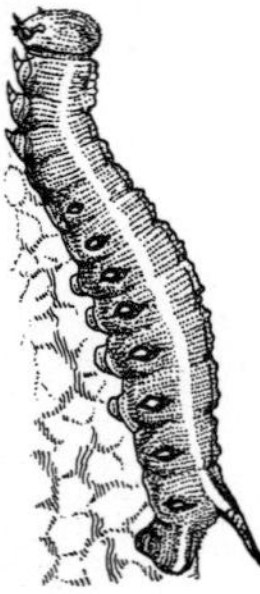

Merkmale: Erreicht 4,5 cm lange Vorderflügel. In Gestalt und Verhalten ähnlich dem **Abendpfauenauge.** Sein Flügelschnitt ist aber noch bizarrer und täuscht in Ruhestellung einige übereinanderliegende, dürre Blätter vor. Doch bei näherer Betrachtung fällt die Unterscheidung von Pappelschwärmer und **Abendpfauenauge** nicht schwer. Der Pappelschwärmer ist blasser gezeichnet und trägt auf der Oberseite der Vorderflügel je einen deutlichen weißen Punkt. Die Oberseite der Hinterflügel schmückt ein großer, orangeroter bis rotbrauner Fleck, der bei Gefahr nach außen vorgewiesen wird. Die Wirkung dieses Flecks ist sicher nicht so groß, wie die der »Augen« beim **Abendpfauenauge,** denn Pappelschwärmer stellen in Gradationsjahren, d. h. in Jahren, in denen sie sehr häufig auftreten, eine bedeutende Meisennahrung dar.

Fluggebiet: Auwälder, Bach- und Flußufer, Niederungen, aber auch Gärten, Parkanlagen und selbst inmitten der Großstädte.

Verbreitung: Ganz Europa. Die nördliche Arealgrenze bildet etwa der Polarkreis.

Häufigkeit: Neben dem Abendpfauenauge ist bei uns der Pappelschwärmer der häufigste Vertreter unter den Schwärmern. Da er nachtaktiv ist, hält man ihn für seltener, als er tatsächlich ist.

Flugzeit: Von Anfang Mai bis Anfang August. In günstigen Jahren eine II. unvollständige Generation, deren Puppen überwintern.

Raupenzeit: Juni bis Oktober. Zur Verpuppung graben sich die Raupen in der Nähe von Baumstämmen in den weichen Boden. Hier weben sie sich einen Kokon, der sich von denen anderer Schwärmerarten kaum unterscheidet. Die Überwinterung im Boden bedeutet zwar für die Schmetterlinge Schutz vor den Vögeln, aber keineswegs bietet sie Schutz vor Maulwürfen und Spitzmäusen.

Futterpflanzen: Weiden, Pappeln, Espen.

Mimas tiliae L. Lindenschwärmer

Merkmale: 3,8–4 cm lange Vorderflügel. Die scharf geschnittene Flügelform, die rosa und grün überhauchten Oberseiten der Flügel und das breite, schwarze Band über den Vorderflügeln, das in der Mitte unterbrochen ist, lassen eine Verwechslung mit einer anderen Art kaum zu.

Fluggebiet: Mischwälder, in denen Linden stehen, waren die ursprüngliche Heimat. Heute jedoch finden wir den Lindenschwärmer zahlreicher in Alleen, Parkanlagen und alten Gärten.

Verbreitung: Ganz Europa. Im Norden bis Nordskandinavien und Südfinnland. Da sich die Art immer dort einstellt, wo Linden stehen, ändert sich ihr Areal mit deren Verbreitung.

Häufigkeit: Zwar findet man den Lindenschwärmer in vielen Teilen Europas, aber dennoch ist er nicht so häufig wie **Pappelschwärmer** und **Abendpfauenauge.** Regional – so an alten Lindenalleen – können aber an einem Abend mehrere Exemplare gleichzeitig beobachtet werden.

Flugzeit: Mai bis Juli. An den ersten warmen Abenden im Mai schlüpfen die Lindenschwärmer. Beim nächsten Wettersturz ziehen sie sich wieder zurück, um auf warme Tage und Nächte zu warten. Das ♀ legt die Eier einzeln oder paarweise auf der Unterseite der Lindenblätter ab.

Raupenzeit: Juni bis August. Die Raupe ist auffallend grün gefärbt, mit hellen Schrägstreifen und roten Ringen um die Atemöffnungen (Stigmen). Am Ende des Körpers trägt sie ein bunt gefärbtes Horn. Zur Verpuppung gräbt sie ein Loch in den Boden, das sie mit Speichel und Spinnfäden zum Überwintern auskleidet.

Futterpflanzen: Lindenblätter, nur sehr selten an Birke, Eiche oder Erle zu beobachten.

Allgemeines: Von dem Lindenschwärmer kennt man zahlreiche Variationen: Fehlt das Grün in den Flügeln und erscheint der Falter braun, sprechen wir von der Form *f. brunnea.*

Sphinx ligustri L. Ligusterschwärmer

Merkmale: 4,5–6,2 cm lange Vorderflügel. ♀ meist größer als ♂. Oberseite der Vorderflügel unscheinbar braun mit grauen Mischungen. Bei ruhenden Tieren kann man nur diesen Teil der Flügel sehen: die bunten Hinterflügel sind verdeckt. In Ruhestellung werden die Flügel dachförmig gehalten. Hinterflügel zeichnen sich durch ein leuchtendes Rot und zwei breite, schwarze Bänder aus. Am Innenrand ist meist noch ein kleiner Fleck, der wie eine angedeutete dritte Linie aussieht. Ligusterschwärmer sind ausgezeichnete Flieger. Wenn sie nicht abends an einer Lichtquelle einige Zeit ruhig sitzenbleiben, bekommt man sie kaum je zu Gesicht.

Fluggebiet: Lichte Laubwälder, offene Landschaft mit Feldgehölzen, Auen, Gärten und größere Parkanlagen.

Verbreitung: Ganz Europa. Im Norden liegt beim 62. Breitengrad die Verbreitungsgrenze.

Häufigkeit: Überall, doch nirgends häufig.

Flugzeit: Ende Mai bis Juli. Besonders in warmen Juninächten schon in der Dämmerung an Blüten zu beobachten: wie ein Kolibri »steht« er davor und nimmt mit seinem langen Saugrüssel, den er tief in die Blütenkelche streckt, Nektar auf. Da Schwärmer relativ lange leben, müssen sie sich auch entsprechend mit Nährstoffen und Flüssigkeit versorgen. Das meiste liefern die Blumen mit ihrem Nektar. Im Gegensatz zu den Bienen, die beim Pollensammeln die Blumen bestäuben, nehmen die Schwärmer meist nur den Nektar, ohne daß die Blume einen Vorteil daraus ziehen kann. Der Ligusterschwärmer legt die Eier auf der Unterseite des Blattes an der Blattrippe ab.

Raupenzeit: Juli bis September. Ausgewachsene Raupen sind hellgrün mit blau und violetten Schrägstreifen.

Futterpflanzen: Wie der Name ausdrückt, leben die Raupen gern an Liguster. Meist findet man sie nur einzeln daran.

Agrius convolvuli L. Windenschwärmer

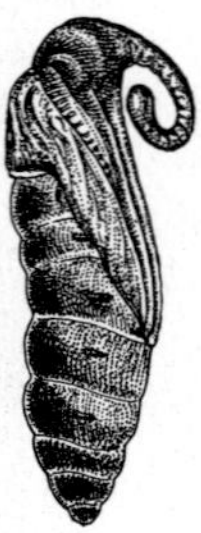

Merkmale: 4,5–5 cm lange Vorderflügel. Ähnlich dem Ligusterschwärmer. Oberseite ebenfalls graubraun marmoriert gefärbt und mit einem unruhigen Muster versehen. Dieses Muster entspricht einer Nachahmung von Baumrinde und tarnt den ruhenden Schwärmer. Hinterleib mit schwarz-roten Ringen. Als bestes Unterscheidungsmerkmal dienen Färbung und Zeichnung der Hinterflügel. Sie sind blaßblau oder weißgrau und tragen 4 schwarze Bänder, von denen 2 dicht beisammen liegen. Der Windenschwärmer besitzt einen ungewöhnlich langen Rüssel, der 10 cm erreicht. Mit ihm gelangt er auch in die tiefen Kelche mancher Blüten, z. B. des Ziertabaks.

Fluggebiet: Über warmen Hängen, in aufgelassenen Kiesgruben, über Kartoffeläcker und Brachland; überall dort, wo Winden blühen.

Verbreitung: Eigentliche Heimat sind die Tropen. In Europa geben die Windenschwärmer in den Sommermonaten nur ein kurzes Gastspiel. Alljährlich fliegen sie in wechselnder Häufigkeit in schnellem Flug übers Mittelmeer und über die Alpen. Je nach Wetterlage gelangen sie mehr oder weniger weit in den Norden, ausnahmsweise bis nach Island.

Häufigkeit: Wie häufig der Windenschwärmer bei uns ist, kann man nicht genau sagen, da der jeweilige Bestand von der Stärke des Einflugs abhängig ist und die Anzahl der Falter selbst nur ungenügend erfaßt werden kann. Windenschwärmer sind dämmerungs- und nachtaktiv und entziehen sich daher zum Großteil der direkten Beobachtung.

Flugzeit: Der Einflug beginnt im Mai, dauert aber den ganzen Sommer an. So können Nachkommen der im Frühling eingeflogenen Falter gleichzeitig mit Nachzüglern fliegen.

Raupenzeit: Von Juli bis September wachsen die grünen, mit gelben Schrägstrichen gezeichneten Raupen heran.

Futterpflanzen: Ausschließlich Winden.

♀

Hyloicus pinastri L. Kiefernschwärmer, Tannenpfeil

Raupe auf S. 279

Merkmale: 3,5–4 cm lange Vorderflügel. Oberseits unscheinbar graubraun gefärbt und mit unruhigem Muster versehen, das als Tarnung auf Baumrinde bestens wirkt. Auch die Hinterflügel sind oberseits einfarbig dunkelbraun gefärbt. Sie tragen im Gegensatz zu den meisten Schwärmern kein auffallendes Muster. Der Hinterleib ist hell-dunkel geringelt, doch nie so deutlich wie beim sonst ähnlichen, aber größeren **Ligusterschwärmer.**

Fluggebiet: Der Kiefernschwärmer ist ein Bewohner von Fichten- und Kiefernwäldern. Letztere werden bevorzugt, da die ♀ ihre Eier auf Kiefernnadeln ablegen.

Verbreitung: In ganz Europa verbreitet, wo es Nadelwälder gibt. Im Gebirge kommt er bis zur Nadelwaldgrenze vor. Im Osten reicht das geschlossene Verbreitungsgebiet bis zum Baikalsee in Rußland.

Häufigkeit: Man findet den Kiefernschwärmer zwar in sehr vielen Gegenden, doch nirgends bildet er Massen, so daß der Forstmann ihn kaum als Schädling zu berücksichtigen hat.

Flugzeit: Mai bis Juli. Die Falter fliegen, sobald die Dämmerung hereinbricht. Dabei kann man sie sehr schön bei der Nahrungsaufnahme beobachten, wenn sie von Blüte zu Blüte schwirren. Stark duftende Blüten, wie Seifenkraut und Geißblatt, werden bevorzugt.

Raupenzeit: Juli bis September. Die Raupe ist ungewöhnlich bunt gezeichnet: über dem Rükken verläuft ein breiter brauner Streifen, der seitlich von gelbweißen und grünen, parallel verlaufenden Linien begleitet wird. Die Raupen fressen zwar an Kiefernnadeln, aber größere Schäden sind nur einmal in den 30er Jahren aus Polen bekannt geworden. **Futterpflanzen:** Kiefern; seltener Fichten, Lärchen.

Hyles euphorbiae L. Wolfsmilchschwärmer

Merkmale: 3,5–3,7 cm lange Vorderflügel. Im Gegensatz zu dem sonst sehr ähnlichen **Labkrautschwärmer** an großen olivgrünen Flecken auf dem hellen Grund der Vorderflügel zu erkennen. Auch die Hinterflügel unterscheiden sich, wenngleich sie bei beiden Arten bunt rot-weiß und schwarz-oliv gemustert sind. So trägt der Wolfsmilchschwärmer ein breites rotes Band, der Labkrautschwärmer dagegen nur rote Flecken.

Fluggebiet: Besonders dort, wo Wolfsmilchgewächse *(Euphorbiaceae)* gedeihen: auf Ruderalflächen, an Ackerrainen, Waldrändern, an spärlich bewachsenen, sonnenbeschienenen Hängen, an Feldwegen, über Heideflächen.

Verbreitung: Die eigentliche Heimat des Wolfsmilchschwärmers bilden die Gebiete um das Mittelmeer. Alljährlich fliegen sie von dort ein und siedeln sich nördlich der Alpen an. Doch auch in Mitteleuropa gibt es bodenständige Populationen. Der Wolfsmilchschwärmer ist nicht so kälteempfindlich wie beispielsweise der Totenkopfschwärmer.

Häufigkeit: Früher wesentlich häufiger als heute. Dies könnte an Wetterveränderungen im vergangenen halben Jahrhundert liegen. Doch trug wahrscheinlich auch die Unkrautbekämpfung zum Rückgang bei, denn gerade die Zypressenwolfsmilch wird als Unkraut betrachtet. Sie ist die Lieblingspflanze der Raupen.

Flugzeit: Mai bis Juli. An günstigen Orten kommt es zu einer II. Generation im Spätsommer. Werden in der Dämmerung aktiv und fliegen bis in die Nacht hinein.

Raupenzeit: Juli bis September. Die Raupe ist ungewöhnlich farbig: rot mit schwarzen Ringen und Punkten. Zur Verpuppung zieht sie sich am Boden unter die Krautschicht zurück. Hier überwintert die Puppe, die einige Jahre dort liegen kann, ehe der Falter schlüpft.

Futterpflanzen: Verschiedene Wolfsmilchgewächse.

♂

♀

Celerio galii ROTT. Labkrautschwärmer

Merkmale: 3,5–4 cm lange Vorderflügel. So groß wie der sehr ähnliche **Wolfsmilchschwärmer.** Die Unterschiede zeigen sich auf den Oberseiten der Vorder- und Hinterflügel. So ist beim Labkrautschwärmer das olivfarbene Band geschlossen und nicht wie beim **Wolfsmilchschwärmer** unterbrochen. Die Ausdehnung des Rots auf den Hinterflügeln ist viel kleiner als bei diesem. Beide sind ausgezeichnete Flieger und nehmen abends mit ihrem langen Rüssel Nektar auf.

Fluggebiet: Sonnendurchflutete Heideflächen, Schonungen, warme Waldränder, überall dort, wo Weidenröschen und Labkraut gedeihen.

Verbreitung: Der Labkrautschwärmer hat ein sehr weites Verbreitungsgebiet. Er ist nicht nur in Europa bis zum Polarkreis und in den Alpen bis 2000 m Höhe anzutreffen, sondern auch über das ganze nördliche Asien und über Nordamerika verbreitet.

Häufigkeit: Gehört in Mitteleuropa zu den selteneren Schwärmern. Er ist zwar weit verbreitet, doch nirgends häufig. Am ehesten findet man die Art im Voralpenraum, wo man sie auf Matten auch tagsüber an Blumen saugend beobachten kann. Sonst sind die Labkrautschwärmer dämmerungs- und nachtaktiv.

Flugzeit: Mitte Mai bis Juli. An den ersten schönen Maitagen schlüpfen die Schwärmer und suchen sofort Blumen auf, um Nektar zu saugen. In günstigen Jahren kommt es zu einer II. Generation.

Raupenzeit: Juli bis September. Die Raupen sehen ganz anders aus als etwa die von Wolfsmilchschwärmern: sie sind schlicht grün mit schwarzen Augenflecken, die gelb gefüllt sind. Ihre Bauchfüße und das Horn am Hinterleibsende sind rot gefärbt.

Futterpflanzen: Die Raupen leben an Weidenröschen *(Epilobium angustifolium)* und an Labkraut *(Galium verum* und *G. mollugo).* Daher der Name. Das Waldweidenröschen wird aber bevorzugt, und so findet man manchmal an Kahlschlägen, wo sich das Weidenröschen in dichten Beständen ausbreitet, auch größere Vorkommen des Labkrautschwärmers.

Hyles lineata F. Linienschwärmer

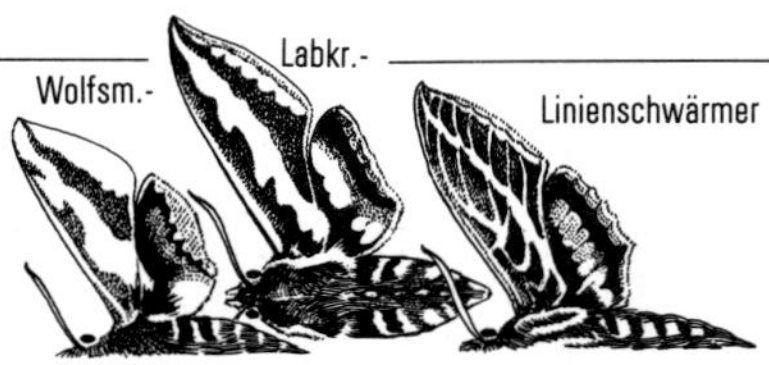

Merkmale: 3–4 cm lange Vorderflügel. Die Größe schwankt stark, nicht so sehr zwischen den Geschlechtern, auch wenn das ♀ etwas größer als das ♂ wird. Der Größenunterschied ist meist auf das bessere oder schlechtere Nahrungsangebot während der Raupenzeit zurückzuführen. Kleine Raupen bilden kleine Puppen und kleine Falter. Die Flügeloberseiten sind kontrastreich gemustert. Beim genauen Vergleich mit den anderen Arten kann man ihn kaum verwechseln.

Fluggebiet: Die in Mitteleuropa gefundenen Exemplare stammen aus Nordafrika oder Südeuropa, von wo sie alljährlich in stark schwankender Anzahl einfliegen. Nördlich der Alpen kommen sie zur Vermehrung, doch im darauffolgenden Winter sterben Puppen und/oder Raupen ab. Das Klima ist hier zu rauh.

Verbreitung: Die Nominatform *C. lineata* ist in Nordamerika beheimatet, die Rasse *C. lineata livornica* kommt in Südeuropa und in ganz Afrika sowie in Südasien und sogar in Australien vor. Der Linienschwärmer gehört daher zu den wenigen Schmetterlingen mit fast weltweiter Verbreitung.

Häufigkeit: Ihre Anzahl schwankt außerordentlich stark. Meist sind sie aber nördlich der Alpen sehr selten.

Flugzeit: Von Mai bis Juni fliegen die Linienschwärmer nach Europa ein. Von Juli bis September auftretende Exemplare wurden schon nördlich der Alpen gezeitigt. Sie sind normalerweise dämmerungsaktiv, aber während des Zuges kann man sie auch am Tag beobachten. Gern suchen sie stark duftende Blüten auf.

Raupenzeit: Juni bis August. Die Raupen sind grell gelbgrün gefärbt. Gelegentlich kommen fast schwarze Tiere mit weißen Punkten vor.

Futterpflanzen: Labkraut, Waldweidenröschen und andere Kräuter.

Deilephila elpenor L. Mittlerer Weinschwärmer

Raupe auf S. 280

Merkmale: 2,7–3,7 cm lange Vorderflügel. Auffallend durch die rote Grundfärbung. Auf der Oberseite der Vorderflügel zieht sich eine gerade Linie in die nach außen gebogene Spitze. Die Hinterflügel sind rot mit schwarzer Basis. Auf dem Hinterkörper verlaufen parallel 2 braune Bänder (siehe auch Merkmale des **Kleinen Weinschwärmers**). Auffallend große Augen, mit denen diese Art in der Dämmerung gut sehen kann. Der Mittlere Weinschwärmer ist ein ausgezeichneter Flieger. Seine Flugkünste kann man abends in der Dämmerung bewundern, wenn er wie ein Kolibri von Phlox zu Phlox fliegt und mit seinem langen Rüssel den Nektar aus den Blüten saugt.
Fluggebiet: Gärten und Parkanlagen. Auch in Großstädten wurde dieser auffallende Schwärmer gefunden. Doch häufiger als in menschlichen Siedlungen fliegt er in Auwäldern, Flußniederungen, in Waldlichtungen und über Heidegebieten.
Verbreitung: Ganz Mitteleuropa. Im Norden bis zur Polargrenze. Am häufigsten ist er in Mittellagen und in Vorgebirgen.
Häufigkeit: Überall anzutreffen, doch nirgends in Massen.
Flugzeit: Mitte Mai bis Juli in einer Generation. In günstigen Jahren und an idealen Plätzen kann eine II. Generation heranwachsen. Eier werden einzeln an Pflanzen befestigt.
Raupenzeit: Mitte Juni bis August. Die Farbe der Raupe reicht von hellgrün über braun bis fast schwarz. Besonders auffallend sind an ihr die 4 großen Augenflecke am Vorderkörper. Ihnen folgen auf jedem Abschnitt je ein schwarzer Punkt auf beiden Seiten. Der Dorn am Hinterende ist dunkel und klein. Die Raupen sind ebenfalls dämmerungs- und nachtaktiv. Dazu klettern sie an der Futterpflanze hoch und verlassen sie in den frühen Morgenstunden wieder, um in einem guten Versteck am Boden den Tag über zu ruhen. Hier verpuppen sie sich auch. Die Puppe überwintert.
Futterpflanzen: Meist Weidenröschen *(Epilobium angustifolium* und *E. hirsutum)*; auch an Labkraut, Springkraut, seltener an Weinreben.

Deilephila porcellus L. Kleiner Weinschwärmer

Raupe auf S. 280

Merkmale: 2,2–2,4 cm lange Vorderflügel. Deutlich kleiner als der Mittlere Weinschwärmer, dem er in Färbung und Zeichnung ähnelt. Er wirkt jedoch nicht ganz so rot wie dieser. Während beim **Mittleren Weinschwärmer** eine gerade Linie in die Flügelspitze zieht, verläuft beim Kleinen Weinschwärmer über Vorder- und Hinterflügel ein breites, gelbbraunes, gezacktes Band, dessen Spitze ebenfalls in der Vorderflügelspitze endet. Auf dem Hinterkörper trägt der **Mittlere Weinschwärmer** 2 parallel verlaufende Bänder, die beim Kleinen zu einem über den ganzen Rücken verlaufenden Band verschmolzen sind. Beide Arten haben auffallend große Augen.
Fluggebiet: Feuchte Auwälder, Fluß- und Stromniederungen, Bachufer, auch in Gärten.
Verbreitung: Ganz Europa. In den Alpen bis 1600 m.
Häufigkeit: Nicht ganz so häufig wie der **Mittlere Weinschwärmer.** Gilt als nicht selten.
Flugzeit: Mitte Mai bis Anfang Juli in einer Generation. Im Süden Mitteleuropas kommt es gelegentlich zu einer II. Generation. Falter fliegen gern ans Licht.
Raupenzeit: Juli bis August. Die Raupen schlüpfen aus den einzeln an der Futterpflanze abgelegten Eiern. Sie zeigen eine sehr unterschiedliche Färbung: so gibt es leuchtendgrüne, braune und schwärzliche Raupen. Auch sie tragen am Vorderkörper 4 Augenflecke, deren Wirkung sie durch Zurückziehen des Kopfes verstärken, weil dann der Vorderkörper anschwillt. Das Horn am Ende des Hinterleibs ist nur noch rudimentär, also verkümmert, vorhanden. Die Raupe spinnt einen lockeren Kokon, in dem die Puppe überwintert.
Futterpflanzen: Weidenröschen, Springkraut, Labkraut.

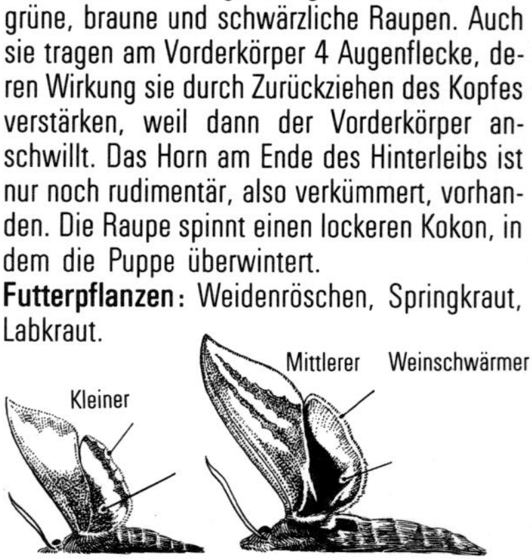

Proserpinus proserpina PALL. Nachtkerzenschwärmer RL!

Raupe auf S. 279

Merkmale: 1,8–2,1 cm lange Vorderflügel. Ähnelt dem Taubenschwänzchen. Flügeloberseite jedoch wesentlich kontrastreicher gezeichnet. Über die Vorderflügel zieht sich in der Mitte ein dunkles Band, das an beiden Seiten aufgehellt ist. Die gelben Hinterflügel werden durch ein dunkelbraunes Band begrenzt. Bestes Unterscheidungsmerkmal ist aber der Flügelschnitt: der Nachtkerzenschwärmer hat bizarr geformte Vorder- und Hinterflügel. Der Hinterkörper ist dunkelbraun gefärbt und zeichnet sich nicht durch den beim **Taubenschwanz** so charakteristischen »Schwanz« aus. Dennoch ist auch er ein ausgezeichneter Flieger, der beweglich ist wie ein Hubschrauber: er kann senkrecht nach oben und nach unten fliegen, genauso gut vorwärts wie rückwärts und vor einer Blüte stehenbleiben.
Fluggebiet: Sonnige Hänge, Schonungen, Bruchwälder, gelegentlich auch in Parkanlagen.
Verbreitung: Mitteldeutschland und Südeuropa. Fehlt im Norden. In den Alpen bis 1500 m Höhe anzutreffen.
Häufigkeit: Früher wesentlich häufiger.
Flugzeit: Mai bis Juni in stets nur einer Generation.
Raupenzeit: Juli bis August. Die nachtaktive Raupe ist nicht so prächtig gefärbt wie die anderer Schwärmerraupen. Sie weist eine grünschmutzige Farbe auf, die durch eine Reihe schwarzer Schrägstriche auf dem Rücken unterbrochen wird. Das Horn am Ende des Hinterleibs ist nur durch einen kleinen Höcker angedeutet. Zur Verpuppung sucht sie sich eine kleine Höhle am Boden aus. Hierin überwintert sie als Puppe.
Futterpflanzen: Nachtkerze, Blutweiderich, Weidenröschenarten.

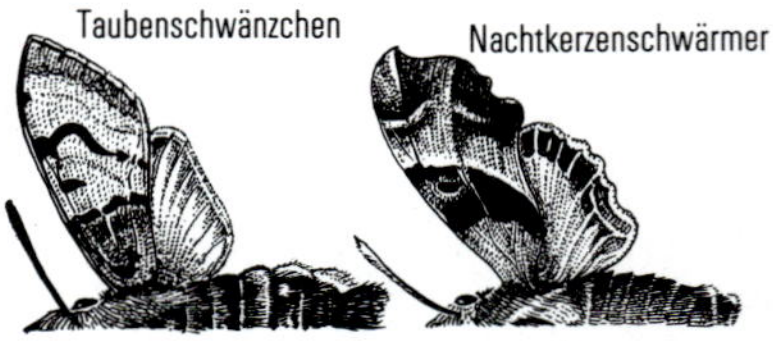

Macroglossum stellatarum L. Taubenschwänzchen

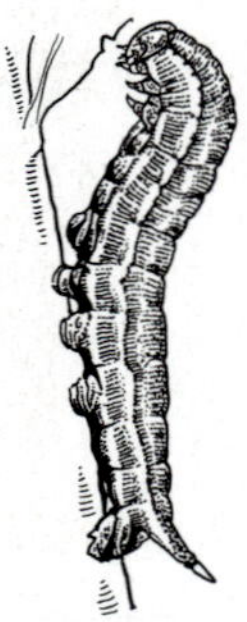

Merkmale: 2–2,5 cm lange Vorderflügel. An diesem kleinen Schwärmer fällt besonders der verbreitete, an den Seiten schwarz-weiß gezeichnete Hinterleib auf, der wie ein »Schwanz« aussieht. Verlängerte Schuppen bilden ihn. Damit kann er beim Schwirren vor den Blüten ausgezeichnet steuern. Vorderflügel unscheinbar braun, von Linien durchzogen, Hinterflügel tief orange bis gelb.
Fluggebiet: Sonnige Kahlschläge, Südhänge mit Gebüsch, Heideflächen und Waldränder sind die bevorzugten Plätze, an denen man das Taubenschwänzchen beobachten kann. Im Gegensatz zu den anderen Schwärmern sind sie tagaktiv, sogar in den heißen Mittagsstunden. In den Gärten kann man sie auch in den Nachmittags- und Abendstunden am Phlox, an Geranien und Petunien beobachten. In der freien Natur suchen sie in Flockenblumen, Seifenkraut *(Saponaria)* und in Natternkopf *(Echium)* nach Nektar.
Verbreitung: Die eigentliche Heimat der Taubenschwänzchen liegt in Südeuropa. Alljährlich fliegen sie von dort über die Alpen nach Mitteleuropa, wobei sie auch in den höchsten Regionen angetroffen werden. Hier können sie sich zwar fortpflanzen, doch eine bodenständige Population scheint sich nicht halten zu können. Dies liegt vornehmlich an den Witterungsverhältnissen im Winter. Früher waren die Taubenschwänzchen im südlichen Mitteleuropa wesentlich häufiger.
Häufigkeit: In Süddeutschland selten, in Norddeutschland sehr selten.
Flugzeit: Zwei Generationen: I. Mai bis Juli. In dieser Zeit fliegen auch die Exemplare aus dem Süden ein. II. September bis Oktober. Ob in dieser Zeit ein Rückzug nach Südeuropa stattfindet, ist noch nicht eindeutig geklärt.
Raupenzeit: I. September bis Oktober, II. Juni bis August. **Futterpflanzen:** Labkrautarten.

Daphnis nerii L. Oleanderschwärmer

Raupe auf S. 279

Merkmale: 4,5–6,5 cm lange, schmale Vorderflügel, unterer Rand stark gewellt. Hinterflügel sehr viel kleiner mit ausgezogenen Spitzen. Grundfarbe der Flügel sattes Moosgrün, von hellen Feldern durchbrochen. Dieses unruhige Flügelmuster ist eine gute Tarnung, wenn der Schwärmer tagsüber am Oleanderstrauch ruht. Körper kräftig, Kopf und Rücken ebenfalls leuchtend grün gezeichnet.
Fluggebiet: Im Mittelmeerraum in Flußtälern, ausgetrockneten Bachbetten, wo Oleanderbüsche stehen. In Mitteleuropa fliegt er unregelmäßig und sucht die Oleanderbüsche der Balkone und Gärten auf.
Verbreitung: Der Schwärmer ist in Südeuropa, Afrika, im Nahen Osten bis nach Indien anzutreffen. In Mitteleuropa sehr selten als Wanderfalter in warmen Jahren.
Häufigkeit: Sehr selten und sehr unregelmäßig nördlich der Alpen. In deren Südtälern und vor allem in den Mittelmeerländern dagegen regelmäßig bis häufig.
Flugzeit: Nördlich der Alpen treffen die ersten Falter im Juni ein. Bis September findet man Nachkommen dieser früheingeflogenen wie auch Nachzügler. Falter stets nachtaktiv.
Raupenzeit: Juli bis September. Die mächtige Raupe ist bunt gefärbt: hellgrün oder rosarot. Eine weiße Seitenlinie führt von einem großen, blauen, hellblau gekernten Nierenfleck am dritten Segment bis zum Schwanzende, wo ein kurzer Dornfortsatz steht. Oberhalb und unterhalb der Seitenlinie liegen zahlreiche helle, erhabene Punkte. Die Raupe verpuppt sich in lockerer Erde.
Futterpflanzen: Meist Blätter des Oleanders *(Nerium oleander)*, seltener an Immergrün.

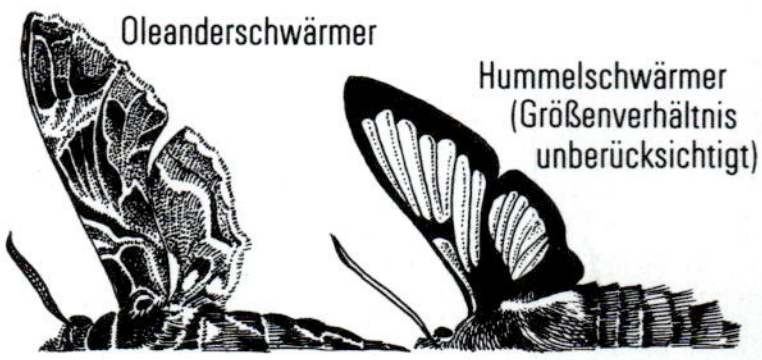

Hemaris fuciformis L. Hummelschwärmer

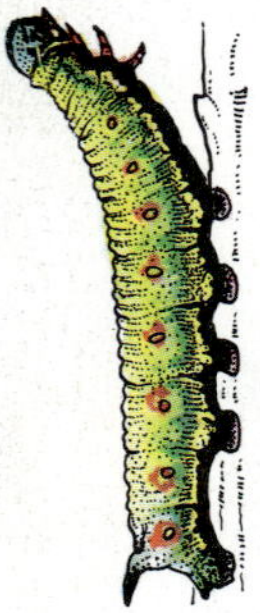

Merkmale: 2–2,4 cm lange Vorderflügel. Dem Skabiosenschwärmer sehr ähnlich. Kann etwas größer als dieser werden. Die relativ kleinen Hinterflügel fallen im Vergleich zu den Vorderflügeln auf.
Fluggebiet: An sonnigen, trockenen Plätzen: in Lichtungen von Nadelwäldern, in warmen Auwäldern, an Südhängen im Bergland, aber auch an Bach- und Flußufern, selten auch in Gärten.
Verbreitung: In ganz Europa, vor allem in Mitteleuropa kennen wir zahlreiche Fundorte. Im Gebirge erreichen sie 2000 m Höhe. Doch wie bei allen wärmeliebenden Insekten spielt bei der Verbreitung der Art die Temperatur eine sehr große Rolle. In warmen, sonnenreichen Sommern tauchen Hummelschwärmer in zahlreichen Gebieten und hoch in den Alpen auf, in kalten, verregneten Sommern bleiben sie streng auf einige Wärmeinseln Mitteleuropas beschränkt.
Häufigkeit: Was für die Verbreitung gilt, trifft auch für die Häufigkeit zu: in warmen Jahren sind Hummelschwärmer zahlreich, in kalten dagegen nur vereinzelt zu finden.
Flugzeit: Ende Mai bis Anfang Juli.
Raupenzeit: Juli bis August. Die Raupe ähnelt der des Skabiosenschwärmers.
Futterpflanzen: Geißblatt *(Lonicera xylosteum* u. a.), Schneebeere *(Symphoricarpus racemosus)*.
Allgemeines: Mit den durchsichtigen Vorderflügeln, dem kurzen, dicken Hinterleib und der gelb-braunen Färbung erinnern Skabiosen- und Hummelschwärmer an Hummeln. Auch in ihrer Lebensweise, nämlich in den heißen Mittagsstunden an Blüten Nektar zu trinken, machen sie es den Hummeln nach. Im Gegensatz zu diesen sind sie aber harmlos und ohne Stachel.

Thyatira batis L. Roseneule, Brombeereule

Merkmale: 1,5–1,9 cm lange Vorderflügel. In Aussehen und Gestalt erinnern die Eulenspinner, auch Wollrükkenspinner genannt, sehr an die Eulenschmetterlinge. Doch bestimmte Merkmale z. B. im Verlauf des Flügelgeäders veranlaßten die Lepidepterologen, die Schmetterlingsspezialisten, sie in eine eigene Familie einzuordnen. Die Achat- und die Roseneule sind zweifellos die schönsten ihrer Gruppe. So trägt die Roseneule auf der Oberseite der Vorderflügel weiß eingefaßte rosa Flecken auf dunkelgrauem Feld. Die Oberseite der Hinterflügel ist mittelbraun gefärbt mit einem etwas helleren Band in der Mitte. In Ruhestellung werden die Flügel dachförmig gestellt. Dabei verschwinden die Hinterflügel völlig unter den Vorderflügeln, und auch der Körper wird zugedeckt.

Fluggebiet: Bevorzugter Lebensraum sind Mischwaldlichtungen oder Hänge, auf denen Brombeeren und Himbeeren wachsen. Auch in Gärten.

Verbreitung: Ganz Europa. Im Norden bis zum 64. Breitengrad. Im Gebirge bis 1500 m.

Häufigkeit: Roseneulen findet man im ganzen Verbreitungsgebiet. Da sie nachtaktiv sind, muß man sie in der Dämmerung bei der Nahrungssuche beobachten oder in der Nacht mit Ködern oder einer Lichtquelle anlocken. Nicht selten, aber meist nur einzeln zu fangen.

Flugzeit: Ende Mai bis Anfang Juli. Die ♀ legen die Eier in kleinen Paketen am Rande von Brombeer- und Himbeerblättern ab.

Raupenzeit: August bis September. Die Raupen kann man an ihrer auffälligen Färbung erkennen: in den ersten Stadien tragen sie auf dem Rücken einen weißen Fleck, sonst sind sie rostrot bis braun gefärbt mit einer dunklen Rückenlinie. Das Besondere sind aber die doppelspitzigen Höcker auf dem mittleren und 11. Segment.

Futterpflanzen: Brombeere und Himbeere.

Habrosyne pyritoides HUFN. *(derasa* L.) Himbeereule (Achateule)

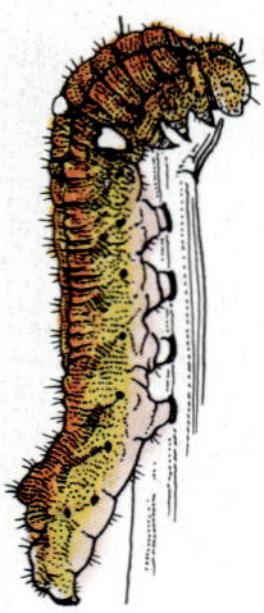

Merkmale: 1,5–2,2 cm lange Vorderflügel. Der andere Name Achateule ist bezeichnend für die Oberseite der Vorderflügel, die an ein Stück Marmor oder Achat erinnern. Diese Maserung in der Färbung ist unter den europäischen Faltern einmalig. In Ruhestellung stehen die Vorderflügel dachförmig, wobei das einfarbig graue bis mittelbraune Dreieck auf der Innenseite der Vorderflügel deutlich hervortritt.

Fluggebiet: Nicht nur in ihrer Systematik, auch ökologisch stehen sich **Roseneule** und Himbeereule nahe: beide fliegen in buschreichen Lichtungen, an Waldrändern mit dichtem Unterholz, aber auch in alten Gärten und verwilderten Parkanlagen, wo im Unterholz Himbeere und Brombeere wuchern können.

Verbreitung: Ganz Europa. Im Norden erreicht die Art Südskandinavien und Südfinnland.

Häufigkeit: Überall häufig anzutreffen, auch wenn es zu keinen Massenentwicklungen kommt, und die Bestände sehr starken Schwankungen unterworfen sind. Dämmerungs- und nachtaktiv.

Flugzeit: Ende Mai bis Anfang August immer nur in einer Generation. Die Verpaarung findet im Dunkel der Nacht statt, nachdem zuvor an Blüten Nektar getrunken wurde. Die ♀ legen ihre Eier in kleinen Paketen auf der Unterseite der Brombeer- und Himbeerblätter ab. Sie zeigen damit ein so ähnliches Verhalten, daß man an den Gelegen nicht erkennen kann, ob es sich um die Eier der Rosen- oder der Himbeereule handelt. Wenn die kleinen Räupchen schlüpfen, beginnen sie sofort zu fressen. Auch sie tragen wie die Raupen der Roseneule die doppelten Höcker am vorderen Drittel des Körpers. Werden die Raupen größer, dann spinnen sie sich einige Blätter zusammen.

Futterpflanzen: Brombeer- und Himbeerblätter. Puppen überwintern in der Bodenstreu oder zwischen Blättern.

Tethea or SCHIFF. Wollrückenspinner

Merkmale: 1,7–2,2 cm lange Vorderflügel. An ihm und an der nachfolgenden Art *(Polyploca diluta)* kann man die Nähe zu den Eulen besser erkennen als an der Rosen- und Achateule. Nach der Zeichnung auf den Vorder- und Hinterflügeln könnte man sie für Angehörige der Eulenfamilie halten. Sie unterscheiden sich aber ganz deutlich im Bau der Flügeläderung. *Tethea or* erkennt man an der weißen Nierenmakel auf den mittelbraunen Vorderflügeln. Die innere und äußere Querlinie bestehen aus bis zu 4 parallel verlaufenden, leicht gewellten Linien. Die Hinterflügel sind einfarbig braun, meist etwas aufgehellt mit grauen Fransen. Die sehr ähnliche *Tethea ocularis* ist kräftiger gezeichnet. Bei ihr sind Ring- und Nierenmakel weiß umrandet und schwarz gefüllt, und die Hinterflügel haben meist einen weißen Querstreifen und weiße Fransen. *T. ocularis* ist etwas seltener als *T. or.*

Fluggebiet: Sonnige, warme Lebensräume, wie Waldränder, Lichtungen, Waldblößen, Heidegebiete, Auen; auch in Gärten und Parks.

Verbreitung: Laubwaldgürtel der gemäßigten Zone. Ihr gesamtes Vorkommen reicht bis nach Ostasien, Korea und sogar bis nach Japan.

Häufigkeit: Fast überall zu finden, doch meist nur in wenigen Exemplaren.

Flugzeit: Zwei Generationen: I. Ende April bis Juli, II. Juli bis August. Die Falter sind nachtaktiv.

Raupenzeit: I. August bis September, II. Juni bis Juli. Die Raupe ist hellgrün mit dunklerem Rückenstreifen und gelblicher Seitenlinie. Sie lebt im Herbst zwischen fest eingesponnenen Blättern von Zitterpappeln und anderen Pappeln. Sie verpuppt sich am Boden zwischen den abgefallenen Blättern. Hier überwintert die Puppe im Schutz der Bodenstreu.

Futterpflanzen: Weiden, Pappeln, speziell Zitterpappeln.

Polyploca diluta F.

Merkmale: 1,5–1,8 cm lange Vorderflügel. Der Falter ähnelt stark einer Eule, gehört aber aufgrund feiner systematischer Besonderheiten, wie z. B. der Ausbildung des Flügelgeäders, eindeutig zu den Wollrücken- oder Eulenspinnern. Beim Ruhen hält er die Flügel dachförmig. Die Vorderflügel sind mittelbraun, manchmal gräulich. Die innere und äußere Querlinie bilden je ein breites braunes Band, das gerade verläuft und stets dunkler als die Grundfarbe ist. Im Saum befindet sich eine Reihe feiner Punkte. Übrige Zeichnung undeutlich, meist erloschen. Hinterflügel heller. In Norddeutschland findet man schärfer gezeichnete Exemplare als im Süden; sie gehören der Form *f. hartwiegi* an. Zum Unterschied von *T. or* sind bei *P. diluta* die Augen behaart und die Fühler rostgelb gefärbt. Kopf und Rücken sind dicht behaart.

Fluggebiet: Wärmeliebende Art, doch nicht nur an sonnigen Hängen, sondern auch in lichten Wäldern häufig zu finden. Besonders gern in Eichen- oder Laubmischwäldern, in denen Eichen eingestreut stehen. Regelmäßig auch in Auen.

Verbreitung: In der gemäßigten Zone Europas weit verbreitet. Da dieser Falter auf das Vorhandensein von Eichen angewiesen ist, gibt es nur inselartige Vorkommen. In den nordosteuropäischen Wäldern, die überwiegend aus Kiefern und Fichten bestehen, ist die Art sehr selten.

Häufigkeit: Sehr unterschiedlich; in alten Eichenwäldern nicht selten.

Flugzeit: Anfang August bis Anfang Oktober. Falter sind nachtaktiv. Die Eier werden einzeln auf einen dünnen Zweig um eine Knospe der Futterpflanze abgelegt und einzeln aufgestellt.

Raupenzeit: Mai bis Juni. Die Raupen sind grün mit dunklen Längslinien auf dem Rücken und tragen seitlich Punktreihen. Sie sind wie die Falter nachtaktiv und leben zwischen fest versponnenen Eichenblättern, in denen sie sich auch verpuppen. Die Puppe fällt im Herbst mit dem Fallaub zu Boden und überwintert hier.

Futterpflanzen: Nur Eichenlaub.

Drepana curvatula BKH. Erlensichler

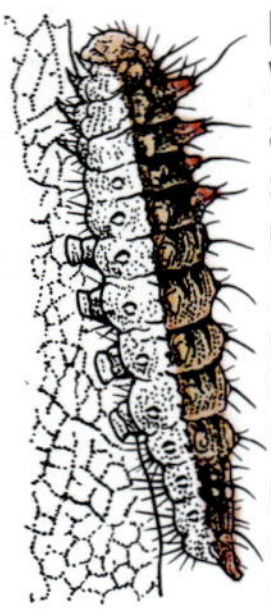

Merkmale: 1,4–1,6 cm lange Vorderflügel. Die sichelförmig ausgebildeten Vorderfügel sind ein Kennzeichen der Familie der Sichelflügler *(Drepanidae)*, die in 7 Arten in Mitteleuropa vertreten sind. Der Erlensichler hat dunkel-rostbraune Vorder- und fast gleich gefärbte Hinterflügel ohne auffällige Zeichnung. Darin unterscheidet er sich von ähnlichen, etwas größeren und durch 2 ungleich große Mittelpunkte gekennzeichneten gewöhnlichen Sichelspinner *(Drepana falcateria)*. Die verwaschen dunkle Linie, die sich in die Flügelspitze hineinerstreckt, verstärkt die sichelförmige Wirkung. Beim Männchen sind die Fühler gefiedert; es ist deutlich kleiner als das Weibchen.

Fluggebiet: Erlenbruchwälder, erlenreiche Flußauen und Bachtäler, vor allem, wenn sie mit Birkenbeständen gemischt sind.

Verbreitung: In Mitteleuropa weit verbreitet, aber nur stellenweise, vor allem in Norddeutschland, häufiger. Im Süden lokal und meist eher selten. Die Gesamtverbreitung reicht von Nordspanien über West- und Mitteleuropa sowie Teile Nordeuropas bis Japan.

Häufigkeit: In Süddeutschland erheblich seltener als in den Erlenbruchwäldern Norddeutschlands. Stellenweise, so im Alpenraum und größeren Teilen des Alpenvorlandes, fehlt die Art. Wo sie vorkommt, bleibt sie meist selten und eher unauffällig, obwohl die Falter ans Licht fliegen.

Flugzeit: Zwei Generationen; Ende April bis Mitte Juni und Anfang Juli bis Ende August.

Raupenzeit: August–September, dann Überwinterung und im Juni die 2. Generation. Freß-, Ruhe- und Häutungsplatz wird mit einem Gespinstdach überdeckt.

Futterpflanzen: Schwarzerle, Grauerle und Hängebirke, besonders an Jungbäumen und Stockausschlägen auf Lichtungen.

Cilix glaucata SCOP. Silberspinner, Weißer Glanzspinner

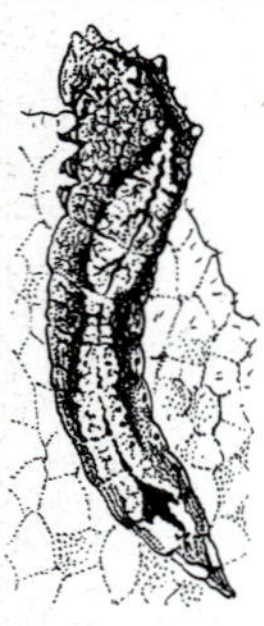

Merkmale: 1,4–1,8 cm lange Vorderflügel. In Form und Farbe weicht der Silberspinner völlig von den sonst einander recht ähnlichen Sichelflüglern ab. Seine Vorderflügel sind nicht sichelförmig gebaut, sie sind weißlich gefärbt und mit einem grünen Hauch überzogen. In ihrer Mitte liegen dunkle Flecken, deren Intensität unterschiedlich ausfällt. Bei manchen besonders schön gefärbten Stücken sind sie rötlich umrandet.

Fluggebiet: Der Silberspinner bevorzugt warme Lebensräume: so fliegt er an sonnenbeschienenen Hängen, über Heideflächen, in Flußtälern, in Schonungen, auch in Parks und in buschreichen Kulturlandschaften, besonders dort, wo noch Schlehenhecken stehen.

Verbreitung: In Europa vom Süden bis Südschweden.

Häufigkeit: Meist kann man ihn in allen Biotopen finden. Doch kein Massenauftreten. Wo allerdings die Hecken aus der Landschaft verschwunden sind, kann man auch den Silberspinner nicht mehr erwarten, so daß er heute kein geschlossenes Vorkommen mehr hat.

Flugzeit: Drei Generationen: I. Ende April bis Anfang Juni, II. Juli bis Mitte August, III. Ende August bis Ende September. Die Frühjahrs- und die Sommerform unterscheiden sich in Größe und Farbintensität. Die Frühjahrsformen sind größer und die Vorderflügel etwas dunkler *(f. obscurata)*, die Sommerform entspricht der Nominatform. Falter sind nachtaktiv.

Raupenzeit: I. Generation von August bis September, II. Mai bis Juni. Zwar sieht der Silberspinner den Sichelfüglern nicht ähnlich, doch seine Raupen zeigen deutlich, daß er nahe mit ihnen verwandt ist: am 2. und 3. Segment stehen spitze Erhöhungen, und sie tragen eine ausgeprägte Schwanzspitze als typisches Kennzeichen der Sichelflügler.

Futterpflanzen: Blätter von Schlehen, Pflaumen und Weißdorn.

Falcaria lacertinaria L. Eidechsensichler

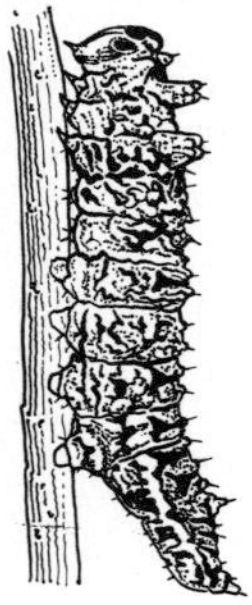

Merkmale: 1,5–1,9 cm lange Vorderflügel. Seine Zugehörigkeit zu den Sichelflüglern ist aufgrund der Flügelform offensichtlich. Die genaue Bestimmung ist sehr einfach, da er als einziger europäischer Sichelflügler gezackte Flügelaußenränder aufweist. Auf der Oberseite der Vorderflügel ziehen sich 2 fast gerade verlaufende Linien parallel über den Mittelteil, die auf den Hinterflügeln keine Fortsetzung finden. Diese tragen jeweils einen kleinen dunklen Punkt. Die Grundfarbe des Falters ist mittel- bis ockerbraun. Die Hinterflügel sind stets heller gefärbt.

Fluggebiet: Dieser Falter lebt auf Mooren, wo Birken und Erlen wachsen, in Mischwäldern, Auen, Buchenwäldern und gelegentlich an Bachufern. Der Eidechsensichler ist dämmerungsaktiv, kann aber auch schon am Tage beobachtet werden.

Verbreitung: Fast ganz Europa. Im Norden, wo Linné die ersten fing und ihnen den Namen gab, kommen sie bis zur Laubwaldgrenze vor. Im warmen Süden, vor allem in Italien, findet man sie nur im Gebirge, wo sie bis 1200 m Höhe ansteigen. Weiterhin erstreckt sich ihr Areal über ganz Asien bis Fernost.

Häufigkeit: Aufgrund ihrer speziellen Ansprüche an den Lebensraum finden wir in Mitteleuropa die Eidechsensichler nur noch regional. Wo sie vorkommen, sind sie nicht selten.

Flugzeit: Meist zwei Generationen: I. Ende April bis Anfang Juni, II. Juli bis Ende August. Falter der nördlichen Populationen und höher gelegene Gebiete fliegen später und kürzer.

Raupenzeit: I. Generation im September, II. im Juli. Zur Nahrungssuche verspinnen sie sich einige Blätter, die für sie Schutz vor Feinden und Regen darstellen. Auch ihre Puppen bauen sie zwischen zusammengesponnenen Blättern ein, mit denen sie später zu Boden fallen und dort bis zum Frühjahr verbleiben.

Futterpflanzen: Nur Birken und Erlen.

Falcaria binaria HUFN. Eichen-Sichelspinner

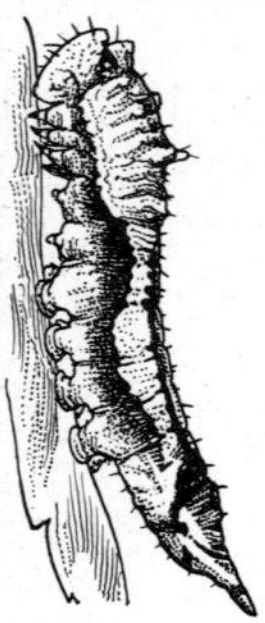

Merkmale: 1,6–2 cm lange Vorderflügel. Ihr wichtigstes Kennzeichen sind 2 schwarze Punkte, die in der Mitte der Oberseite dicht beieinander liegen. Die Farbe wechselt von Ocker (vorwiegende Form) über Dunkelgelb bis Orange. Die Hinterflügel sind immer gelber als die manchmal grau bestäubten Vorderflügel. Die grauere Form fliegt im Sommer und gehört zur *f. aestivaria,* die Frühjahrsform ist die Nominatform.

Fluggebiet: Mehr als die bisher beschriebenen Sichelflügel ein Bewohner von Laubmischwäldern, insbesondere junger Eichenschonungen. Auch an buschreichen Hängen, in denen eingestreut Eichen stehen, kommt die Art vor.

Verbreitung: Inselartig. Bevorzugt wärmere Gebiete, auch wenn er in Europa bis nach Südskandinavien vordringt. Hauptverbreitungsgebiet im mittel- und südeuropäischen Raum.

Häufigkeit: Gehört nicht zu den seltenen Arten, kommt aber lange nicht so häufig wie Sichelflügel und Eidechsen-Sichelspinner vor.

Flugzeit: Zwei Generationen, wobei die II. oft nur teilweise ausgebildet wird. I. Mitte Mai bis Juni, II. Ende Juli bis August. Die Falter sind nachtaktiv. Meist findet die Paarung im Schutz der Dunkelheit statt. Tagsüber ruhen sie auf der Blattoberseite, die Flügel ausbreitet: die Tarnung ist so perfekt, daß man glaubt, man habe ein welkendes Blatt vor sich.

Raupenzeit: I. Generation im September, II. von Juni bis Juli. Auch die Raupen fressen in der Dunkelheit. Wie alle Sichelflügelraupen trägt auch die Raupe des Eichen-Sichelspinners am Ende des Körpers einen spitzen Fortsatz, der aus den umgewandelten Nachschiebern, also dem letzten Beinpaar, besteht.

Futterpflanzen: Die Raupen fressen vor allem Eichenblätter (Name!). Man findet sie aber gelegentlich auch auf Buche, Erle, Linde und Birke.

♂

Aglia tau L. Nagelfleck

Merkmale: 3–3,9 cm lange Vorderflügel. Der Name bezieht sich auf die vier »Nägel«, die in der Mitte der Vorder- und Hinterflügel in je einen dunkelblauen Augenfleck eingepaßt sind. Diese dunklen Augen stehen in starkem Kontrast zu dem meist leuchtenden Orangebraun der Flügeloberseite. Die Flügelränder sind mehr oder weniger dunkel eingefaßt. Stets verläuft am Rand eine dunkle Linie. Die Geschlechter unterscheiden sich auffallend: die ♀ sind immer größer und blasser gefärbt. Die dunkle Einfassung der Flügel fehlt ihnen. Doch tragen sie eine dunkle Linie parallel zum Flügelrand. Die Fühler sind lang und dünn. Ihr Körper dagegen dick, stark behaart und von hellgelber Frabe. Die ♂ sind dunkelocker gefärbt. Ihr Flügelsaum ist schwärzlich bestäubt. Auch die Augen mit dem Nagelfleck sind von intensiver Farbe. Die ♂ tragen lange gekämmte Fühler, mit denen sie die Duftstoffe der ♀ auffangen und ausmachen. Ihr Körper ist wesentlich schwächer und dünner. Die ♂ müssen ja nicht wie die ♀ Eier produzieren und mit Nährstoffen versorgen. Die ♂ verbrauchen ihre meiste Energie zum Aufsuchen der ♀, doch das ist dennoch vergleichsweise viel weniger, als die ♀ zur Produktion der Eier aufbringen.

Fluggebiet: Bewohner alter, lichter Buchenwälder. In Mischwäldern, wo aber unbedingt alte Buchen stehen müssen, finden wir den Nagelfleck auch. Bei schönem Wetter huschen die ♂ im Frühling so geschwind durch die Altbestände, daß man Mühe hat, ihnen zu folgen. Meist ist es nicht ein Exemplar, doch die Nagelflecke bleiben auf Abstand: sobald sich ein Konkurrent nähert, wird er verfolgt. Nagelflecke halten bestimmte Fluggebiete ein. Bei den schnellen Fliegern handelt es sich ausschließlich um ♂. Die ♀ sind sehr viel träger. Sie sitzen meist auf einem Buchenblatt, senden ihre Sexuallockstoffe aus und geben so ihre Bereitschaft zur Paarung kund. Die ♂ nehmen mit ihren außerordentlich breiten Kammfühlern die Duftstoffe auf und lokalisieren gleichzeitig, wo das ♀ wartet, wenn sie gegen das Gefälle der Duftstoffkonzentration anfliegen.

Verbreitung: In fast allen Teilen Europas. Im Norden liegt ihre Verbreitungsgrenze beim 62. Breitengrad. Da sie überall leben können, wo es Buchenwälder gibt, reicht ihre Verbreitung weit nach Asien hinein und sogar bis Japan. Fehlt aber auf den Britischen Inseln.

Häufigkeit: Man kann den Nagelfleck regelmäßig in Buchenbeständen antreffen. In manchen Jahren kommt es sogar zu Massenentwicklungen. Dennoch hält sich der Bestand in aller Regel so gering, daß eine Bekämpfung nicht notwendig wird.

Flugzeit: Stets nur eine Generation von Mitte April bis Mai. Nagelflecke sind tagaktiv. Besonders in den sonnigen Mittagsstunden fliegen sie im bodennahen Bereich des Buchenhochwaldes. Mitte April brechen auch die ersten Knospen der Buchen auf, und es ist die Zeit der Apfelblüten, dann fliegt der Nagelfleck.

Raupenzeit: Mai bis Anfang August. Es fällt schwer, die kleine Raupe für die gleiche zu halten, die sich nach mehreren Häutungen zur Puppe umwandelt. Sie ist nämlich ganz bizarr mit mehreren doppelten Rückendornen bewaffnet, die sich nach der dritten Häutung verlieren. Als ausgewachsene Raupe ist sie grün mit einer hellgelben Seitenlinie und einem gelben Halsring. Die Atemöffnungen (Stigmen) tragen je einen roten Ring. Zur Verpuppung seilen sich die Raupen zum Boden ab und verkriechen sich im alten Buchenlaub, wo die Puppe auch überwintert. Der Kokon ist netzartig und sehr leicht. Während die Raupen in der ersten Zeit gesellig beieinander zu beobachten sind, verteilen sie sich im Lauf der nächsten Tage und Wochen. Bei der Verpuppung sind sie stets allein.

Futterpflanzen: Buchenlaub, vor allem jüngere Blätter in den Baumkronen. Gelegentlich fand man Raupen auch an Eichen, Birken, Schlehen und Apfelbäumen.

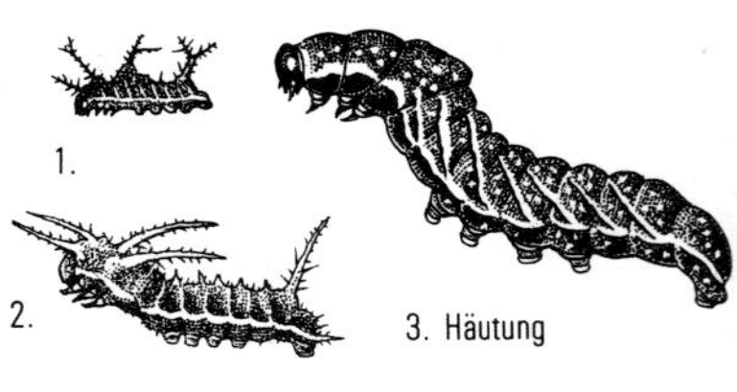

♂

Saturnia pyri SCHIFF. **Großes** oder **Wiener Nachtpfauenauge**

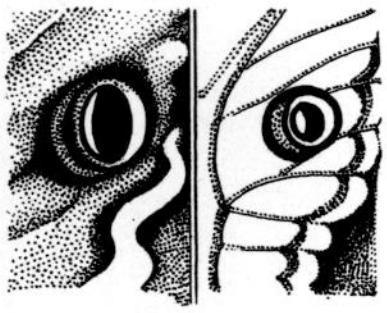

Großes Kleines Nachtpfauenauge (Größenvergleich)

Merkmale: 5–7 cm lange Vorderflügel. Größter Schmetterling Europas. Auf der Oberseite der Vorder- und Hinterflügel je ein großes, schwarzgekerntes und umringtes Auge. Die Bezeichnung »Auge« trifft sehr gut zu, denn nicht nur die »Pupille«, sondern auch die »Augenbrauen« werden täuschend ähnlich imitiert. Ein schwarzes Band, das nach außen am Saum der Flügel hell abgegrenzt wird, zieht sich über Vorder- und Hinterflügel. Es fehlt nur in der Spitze der Vorderflügel. Diese schwarzen Bänder findet man nicht beim Kleinen Nachtpfauenauge.
Fluggebiet: Busch- und waldreiche Landschaften, an Waldrändern, in Parkanlagen, in verwilderten Gärten und Obstwiesen.
Verbreitung: Nördlichstes Verbreitungsgebiet in Mitteleuropa befindet sich in Niederösterreich. In Mähren und Ungarn, in den Südausläufen der Alpentäler und in der Westschweiz gibt es die einzigen sicheren Vorkommen. In Südosteuropa wird das Auftreten regelmäßiger.
Häufigkeit: Innerhalb der Verbreitungsinseln kann das Große Nachtpfauenauge sogar häufig werden und Schäden in der Obstkultur verursachen. In aller Regel jedoch selten. Der Bestand war in den letzten Jahrzehnten eher rückläufig.
Flugzeit: Mai bis Juni. Falter sind nachtaktiv. Manchmal fliegt das ♂ bei Tage.
Raupenzeit: Juni bis August. Alle Nachtpfauenaugenraupen tragen bunt gefärbte Knopfwarzen über den ganzen Körper verteilt: Beim **Wiener Nachtpfauenauge** sind sie himmelblau, beim **Kleinen** gelb oder rötlich und beim **Mittleren Nachtpfauenauge** goldgelb.
Futterpflanzen: Die Raupen fressen an Obstbäumen. Zur Verpuppung bauen sie ein dichtes, braunes und birnenförmiges Gespinst.

Eudia pavonia L. **Kleines Nachtpfauenauge**

Metamorphose auf S. 274/275

Merkmale: 2 bis 3,5 cm lange Vorderflügel. An Farbe, Größe und am Fehlen des schwarzen Bandes auf Vorder- und Hinterflügeln vom Großen Nachtpfauenauge zu unterscheiden. Die ♂ sind wesentlich kleiner, haben einen schwächeren Körper und stark ausgeprägte Kammfühler; die ♀ weisen graue Grundfärbung auf, während die Hinterflügel der ♂ graubraun überhaucht sind.
Fluggebiet: Moore, warme Lichtungen von Laub- und Mischwäldern, Heidegebiete und an Waldwegen. Besonders zu finden in dichtem, ursprünglichem, vom Menschen wenig beeinflußten Unterholz mit reichlich Heidekraut.
Verbreitung: Ganz Europa. Im Norden bis Mittelschweden und Finnland. Bis 2000 m Höhe.
Häufigkeit: Nicht selten; manchmal wurde sogar von Massenentwicklungen berichtet.
Flugzeit: Stets eine Generation von Anfang April bis Mai. Während die ♀ nur nachts fliegen, sind ♂ tagaktiv: man kann dem rasanten Zickzack-Flug mit den Augen kaum folgen. Tagsüber sitzen die ♀ ruhig auf einem Ast und senden, sind sie paarungsbereit, Sexualduftstoffe aus, die die ♂ mit ihren Kammfühlern aufnehmen. Mit dem Zickzack-Flug versuchen die ♂ die ♀ zu orten. Es kommt nicht selten vor, daß mehrere ♂ dasselbe ♀ finden und zu begatten versuchen. Die Eier werden an Stengeln in kleinen Trauben abgelegt.
Raupenzeit: Mai bis Juli. Die Raupen leben nach dem Schlüpfen einige Zeit gesellig, ehe sie sich voneinander absondern. Bei der Verpuppung sind sie stets einzeln. Die Raupe trägt gelbe oder rote Knopfwarzen (siehe Raupe des **Großen Nachtpfauenauges**). Zur Verpuppung baut sie ein birnenförmiges Gespinst zwischen Zweigen mit nach oben stehender Öffnung, aus der sich später der Falter zwängt. Die Puppe überwintert.
Futterpflanzen: Schlehen, Heidekraut, Himbeere und Brombeere, Rose und Weide.

♂

♂

Poecilocampa populi L. Kleine Pappelglucke

M: 1,5–2,2 cm lange Vorderflügel. Dunkelgrauer Falter mit hell gezackten Linien. ♀ stets viel größer als ♂. Da die Flügel sehr dünn beschuppt sind, erscheinen die Kleinen Pappelglucken fast durchsichtig. **Fg**: Alte Eichenwälder und Wildobstbäume; heute überwiegend in Gärten. **Vb**: Ganz Europa. Fehlt aber im heißen Süden. Im Gebirge bis 1200 m. Im Norden bis Lappland. **H**: Häufig. **Fl**: Mitte Oktober bis Ende November. **Rz**: Mai bis Juli. Verpuppung am Boden in einem Gespinst aus Erde und Sand. **FR**: Apfel-, Pflaumen- und Kirschbäume sowie Eichen.

Eriogaster lanestris L. Wollafter

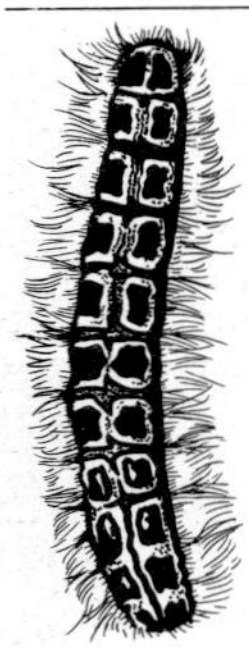

M: 2–3 cm lange Vorderflügel. Alle *Eriogaster*-Arten am Afterbüschel erkennbar. Falter sind hellbraun mit 2 leuchtenden weißen Punkten auf den Vorderflügeln und einer weißen Querlinie über Vorder- und Hinterflügel. **Fg**: Schonungen, Parks, Alleen. **Vb**: Ganz Europa. **H**: Gebietsweise häufig. Bis 1300 m. **Fl**: Mitte März bis Mitte April. **Rz**: Mai bis Juli. **FR**: Linde, Birke, Schlehe, Weide und andere. Raupen leben in Nestsäcken.

Lasiocampa trifolii SCHIFF. Kleespinner

M: 2–3,5 cm lange Vorderflügel. Ockerfarben, mit je einem weißen, dunkel umrandeten Punkt in der Mitte der Vorderflügel. Saum heller, durch eine dunkle Linie nach innen abgegrenzt. **Fg**: Ödländer, Magerrasen und Kahlschläge. **Vb**: In Europa verbreitet, fehlt im Süden und im äußersten Norden. **H**: Stark schwankend. Manchmal häufig. **Fl**: Ende Juli bis Anfang September. ♂ tagaktiv, fliegen sehr schnell und im Zickzackkurs. ♀ nacht- und dämmerungsaktiv. **Rz**: Mai bis Juni. Die einfach über den Boden verstreuten Eier überwintern. Puppen liegen in kleinen Gespinsten am Boden. **FR**: Klee, Esparsette und Hauhechel.

Malacosoma neustria L. Ringelspinner

M: 1,4–2 cm lange Vorderflügel. ♂ kleiner als ♀. Braun-gelblich mit hell-dunkel angelegten Linien. Mittelfeld oft dunkler als die Außenseiten. **Fg**: Laubwälder, Obstgärten, Alleen, verwilderte Gärten. **Vb**: Ganz Europa bis Mittelschweden. **H**: Regelmäßig. **Fl**: Ende Mai bis Mitte August. **Rz**: Mai bis Juni. Die Raupen leben gesellig. **FR**: Ursprünglich an Eichen und Wildobst. Heute hauptsächlich an Obstbäumen. Die Weibchen legen daran die Eier in charakteristischen Ringen ab, die sich in mehreren eng beisammenliegenden Reihen um die dünnen Zweige legen (Name!).

Lasiocampa quercus L. Eichenspinner

M: 2,6–4,5 cm lange Vorderflügel. ♂ meist dunkelbraun mit gelbem Querband. ♀ größer und heller, mit gelbem Band. In der Mitte der Vorderflügel je ein großer, weißer, schwarz umringelter Punkt. **Fg**: Alte Eichenwälder, Mischwälder, Moore, Heiden. **Vb**: Ganz Europa, in den Alpen bis zur Krummholzzone. **H**: Sehr unterschiedlich. **Fl**: Ende Juni bis Mitte August. **Rz**: September bis Mai; Raupen überwintern. **FR**: Laubhölzer.

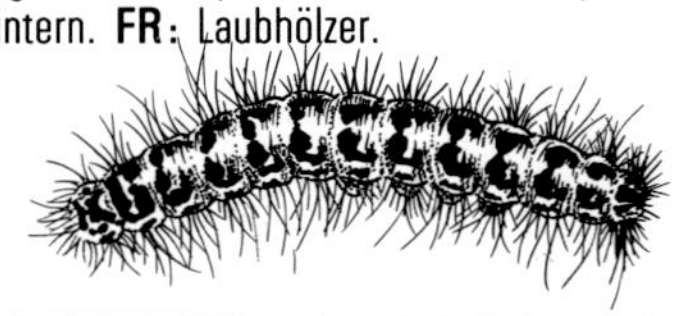

Macrothylacia rubi L. Brombeerspinner

M: 2,8–3,5 cm lange Vorderflügel. ♂ dunkelbraun und wesentlich kleiner als ♀. Große Kammfühler. ♀ mit dickem Hinterleib und schmalen Fühlern. Beide Geschlechter mit 2 hellen Querlinien auf den Vorderflügeln. **Fg**: Lichtungen von Mischwäldern, auch über Wiesen, Heide- und Brachflächen. **Vb**: Fast ganz Europa. **H**: Überall häufig, doch nie in großen Massen. **Fl**: Mitte Mai bis Juli. **Rz**: August bis April. **FR**: Brombeere, Himbeere, Schneckenklee u. a.

♂

♂

Ruthryx potatoria L. Grasglucke, Trinkerin

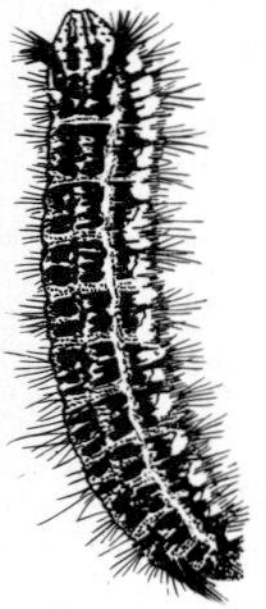

Merkmale: 2,8–3,9 cm lange Vorderflügel. Ockerfarbene (♀) oder rotbraune (♂) Flügel, in Form und Schnitt typisch für die Gruppe der Glukken. Erkennbar ist die Trinkerin an den beiden weißen Punkten auf der Oberseite der Vorderflügel und der schrägen Querlinie, die etwas oberhalb der Flügelspitze endet. Die ♀ sind wesentlich größer als die ♂ und haben einen dickeren Hinterleib. ♂ erkennt man an den großen Kammfühlern und an der dunkleren Flügelfärbung. In Ruhestellung werden die Flügel dachförmig aufgestellt. Die einzelnen Tiere schwanken in der Farbintensität; es entstanden einige lokale Formen: so die sehr hellen von Holland: *ssp. occidentalis.*

Fluggebiet: Feuchtbiotope: an Gräben, in Bruchwäldern, in feuchten Niederungen und in nassen Lichtungen, an Teichen, deren Ufer dicht bewachsen sind. Auch an sandigen Böden mit dichtem Graswuchs.

Verbreitung: Ganz Europa. Im Norden bis Mittelskandinavien und Finnland. Im Süden auf die kühleren Gebirgszüge beschränkt. In den Alpen bis etwa 1500 m: hier nicht so häufig.

Häufigkeit: Regelmäßig. Ihre Bestände sind in den letzten Jahrzehnten stark rückläufig gewesen. Dies hängt sicher mit der Trockenlegung der Feuchtgebiete zusammen.

Flugzeit: Ende Juni bis Mitte August. ♀ kleben die Eier einzeln oder in kleinen Häufchen an Gräser und bedecken sie mit Afterhaaren.

Raupenzeit: September bis Juni. Die ausgewachsene Raupe ist dunkelbraun und trägt an den Seiten orange-gelbe Streifen, die sich fast in Punkte aufzulösen scheinen. Am 2. und 11. Segment steht je ein Haarpinsel. Die Raupen haben einen ungewöhnlich hohen Wasserverbrauch. Daher der Name »Trinkerin«. Raupen, denen man das Wasser entzieht, werden zu sogenannten Mörderraupen: sie überfallen andere Raupen und saugen diese leer.

Futterpflanzen: Gräser, auch Schilf.

Dendrolimus pini L. Kiefernspinner

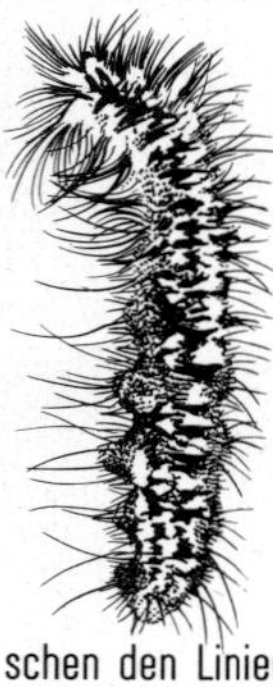

Merkmale: 2,5–3,5 cm lange Vorderflügel. Der Kiefernspinner unterscheidet sich stark in Größe und Färbung. So treten hellbraune und fast schwarze Exemplare nebeneinander auf. ♂ sind stets kleiner und dunkler als ♀. Beide tragen eine stark gezackte Querlinie, daneben noch 2 weitere geschwungene Linien. Die Felder zwischen den Linien können aufgehellt oder verdunkelt sein. Auf der Oberseite der Vorderflügel stets ein kleiner weißer Punkt.

Fluggebiet: Kiefernwälder; besonders dort, wo Kiefern in Monokulturen auf sandigen, mageren Böden stehen.

Verbreitung: Ganz Europa, doch stets an das Vorkommen von Kiefern gebunden. In großen Teilen Mitteldeutschlands, in England und Südeuropa fehlend. In den Alpen bis 1500 m.

Häufigkeit: Die Zahl der Kiefernspinner schwankt sehr. In manchen Jahren können sie sich in Nord- und Nordostdeutschland so stark vermehren, daß die Forstleute eingreifen müssen, um den Wald zu schützen. In anderen Gegenden, vor allem in feuchteren Lagen, können sich Kiefernspinner auch in Kiefernwäldern nie zu solchen Mengen entwickeln. Im süddeutschen Raum bisher keine Massenvermehrungen, aber auch hier nicht selten.

Flugzeit: Anfang Juni bis Mitte August. Nachtaktiv. Tagsüber in den oberen Bereichen der Kiefern.

Raupenzeit: August bis Juni. Die Raupen fressen sofort, wenn sie geschlüpft sind. Nach der dritten Häutung seilen sie sich aus den obersten Baumkronen mit Hilfe eines Spinnfadens ab und verstecken sich in der Nadelspreu, um hier den Winter, manchmal sogar einen zweiten und dritten, zu verbringen. Im Frühjahr erwachen sie und klettern wieder in die Wipfelregion. Befressen sie nun die alten und ersten Maitriebe, kann es zu Schäden kommen.

Futterpflanzen: Kiefernnadeln.

♀

♂

♀

Endromis versicolora L. Birkenspinner, Scheckflügel

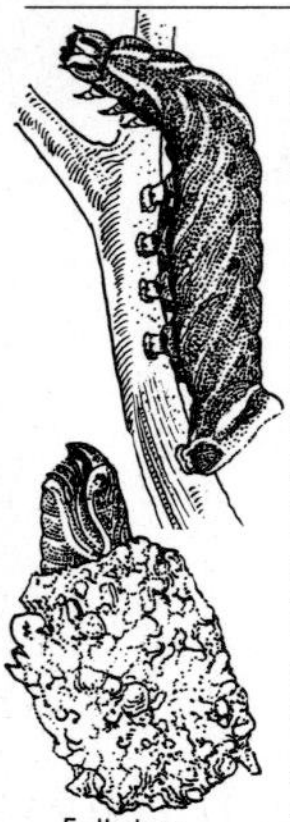
Erdkokon

Merkmale: 3–4 cm lange Vorderflügel. Der einzige hier zu behandelnde Vertreter seiner Familie. Besonderheiten im Flügelgeäder machen es notwendig, ihn in eine eigene Familie zu stellen. An seiner unverwechselbaren Flügelzeichnung fallen die 3 weißen, abgestuft großen Dreiecksflecke in der Spitze der Vorderflügel auf sowie die schwarzen »Haken« in deren Mitte. Beide Geschlechter sind sehr lebhaft gezeichnet, wobei Mittel- und Ockerbraun die vorherrschenden Farben sind. Das ♀ ist wesentlich größer und blasser als das dunklere ♂, das auch an den ausgeprägten Kammfühlern zu erkennen ist.

Fluggebiet: An das Vorkommen von Birken gebunden. Man findet ihn in Birkenbeständen, in Mooren und an feuchten Waldrändern.

Verbreitung: Entsprechend ist auch das Vorkommen in Europa an das Auftreten größerer Birkenbestände gebunden. Hauptverbreitungsgebiet vor allem im Norden, wo der Birkenspinner fast das nördliche Skandinavien und Finnland erreicht. Im Süden kommt er bis Norditalien vor, wo er nur noch in höheren Lagen anzutreffen ist. Hier erreicht er die Arealsgrenze.

Häufigkeit: In großen Birkenwäldern mitunter sehr häufig. Außerhalb davon eher selten. Im Gebirge reicht das Vorkommen bis 1500 m.

Flugzeit: Mitte März bis Mitte Mai. ♂ sind auch tagaktiv, im Gegensatz zu den dämmerungsaktiven ♀. Tagsüber sitzen sie ziemlich auffällig an den äußersten Zweigspitzen.

Raupenzeit: Mai bis Juli. Die kleinen Räupchen sind schwarz gefärbt und wechseln später in ein leuchtendes Grün. Zur Verpuppung bauen sie am Boden einen kleinen Kokon, der aus Spinnfäden und Erde besteht. Die Puppe liegt 1–3 Winter im Boden.

Thyris fenestrella SCOP. Fensterschwärmerchen

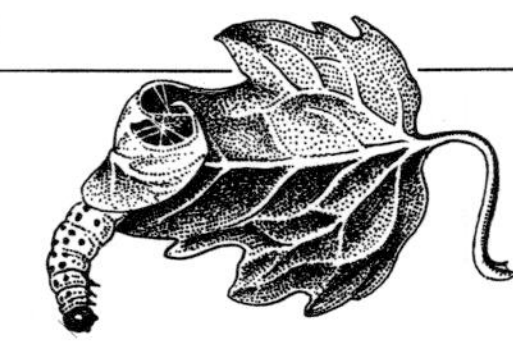

Merkmale: 0,7–1 cm lange Vorderflügel. Winziger Schmetterling, der in Größe und Gestalt an die Kleinschmetterlinge erinnert. Doch der Bau des Flügelgeäders war der Anlaß, daß man die Fensterschwärmer in eine eigene Familie stellte. Ihren Namen bekamen sie von den unbeschuppten Teilen auf den Vorder- und Hinterflügeln, die wie kleine Fenster wirken, da man durch sie hindurchsehen kann. Die ausgefransten Flügel werden in Ruhestellung halb aufgerichtet.

Fluggebiet: Südhänge mit buschiger Vegetation, trockene, vollsonnige Brachflächen. Im Mittelmeergebiet über kalkhaltigen Böden, auf denen die Waldrebe wächst.

Verbreitung: Mitteleuropa, doch mehr im Süden als im Norden.

Häufigkeit: In Norddeutschland inselartig verbreitet, im Süden flächenmäßig; meist nur in wenigen Stücken zu beobachten. In Südeuropa und an manchen Stellen Süddeutschlands auch häufiger. Da sie jedoch so klein ist und ein unscheinbares Dasein führt, wird sie nur selten gefunden.

Flugzeit: Mitte Mai bis Mitte August. Die Falter fliegen am Tage zu den Blüten von Doldengewächsen *(Umbelliferen)* und Holunder.

Raupenzeit: Juli bis August. Die Raupe unterscheidet sich stark von anderen Schmetterlingsraupen: sie ist klein, schwarz oder braun und mit Punktwarzen übersät. Sie stinkt nach Wanzen. Zum Schutz rollt sie sich in Blätter der Waldrebe ein. Unter diesem Dach verbringt sie die Ruhephase. Zur Verpuppung sucht sie in Bodennähe oder in hohlen Holunderstengeln ein Versteck und baut darin einen leichten Kokon. Die Puppe überwintert.

Allgemeines: In Mitteleuropa lebt von dieser Familie nur eine Art; in den Tropen dagegen ist sie mit 700 Arten zahlreich vertreten.

♀

Sterrhopterix hirsutella HBN.

Merkmale: ♂ 1 cm lange Vorderflügel. Kleiner grauer Falter mit runden Flügeln. Wie bei allen Sackträgern starke Geschlechtsunterschiede: Nur die ♂ tragen voll entwickelte Flügel, die ♀ sind stets stummelflüglig und daher flugunfähig. Die ca. 100 in Mitteleuropa vorkommenden Sackträger-Arten sehen sich sehr ähnlich: grau mit erloschener Flügelzeichnung, so daß man sie nur sehr schwer auseinanderhalten kann.
Fluggebiet: Feuchtgebiete: Moore, Sümpfe, Bruchwälder, nasse Mischwälder und Auen.
Verbreitung: Über ganz Europa verbreitet.
Häufigkeit: *Sterrhopterix hirsutella* gehört zu den häufigsten Sackträgern.
Flugzeit: Anfang Juni bis Anfang Juli. Die ♀ schlüpfen im Kokon und bleiben bis zu ihrem Tod dort sitzen. Bei manchen Arten verlassen sie nicht einmal den Kokon, sondern stülpen ihr Geschlechtsorgan teleskopartig aus, geben ihre Sexualdufstoffe ab und warten, bis ein ♂ zur Begattung anfliegt. Die Eier werden im Kokon abgelegt. Die ♂ sind dämmerungsaktiv.
Raupenzeit: August bis Mai. Sobald die kleinen Raupen schlüpfen und den alten Kokon verlassen, bauen sie sich den für die Familie der Sackträger außerordentlich typischen Sack, nach dem sie benannt wurden. Männliche Raupen bauen einen längeren Köcher als die weiblichen. Zwei Jahre verbleiben die Raupen im Sack, den sie immer mit sich herumtragen. Hierin verpuppen sie sich auch. Doch während sich die männlichen Raupen in Bodennähe umwandeln, halten sich die ♀ stets in etwa 2 m Höhe auf. Das hat einen großen Vorteil: da die fertigen ♀ unbeweglich sind, müssen sie von der Stelle aus, an der sie geschlüpft sind, ihre Duftstoffe aussenden. Dies geht wirkungsvoller aus 1–2 m Höhe als am Boden. Andererseits ist aber das Versteck am Boden sicherer, so daß die ♂, die ja beweglich sind, es vorziehen, hier zu überwintern und sich zu verpuppen. Der Sack besteht aus Holz- und Blattstückchen.
Futterpflanzen: Vor allem an Birken und Erlen, wobei Büsche bevorzugt werden.

Canephora unicolor HFN.

Merkmale: ♂ bis 1,5 cm lange Vorderflügel. Stark gefiederte, in eine Spitze auslaufende Antennen und büschelförmige Haare an der Spitze des Hinterleibes. Flügel zart rauchbraun, weniger durchscheinend als bei anderen Sackträgerarten. Vorderflügel deutlich ausgezogen und nicht so rundlich wie bei *Sterrhopteryx hirsutella*. Deutlich größer als die anderen Arten; größte europäische Sackträgerart. ♀ flügellos. Bestimmung schwierig und nur bei Beachtung der Größe der ♂ von Nichtspezialisten mit einiger Sicherheit durchzuführen. ♂ und ♀ unterscheiden sich bereits in der Ausbildung des Raupensackes. Männliche Raupen benutzen kürzere, breitere, oft blattförmige Stückchen von Pflanzen (dürres Material), während die weiblichen runde und längliche Bauteile nehmen. Die Säcke beider laufen am Ende in eine einfache Röhre aus, wie insbesondere bei der ♀-Raupe im Bild zu sehen ist. Sie werden beim Heranwachsen vergrößert.
Fluggebiet: Diese Art kommt in den unterschiedlichsten Lebensräumen vor.

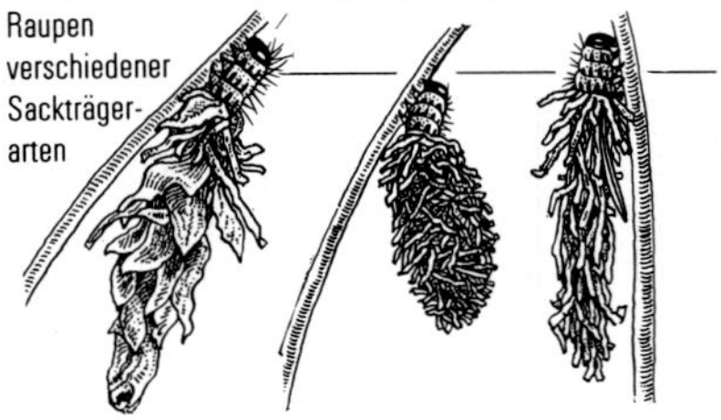

Verbreitung: Gemäßigte Klimabereiche von Europa; weit verbreitet und wenig beachtet.
Häufigkeit: Nicht selten bis häufig.
Flugzeit: Von Juni bis August findet man ♂ und die ungeflügelten Weibchen.
Raupenzeit: Fast über die gesamte Jahresperiode sind Raupen zu finden.
Futterpflanzen: Raupen polyphag.
Allgemeines: Es gibt eine Reihe weiterer, oft an den Säcken zu erkennende Sackträgerarten, siehe Zeichnung. Eine Besonderheit stellt *Apterona helicoidella* dar, die ihren Köcher kunstvoll wie ein kleines Schneckenhäuschen baut.

Canephora unicolor ♀-Sack (Raupen) Sterrhopterix hirsutella ♂-Sack

Aegeria apiformis CL. Hornissenschwärmer, Bienenschwärmer

Merkmale: 1,5–2 cm lange Vorderflügel. Der Hornissenschwärmer ist ein typischer Vertreter der Glasflügler, die zunächst überhaupt nicht wie Schmetterlinge aussehen, sondern mehr Wespen, Bienen und Hornissen gleichen. In den Flügeln erkennt man mehr oder weniger stark ausgeprägt die sogenannten Fenster, also durchsichtige Stellen, die durch Abfallen der Flügelschuppen entstanden sind. Der größte unter den europäischen Glasflüglern. Ahmt, wie der Name besagt, eine Hornisse nach. An seinen gelben »Schulterblättern« kann man ihn leicht von anderen, ähnlichen Arten unterscheiden.

Fluggebiet: In Parkanlagen, an mit Pappeln bestandenen Bach- und Flußläufen, in Auwäldern und in der Nähe von Wasserfällen.

Verbreitung: In den wärmeren Teilen Europas, aber auch in England und im Norden bis Mittelschweden. In den Alpen bis nahe 2000 m.

Häufigkeit: Der Hornissenschwärmer gehört unter den Glasflüglern zu den stärker vorkommenden Arten, auch wenn man seine absolute Häufigkeit nur sehr schwer abschätzen kann: er ist nämlich ein sehr gewandter Flieger, dem man mit den Augen kaum folgen kann.

Flugzeit: Ende Mai bis Ende Juli. Die Hornissenschwärmer sind wie die meisten Glasflügler tagaktiv. Sie fliegen in der größten Hitze des Tages über den Blumenwiesen. Gelegentlich stehen sie wie Schwärmer rüttelnd vor den Blüten und trinken dabei Nektar. Beim Fliegen summen sie ähnlich wie Hornissen. Die Eiablage des ♀ erfolgt am Fuße von Weiden oder Erlen, auch aus dem Flug heraus.

Raupenzeit: August bis Mai. Kurz nach dem Schlüpfen graben sich die Räupchen in den Boden und bohren sich in das Wurzelsystem des Baumes. Hier leben sie nun 2 Jahre lang wie alle Glasflüglerraupen unterirdisch.

Futterpflanzen: Meist Schwarz- und Zitterpappeln, selten Salweide und Espe.

Paranthrene tabaniformis ROTT. Bremsenschwärmer RL!

Merkmale: Etwa 2 cm lange Vorderflügel; deutlich kleiner und zierlicher als der Hornissenschwärmer. Doch wie dieser ahmt auch er ein wehrhaftes Insekt nach. In diesem indirektem Schutz kann die Art überleben. Sie gehört zu den wenigen Glasflügler, deren Vorderflügel nicht durchsichtig sind, sondern grau gefärbt. An den 4 gelben Ringen am tiefblauen Körper kann man den Bremsenschwärmer erkennen. In manchen Aspekten der Lebensweise erinnert er an eine Bremse; so fliegt auch er in den heißen Mittagsstunden.

Fluggebiet: In Auen, Bachtälern, Pappelpflanzungen, auch in Parkanlagen mit Wasser.

Verbreitung: In ganz Eurasien verbreitet. Doch sein genaues Verbreitungsgebiet ist wie das so vieler Glasflügler nur unzureichend bekannt, da die Tiere schwer zu fangen und kaum zu züchten sind. Selbst die unterirdisch lebenden Raupen findet man kaum.

Häufigkeit: Dasselbe gilt auch für die Häufigkeit: Man weiß nicht, wie viele in einem bestimmten Gebiet vorkommen. Sicher sind sie nicht häufig und auch nicht überall verbreitet.

Flugzeit: Ende Mai bis Anfang Juli in immer nur einer Generation (wie alle Glasflügler).

Raupenzeit: August bis Mai. Die Raupen minieren, das heißt, sie bohren sich in das Holz in Bodennähe oder in die stärksten Wurzeln eines Baumes ein, um hier mindestens 2 Jahre zu leben. Erst danach verpuppen sie sich in einem unscheinbaren Kokon, der dicht unter der ausgefressenen Höhlung liegt. Oft gehen die Raupen auch in ein vom Holzkäfer gebohrtes Loch und vergrößern es.

Futterpflanzen: Espen, Schwarzpappeln, aber auch in häufig angebauten Hybridpappeln.

Allgemeines: Die Glasflügler sind eine besonders interessante Schmetterlingsgruppe, die hochspezialisiert einen völlig anderen Weg eingeschlagen hat als die übrigen Falter. So leben z. B. die Raupen minierend in alten Gängen von Pappelblocklarven, bilden auch Gallen.

♀

Glasflügler

Cossus cossus L. Weidenbohrer

Merkmale: 3,2–4,4 cm lange Vorderflügel. Der Weidenbohrer ist leicht zu erkennen: er ist auffallend groß und dick. Man kann ihn mit seiner charakteristischen Rindentarnung nicht verwechseln. Flügel in Ruhestellung dachförmig. ♀ sind stets größer und noch dicker als die ♂. Falter sind nachtaktiv. Der Saugrüssel ist verkümmert, daher können sie als Falter keine Nahrung mehr zu sich nehmen.

Fluggebiet: Die Falter sind überall dort zu finden, wo alte Weiden stehen: an Bächen, in Wiesen, an Flüssen, in Parkanlagen oder auch – allerdings seltener – in Mischwäldern.

Verbreitung: In ganz Europa, soweit das Verbreitungsgebiet der Weiden reicht. Auch in Nordafrika und in der gemäßigten Zone Asiens. In den Alpen bis etwa 1500 m Höhe.

Häufigkeit: Der Weidenbohrer ist überall regelmäßig zu beobachten. Doch zweifellos war er früher häufiger, als noch Kopfweiden an nicht begradigten Bächen standen.

Flugzeit: Ende Mai bis Anfang August. Nach der Befruchtung legen die ♀ große Mengen von Eiern unter Rindenspalten ab.

Raupenzeit: August bis Mai, oft mehrmals überwinternd. Die Raupen fressen sich nach dem Schlüpfen zunächst unter die Rinde und leben hier, bis sie sich einige Male gehäutet haben. Später dringen sie in den Holzteil des Baumes ein, den sie von oben nach unten und umgekehrt durchwandern und mit ihren Gängen durchziehen. Im Laufe der Jahre, es sind bis zu 4, erreichen die Raupen eine stattliche Größe von 10 cm. Leben in dem Baum mehrere Holzbohrer-Raupen, so kann dieser absterben und die Nahrungsquelle damit versiegen. Die Raupen sind dann gezwungen, abzuwandern.

Futterpflanzen: Weiden, daneben auch Espen, Birken, Obstbäume und in seltenen Fällen auch andere Laubbäume.

Zeuzera pyrina L. **Blausieb, Kastanienbohrer**

Merkmale: 1,6–3 cm lange Vorderflügel, ♀ wesentlich größer (bis 3,5 cm) als ♂. Recht großer Schmetterling, der äußerlich dem **Weidenbohrer** kaum ähnlich sieht, aber in die gleiche Familie eingeordnet wird. Doch die Lebensweise der Raupen stimmt voll überein: beide Arten bohren im Holz. Das Blausieb trägt seinen Namen zu Recht: auf weißem Grund stehen so viele kleine und etwas größere Punkte, daß der Falter wie durchsiebt aussieht. Auf dem Rücken 6 blaue Punkte (würfelähnlich). Fühler beim ♂ nur zur Hälfte gekämmt.

Fluggebiet: Obstanlagen, am Rand von Mischwäldern, in Parkanlagen, in nicht zu alten Alleen und auch in Baumschulen.

Verbreitung: Ganz Europa.

Häufigkeit: In vielen Teilen seines Verbreitungsgebietes regelmäßig. Doch richtig häufig wird er nur in sehr seltenen Fällen.

Flugzeit: Anfang Juni bis Ende August in nur einer Generation wie alle Holz- und Wurzelbohrer *(Cossidae* und *Hepialidae).* Die Falter sind nachtaktiv und fliegen gern an eine Lichtquelle. Sonst führen sie – wie auch die Raupen – eine sehr versteckte Lebensweise. Selbst Störungen am Ruheplatz halten sie aus, ohne abzufliegen. Die ♀ legen die Eier mit Hilfe einer langen Legeröhre einzeln in Rindenspalten tief ab.

Raupenzeit: August bis April. Schlüpfen die kleinen Raupen, so beißen sie in das Holz ein Loch und bohren in den kleinen Ästchen Gänge. Mit dem Größerwerden dringen sie auch in dickere Äste ein. Doch stets halten sie sich in den jungen Trieben auf. Die Raupe des Blausiebs wird niemals so dick wie die des **Weidenbohrers.** Sie erreicht eine Länge von etwa 4 cm und bleibt ziemlich dünn. In den Trieben der Laubbäume lebt sie mindestens 2 Jahre, ehe sie sich im Fraßgang verpuppt. Die Puppen sind erstaunlich beweglich. Vor dem Schlüpfen der Falter schieben sie sich zur Hälfte ins Freie.

Futterpflanzen: Häufig Roßkastanie, aber die Raupen wurden an ungefähr 150 verschiedenen Laubhölzern nachgewiesen.

♀

♂

Hepialus humuli L. Hopfenwurzelbohrer, Geistermotte

Merkmale: 2–3,5 cm lange Vorderflügel. Ausgeprägter Geschlechtsdimorphismus. ♂ glänzend silberweiß und schlanker gebaut, ♀ deutlich größer, bräunlich, auch gelb mit orangefarbenen Zeichnungen auf den Vorderflügeln; Hinterflügel bräunlich. Eine gerade Linie führt in die Spitze des Vorderflügels. Beide Geschlechter haben kurze Fühler und fast gleich lange Flügel.
Fluggebiet: Feuchte Niederungen, Wiesentäler, auch Parkanlagen, Lichtungen, Brachland und Hopfenkulturen. Bis 2000 m Höhe.
Verbreitung: Im ganzen gemäßigten Teil Europas. Im Norden erreicht er sogar Lappland.
Häufigkeit: Nirgends ist er selten, in manchen Gebieten, vor allem in Mittelgebirgen und im Gebirge, sogar häufig.
Flugzeit: Ende Mai bis Mitte August. Dämmerungsaktiv. Dabei zeigen sie ein eigenartiges Flugverhalten: zunächst fliegen in der Abenddämmerung die ♂. Doch nur wenige Minuten, dann setzen sie sich ruhig nieder. Kurz darauf fliegen die ♀. Genaue Untersuchungen zeigten, daß die ♂ an den Beinen Duftschuppen und -haare besitzen und im Flug Düfte ausbreiten, die dann von den etwas später fliegenden ♀ aufgenommen werden. Die ♀ fliegen aber nicht die ♂ an, wenn sie die Düfte aufgefangen haben, sondern sie werden nun ihrerseits angeregt, Sexualduftstoffe auszusenden. Dann erst kommt es zur Begattung. Nach der Befruchtung lassen sie die Eier einfach aus dem Flug zu Boden fallen.
Raupenzeit: August bis April. Im ersten Jahr fressen sie noch wenig. Bald ziehen sie sich zur Winterruhe zurück. Im zweiten Herbst sind sie voll ausgewachsen, und erst nach einem weiteren Winter verpuppen sie sich in einem röhrenähnlichen Gespinst im Boden.
Futterpflanzen: Neben Hopfen *(Humulus lupulus)* auch an Ampfer, Gräsern und verschiedenen Kräutern.

Hepialus hecta L.

Merkmale: 1,1–1,6 cm lange Vorderflügel. Dieser Wurzelbohrer gehört zu den kleinen, unscheinbaren Vertretern dieser sonst aus überwiegend großen Arten bestehenden Gruppe. Die Ausbildung des Flügelgeäders und die einfachen Geschlechtsöffnungen deuten darauf hin, daß die Wurzelbohrer zu den ursprünglichen Formen der Schmetterlinge gehören. Die Fühler sind kurz und fadenförmig. An den Hinterschienen der ♂ liegt meist ein Duftapparat. Die ♂ von *H. hecta* sind bräunlich, rot oder kastanienbraun mit 2 parallel verlaufenden, mehr oder weniger stark aufgehellten Linien, von denen die äußere kurz oberhalb der Flügelspitze endet. Die ♀ sind grau bis graubraun gefärbt. Die Vorderflügel sind durch zwei schräg verlaufende, dunkle, schmale Bänder gekennzeichnet. Doch die Ausprägung dieser Linien ist unterschiedlich und manchmal undeutlich.
Fluggebiet: Heidegebiete, Waldwiesen und Moore, Lichtungen und Waldränder. Besonders gern in lichten Laubmischwäldern.
Verbreitung: In der gemäßigten Zone ganz Europas weit verbreitet. Auch in Nordeuropa zu finden. Das Gesamtverbreitungsgebiet reicht über Asien bis zur Halbinsel Sachalin. Im Gebirge bis etwa 1500 m Höhe ansteigend.
Häufigkeit: Flächenmäßig weit verbreitet und meist nicht selten, gelegentlich an warmen Sommerabenden auch sehr häufig zu sehen.
Flugzeit: Ende Mai bis Anfang August. Die ♂ beginnen schon in den frühen Abendstunden mit ihrem Flug, die ♀ folgen später. Sie fliegen nur ungern ans Licht.
Raupenzeit: August bis April. Die Raupen sind blaß, weißlich oder grau gefärbt. Da sie in den Wurzeln leben, ist ihre Gestalt zylindrisch. Vom kräftigen, etwas zugespitzten Kopf aus verschmälern sie sich nach hinten. Sie bleiben ein Jahr lang in der Wurzel. Hier überwintern sie auch. Zur Verpuppung verläßt die Raupe die Wurzel und gräbt sich bis dicht unter die Erdoberfläche nach oben.
Futterpflanzen: Sauerampfer, Heidekraut, Adlerfarn, Wurzeln anderer Pflanzen der Krautschicht.

♀

Euxoa obelisca SCHIFF.

Merkmale: 1,5–2 cm lange Vorderflügel, braun bis rötlichbraun, vom Saum wurzelwärts gelblich aufgehellt. Ring- und Nierenmakel gelblich, stets in deutlichem Kontrast zur dunklen Grundfarbe. In der Zelle zwischen Ring- und Nierenmakel schwarze, deutliche Flecke; äußere und innere Querlinie meist verschwommen, undeutlich oder ganz fehlend. Vor dem Flügelsaum nie pfeilartige Striche, im Unterschied zur sonst sehr ähnlichen *Euxoa recussa*, die allerdings viel seltener ist. Hinterflügel hell, nur am Saum bräunlich verdunkelt. Diese Art ist schwierig zu bestimmen, da es in der Gattung eine Reihe sehr ähnlicher in Europa gibt.

Fluggebiet: Trockene Heidegebiete, sandige Brachflächen, sonnenbeschienene Hänge, gern über Kalkböden; seltener in Auen.

Verbreitung: In der gemäßigten und wärmeren Zone Europas vom Tiefland bis in 3000 m Höhe verbreitet. Das Gesamtverbreitungsgebiet reicht bis nach Mittelasien.

Häufigkeit: Diese Art gehört zu den häufigsten der *Euxoa*-Gruppe; doch sie tritt nirgends in Mengen auf. Gebietsweise in Norddeutschland und auch in Bayern findet man sie sehr selten.

Flugzeit: Juli bis September stets in nur einer Generation. Falter sind nachtaktiv.

Raupenzeit: September bis Juni. Die unscheinbar gefärbte Raupe (schwer bestimmbar!) ist braun und mit 3 Längsstreifen auf dem Rücken sowie schwach ausgebildeten Schrägstreifen auf den Seiten gekennzeichnet. Sie überwintert.

Futterpflanzen: Wie viele Raupen von Eulenfaltern und wie alle der *Euxoa*-Gruppe bilden Wurzeln von niederen Pflanzen ihre Hauptnahrung. Man findet die Raupen von *E. obelisca* im Wurzelwerk und in den bodennahen Teilen von Grasbüscheln; doch das Spektrum der Futterpflanzen ist sehr breit gefächert.

Allgemeines: *Euxoa obelisca* ist eine der zahlreichen, unscheinbaren Eulen Europas, deren Verschwinden sicher nur von wenigen Schmetterlingsfreunden bemerkt würde.

Euxoa tritici L. Weizeneule

Merkmale: 1,2–1,5 cm lange Vorderflügel. In Gestalt und Aussehen *Euxoa obelisca* ähnlich. Doch die Grundfarbe der Vorderflügel reicht mehr von Grau bis Schwarz oder Dunkelbraun. Es fehlen die rötlichen Töne der *E. obelisca.* Die hellen Ring- und Nierenmakel sowie die schwarzen Strichzeichnungen in der Zelle zwischen Ring- und Nierenmakel sind weniger intensiv, und dadurch wirkt diese Eule einfarbiger als *E. obelisca* und die noch ähnlichere *E. aquilina.* Es gibt eine weitere Reihe feiner Unterscheidungsmerkmale, die jedoch nur der Fachmann richtig beurteilen kann. Im Zweifelsfall kann die Untersuchung des Genitalapparates zur eindeutigen Bestimmung führen.

Fluggebiet: Wie der Name andeutet, findet man die Weizeneule in Getreidefeldern, auf sandigen Heideflächen, Brachflächen, Weiden; ursprünglich war sie auf Grassteppen häufig.

Verbreitung: In der gemäßigten Zone ganz Europas und weit nach Asien hinein verbreitet. Im Gebirge findet man sie nur in Tälern.

Häufigkeit: War früher zweifellos wesentlich weiter verbreitet und häufiger als heute; dennoch nicht selten. Die Bestände schwanken.

Flugzeit: Ende Juni bis Ende September. Der Falter ist nachtaktiv. Die Eier werden an der Basis von Grasbüscheln oder niederen Pflanzen abgelegt.

Raupenzeit: September bis Mai. Raupe überwintert am Boden. Öfter verpuppen sich die Raupen auch noch im Herbst und überwintern als Puppen. Die Raupe ist gelblich bis ockerfarben mit einer hellen Rückenlinie und dunkleren Seitenstreifen.

Futterpflanzen: Die Raupen fressen an den Wurzeln oder in den bodennahen Bereichen verschiedener Gras- und Kräuterarten. Sie sind polyphag, d. h. man findet die Raupen an sehr vielen verschiedenen Futterpflanzen.

Allgemeines: *E. tritici* und *E. aquilina* sind sich außerordentlich ähnlich, und bis vor wenigen Jahrzehnten hielt man sie für die gleiche Art. Doch genauere Untersuchungen machten eine Trennung notwendig.

Scotia segetum SCHIFF. Saateule

Merkmale: 1,5–1,8 cm lange Vorderflügel, graubraun mit oft deutlicher Zeichnung der Ring-, Nieren- und Zapfenmakel. Mittelschatten verdunkelt und statt der Wellenlinie eine Reihe von schwarzen Punkten. ♀ sind stets dunkler als ♂. Hinterflügel weiß. Die Art bildet zahlreiche Farbvarianten aus.
Fluggebiet: Wie der Name andeutet, lebt die Saateule auf Feldern und in offenem Kulturland. Man findet sie ebenso in Gemüsekulturen und nicht selten in Gärten.
Verbreitung: Fast ganz Europa und in den großen Kornanbaugebieten Rußlands. Bis über 2000 m.
Häufigkeit: Die Art ist meist überall häufig. In großen Saat- und Gemüseanbaugebieten kann sie zum Schädling werden. Auch trat sie als Forstschädling an einjährigen Lärchen, Kiefern und anderen Nutzhölzern in Erscheinung.
Flugzeit: Zwei Generationen: I. Mitte Mai bis Ende Juli, II. Mitte August bis Ende November. Das ♀ legt die Eier einzeln an eine Futterpflanze, wobei das Ei mit einer Art Kittmasse angeheftet wird. Ein ♀ könnte bis zu 1600 Eier produzieren, doch normalerweise werden selten mehr als einige hundert abgelegt.
Raupenzeit: I. Generation September bis April, II. Juli bis August. Die Raupen sind dunkel, mal mehr rötlich, mal grau. Sie haben zahlreiche natürliche Feinde: Vögel, Spitzmäuse, Igel; auch der Dachs spürt ihnen im Boden nach. Am gefährlichsten sind für die Raupen aber Schlupfwespen und verschiedene Pilze.
Futterpflanzen: Blätter und Wurzeln vieler Kräuter und Gartengemüsepflanzen.
Allgemeines: In trockenen Jahren vermehren sich die Saateulen am besten. Ihr Parasitenbefall ist dann wesentlich geringer als in nassen Jahren, wenn der Boden feucht und verdichtet ist. Die Saateule kommt in hellen und fast schwarzen Formen vor. Die weißlich-graue Variante wird *f. catenatus*, die schwarze *f. nigricornis* genannt. Doch treten auch Übergangsformen auf, die sich häufig nicht eindeutig zuordnen lassen.

Scotia exclamationis L. Gemeine Graseule

Merkmale: 1,5–1,8 cm lange Vorderflügel. Das auffallendste Merkmal der Gemeinen Graseule, auch **Rufzeicheneule** genannt, ist die stark hervortretende Zapfenmakel, die an ein Rufzeichen erinnert und den Namen gegeben hat. Ring- und Nierenmakel sind undeutlich zu erkennen; am meisten hebt sich neben der Zapfenmakel die dunkel gefüllte Nierenmakel ab. Das ♂ hat hellere Vorderflügel, die des ♀ sind braun bis schwarzbraun.
Fluggebiet: Ähnlich wie die Saateule zeigt auch die Gemeine Graseule bei der Biotopwahl ein weites Feld: man findet sie an Brachflächen, in Gärten, in landwirtschaftlichen Kulturen, an Waldrändern, doch nicht im Wald. Besonders gern hält sie sich an nicht gespritzten Acker- und Feldrainen und an Wegrändern auf.
Verbreitung: Ganz Europa. Im Gebirge bis über 2000 m Höhe. Sie kommt in der gesamten gemäßigten bis warmen Paläarktis vor.
Häufigkeit: Die Rufzeicheneule gehört zu den häufigsten Eulen in Mitteleuropa. Doch sie wird nicht als Schädling angesehen, da die Raupen nur an Wildkräutern und nicht an Nutzpflanzen fressen.
Flugzeit: In milden Gegenden und in günstigen Jahren werden zwei Generationen ausgebildet, sonst nur eine. Die Falter der II. Generation sind meist kleiner. I. Generation Mitte Mai bis Anfang August, II. im August.
Raupenzeit: August bis Mai. Die Raupen sind dunkel gefärbt mit einer hellen Rückenlinie und deutlichen schwarzen Punktwarzen. Wenn sie im August schlüpfen, beginnen sie sofort zu fressen. Bei der Überwinterung sind sie ganz ausgewachsen. Sie überwintern in einer kleinen Höhle an den Wurzeln von Gräsern, die sie sich gegraben haben und deren Wände versteift wurden. Die rötlich-braune Puppe liegt ebenfalls im Boden.
Allgemeines: Bildet eine Reihe von Formen aus: solche mit rötlich-grauen Vorderflügeln gehören der Form *f. rufescens* an; dunkel-rötliche, braune Exemplare sind *f. brunnea*; solche mit schwarzen Vorderflügeln heißen *f. picea* und die hellen Varianten *f. pallida*.

Scotia ipsilon HUFN. Ypsiloneule

Merkmale: 2,1–2,5 cm lange Vorderflügel. Wie im Fall der Rufzeicheneule fällt auch bei der Ypsiloneule ein schwarzer Strich auf dem braunen bis dunkel gefärbten Vorderflügel auf. Doch dieser schwarze Pfeilstrich liegt vor der Nierenmakel und stellt nicht etwa eine hervorgehobene Zapfenmakel dar. Gegenüber dem Pfeilstrich liegen zwei kleinere, die von außen nach innen weisen. Die Hinterflügel sind weiß und fast durchsichtig. Der Flügelschnitt ist schmal und lang, ein Zeichen für einen guten Flieger (Wanderfalter).

Fluggebiet: Offene Landschaft, auch in Gärten und auf Äckern.

Verbreitung: Nicht nur ganz Europa, sondern weltweit. Nördlich bis zum 64. Breitengrad.

Häufigkeit: In Europa ist die Ypsiloneule in der Regel recht häufig, wie auch in vielen anderen Gebieten des fast weltweiten Vorkommens. Doch die Bestände unterliegen starken Schwankungen, die wetterabhängig sind.

Flugzeit: Alljährlich fliegen die Ypsiloneulen im Frühjahr vom Süden über die Alpen in Mitteleuropa ein. Ihre Anzahl hängt vom Winterwetter in Italien und Spanien ab: Ist es dort kalt, sterben die Raupen ab. In warmen Jahren können die Raupen und Puppen auch bei uns erfolgreich überwintern. Eingeflogene Falter sind in Mitteleuropa von April bis Juli anzutreffen. Danach entwickelt sich eine II. Generation, die zwischen Juli und Oktober fliegt. Die meisten dieser Falter kehren in den Süden zurück, ein Teil legt am Geburtsort die Eier ab.

Raupenzeit: Mai bis September. Die Raupen sind dunkel und glänzend. Sie graben sich im Boden ein, wo sie an Wurzeln fressen und wo sie auch in einer kleinen Höhlung überwintern, zum Teil auch verpuppt.

Futterpflanzen: Raupen leben an Wurzeln von Wildgräsern, befressen aber auch Nutzpflanzen wie Kohl und andere Gemüsearten.

Allgemeines: Als Anpassung an die Wanderzüge in nördliche Breiten zeigen die Ypsiloneulen eine kurze Entwicklungszeit: die Raupen wachsen im Sommer sehr rasch heran, und auch die Puppenruhe ist von kurzer Dauer.

Ochropleura plecta L.

Merkmale: 1,2–1,5 cm lange Vorderflügel. Eine kleine, rötlich-braune Eule mit bis zur Nierenmakel hellem Vorderrand. Wellenlinie wenig deutlich. Nieren- und Ringmakel klein, hell umrandet, Zapfenmakel fehlt. Von der Basis in die Mitte reicht ein dunkler Streifen, der den hellen Vorderrand vom übrigen Flügel scharf abgrenzt. Hinterflügel hell.

Fluggebiet: Kommt in den meisten Biotopen der Kulturlandschaft vor, doch bevorzugt in feuchten Gebieten, so in Wiesentälern, in Gärten und Parklandschaften, in Auwäldern und an Mischwaldrändern.

Verbreitung: Ursprünglich in ganz Europa verbreitet, im Norden bis zum 66. Breitengrad, im Gebirge bis etwa 1600 m. Durch Verschleppung wurde die Plecta-Eule fast weltweit verstreut, so daß sie heute ein Kosmopolit ist.

Häufigkeit: Die Plecta-Eule gehört zu den häufigsten Schmetterlingen Europas: sie kommt überall und meist in größerer Anzahl vor. Ihre Bestandsdichte ist vor allem von der Witterung abhängig. Naßkalte Winter schaden den Raupen durch Schimmelpilz-Befall schwer.

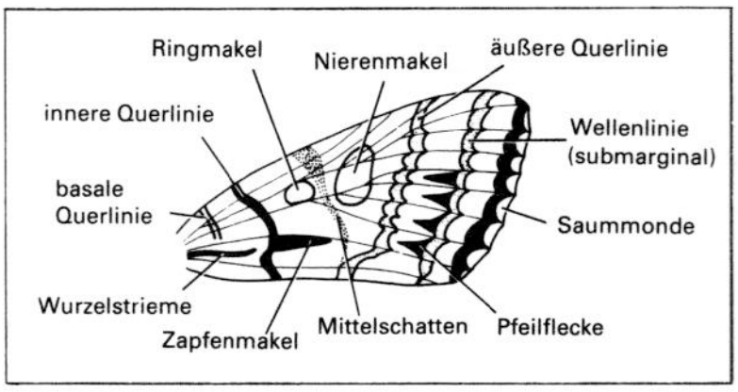

Allgemeines: Wie alle Eulenfalter besitzt auch die Plecta-Eule auf beiden Seiten am Ende der Brust ein sogenanntes Tympanalorgan. Es ist ein Trommelfell, das dem Falter ermöglicht, schon auf etwa 30 m Entfernung die Ultraschalltöne der Fledermäuse zu erkennen. Sie reagieren darauf mit Flucht. Das kann beim Fliegen ein Abdrehen der Richtung bedeuten oder an der Pflanze ein Sich-Totstellen. Dabei lassen sie sich einfach zu Boden fallen. Die Plecta-Eule kennzeichnende weiße Strieme am Vorderrand der Vorderflügel kann in seltenen Fällen auch verdunkelt sein. Diese Exemplare werden *f. fuscicosta* genannt. Dadurch, daß entweder die Raupen oder die Puppen überwintern, verschieben sich die Generationen.

Rhyacia simulans HUFN.

M: 1,7–1,9 cm lange Vorderflügel. Grau bis bräunlich. Äußere und innere Querlinie stets gezackt. Die dunkle, äußere Querlinie bildet schwarze Pfeilflecke nach innen aus. Im Saum und am Flügelrand zahlreiche schwarze Punkte. Nieren- und Ringmakel hell. **Fg**: Grasfluren, Trockengebiete, Magerrasen. Besonders auf sandigen Böden. **Vb**: In der gemäßigten Zone Europas und Asiens verbreitet. In den Alpen bis auf 2000 m ansteigend. **H**: Unterschiedlich, doch nirgends besonders häufig. **Fl**: Anfang Juni bis Ende September. **Rz**: Oktober bis April. Raupe überwintert. **FR**: Wildgräser, niedere Pflanzen.

Noctua pronuba L. Hausmutter

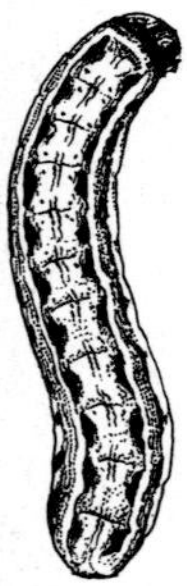

M: 2,3–2,8 cm lange Vorderflügel, die braun, ocker oder rotbraun sind. Ring- und Nierenmakel nicht immer deutlich erkennbar. Am Vorderrand schwarzer Fleck. Hinterflügel gelb mit schwarzem Saumband. **Fg**: Städte, Dörfer, Gärten, Parks, Hecken, Waldränder, Auen, Moore, Heide. **Vb**: Ganz Europa. Bis 3000 m Höhe. **H**: Überall häufig. **Fl**: Ende Mai bis Ende September. **Rz**: August bis Mai. **FR**: Gräser, Kohl.

Noctua janthina SCHIFF.

M: 2–2,4 cm lange Vorderflügel. Kragen, Kopf, Beine weiß. Vorderflügel violett bis schwarzbraun. Ring- und Nierenmakel weiß umrandet. Mittelschatten hebt sich dunkel ab. Körper und Hinterflügel gelb bis gelb-orange mit breitem schwarzem Band (siehe *N. fimbriata*). Falter meist recht unruhig. **Fg**: Bach- und Flußufer, Au- und Bruchwälder, Gärten, Parkanlagen. **Vb**: In ganz Europa verbreitet. **H**: In Norddeutschland lokal und selten, sonst nirgends häufig. **Fl**: Ende Juni bis Anfang September. **Rz**: September bis Mai. **FR**: Krautige Pflanzen, junge Büsche; Löwenzahn, Primeln, Aronstab.

Rhyacia helvetina B.

M: Knapp 2 cm lange Vorderflügel. Mittelfeld etwas dunkler, Unterseite der Hinterflügel grau mit undeutlichem Mittelschatten. In manchen Fällen wird aber nur eine Genitalpräparation eindeutigen Aufschluß geben können, da die Zeichnung oft undeutlich ausfällt. **Fg**: Auf den Alpenraum beschränkt. Im Tal und in den höchsten Regionen. Bewohnt Matten, Weideflächen und Magerrasen. **Vb**: Nur Alpen. **H**: Im Kern des Verbreitungsgebietes häufig. **Fl**: Von Juli bis August in stets nur einer Generation. **Rz**: August bis Juni. Raupe überwintert. Raupe wie Falter nachtaktiv. **FR**: Zahlreiche Wildgräser, krautige Pflanzen.

Noctua fimbriata SCHREBER Gelbe Bandeule

M: 2,3–2,8 cm lange Vorderflügel. Schwarzes, breites Band auf den leuchtend gelb bis dunkelgelb gefärbten Hinterflügeln. Vorderflügel des ♀ hell gefärbt mit außen hell angelegter und äußerer Quer- und Wellenlinie. ♂ rotbraun gefärbt. Ring- und Nierenmakel hell umrandet. **Fg**: Warme Hänge, lichte Wälder; Gärten, Waldränder, Parkanlagen. **Vb**: Ganz Mitteleuropa. Bis 2500 m Höhe. **H**: In Norddeutschland vereinzelt. Regelmäßig in Mittel- und Süddeutschland. **Fl**: Mitte Juni bis Mitte September. **Rz**: September bis Mai. **FR**: Primel, Brombeeren, Himbeeren, Sträucher.

Lycophotia porphyrea SCHIFF.

M: 1,2–1,5 cm lange Vorderflügel. Eine kleine, bräunliche, auch braunrote oder schwarzbraune Eule mit auf den Vorderflügeln weiß hervorgehobener Zeichnung, die aus äußerer und innerer Querlinie, der Wellenlinie, sowie Ring- und Nierenmakel besteht. Letztere sind weiß gefüllt. Hinterflügel einfarbig braun mit weißem Saum. **Fg**: Trockene Gebiete wie Südhänge und Heideflächen, Lichtungen und Waldränder. **Vb**: In Europa weit verbreitet bis 2000 m Höhe. **H**: Lokal nicht selten. **Fl**: Mitte Juni bis Ende August. **Rz**: September bis Mai. Raupe ist bunt gefärbt: manchmal rot-gelb-schwarz. Variiert stark. **FR**: Heidekraut.

Diarsia festiva F.

M: 1,4–1,8 cm lange Vorderflügel, ockergelb bis rotbraun gefärbt. Zwei schwarze Flecke vor Ring- und Nierenmakel sowie die doppelten Querlinien heben sich deutlich von der Grundfärbung ab. Die Saumlinie ist in dunkle Punkte aufgelöst; sie geht auf den Hinterflügeln weiter. **Fg**: Feuchtgebiete, aber auch Mischwälder. **Vb**: Überall in den größeren Waldgebieten Europas. Besonders häufig in Gebirgen bis in über 2000 m Höhe. **H**: Sehr unterschiedlich, doch regelmäßig und weit verbreitet. **Fl**: Juni bis August. **Rz**: September bis Mai. **FR**: Heidelbeere und Primel, andere krautige Pflanzen.

Diarsia rubi VIEW.

M: 1,4–1,7 cm lange Vorderflügel. Kurze, abgestutzt wirkende Vorderflügel rot bis rosagrau. Ring- und Nierenmakel hell umrandet. Unter der Ringmakel erkennt man einen schwarzen Punkt: den Rest der Zapfenmakel. Saumfeld hinter der Wellenlinie verdunkelt. **Fg**: Moore, Sümpfe, Auwälder, Bruchwälder, an Bach- und Flußufern. **Vb**: In ganz Europa. Gern im Gebirge bis 2000 m Höhe. **H**: Regelmäßig und häufig. **Fl**: Zwei Generationen: I. Mai bis Juni, II. Juli bis September. **Rz**: I. September bis April, II. Juli bis August. Raupe überwintert in der Bodenstreu. **FR**: Wildgräser und -kräuter.

Eurois occulta L.
Große Heidelbeereule RL!

M: 2,5–3 cm lange Vorderflügel, die grau bis blaugrau oder schwarzgrau gefärbt sind. Schon an der Größe kenntlich. Nierenmakel hell umrandet. Ringmakel weiß gefüllt. Die doppelten Querlinien ebenso. Hinterflügel stets dunkelbraun mit weißen Fransen. **Fg**: Heidegebiete und Wälder, wo im Unterholz Heidelbeeren wachsen. **Vb**: Vor allem in Nordeuropa, weniger im Süden, da die entsprechenden Wälder nicht vorhanden sind. Im Gebirge bis fast 2000 m. **H**: Verbreitet, doch nirgends häufig. **Fl**: Juni bis September. **Rz**: September bis Mai. **FR**: Heidelbeere und Rauschbeere.

Diarsia brunnea SCHIFF.

M: 1,6–2 cm lange Vorderflügel. Etwas größer und im allgemeinen dunkler als vorige Art. Raum zwischen äußerer Querlinie und Wellenlinie nur am Vorderrand nicht verdunkelt. Ring- und Nierenmakel hell gefüllt. Vorderflügel dunkel rotbraun bis violettrot; Hinterflügel stets hellbraun. **Fg**: Laubmischwälder. Lichtungen, Waldränder, Moore und Heiden, Wiesen und Parkanlagen. **Vb**: In Nord- und Mitteleuropa häufig bis regelmäßig. In Südeuropa seltener. **H**: Regelmäßig, im Gebirge manchmal häufig. **Fl**: Anfang Mai bis Ende August. **Rz**: September bis Mai. **FR**: Heidelbeere, Brombeere, Gräser und Wildkräuter.

Diarsia florida SCHMIDT

M: 1,5–1,8 cm lange Vorderflügel. Ähnelt sehr stark *D. rubi*. Schwer zu bestimmen, auch wenn sie meist etwas größer und kräftiger wird. Ihr Flügelschnitt ist breiter, und die Grundfarbe der Vorderflügel sticht mehr ins Violette als ins Rosagrau, das für *D. rubi* typisch ist. Die Ähnlichkeiten sind so groß, daß einige Fachleute sie nur als Unterart und nicht als eigenständige Art betrachten. **Fg**: Moore, Ränder von Gewässern. **Vb**: Inselartig in Europa von Dänemark bis Italien. **H**: Lokal, stellenweise nicht selten. **Fl**: Juni bis Juli. **Rz**: August bis Mai. **FR**: Besonders Sumpfdotterblume, auch andere krautige Pflanzen.

Anaplectoides prasina SCHIFF.
Grüne Heidelbeereule

M: 2–2,5 cm lange Vorderflügel. Nicht ganz so groß wie die recht ähnliche Art, die Graue Heidelbeereule. Wie der Name andeutet, finden sich im Vorderflügel meist grünliche, mit Braun vermischte Farbtöne. Ring- und Nierenmakel dunkel umrandet, nie hell ausgefüllt. Hinterflügel sehr dunkel mit gelblichen Fransen. **Fg**: Auen, Moore, Mischwälder. **Vb**: Ganz Europa. Im Gebirge bis 1600 m Höhe. **H**: Im Norden häufiger als im Süden. **Fl**: Juni bis August. **Rz**: September bis Mai. **FR**: Himbeere, Heidelbeere, Brombeere, Adlerfarn. **Allg**: Manchmal fehlt der typische Grünton.

Amathes c-nigrum L. Schwarzes C

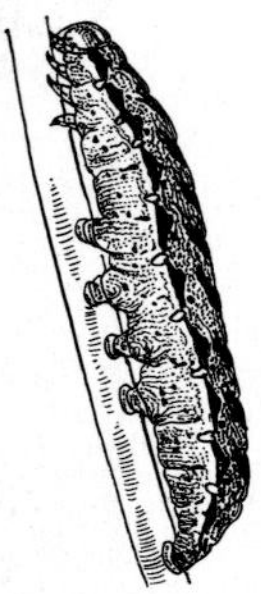

M: 2 cm lange Vorderflügel. Zwischen Nierenmakel und innerer Querlinie ein schwarzes C. Schwarzer Fleck im vorderen Saumfeld. Hinterflügel hellbraun, Vorderflügel dunkelgrau bis purpurn. **Fg:** In freier Flur und im Siedlungsgebiet, weniger in Wäldern. **Vb:** Ganz Europa. Bis in 1800 m Höhe. **H:** Sehr häufig. **Fl:** Zwei Generationen: I. Mai bis Juni, II. Juli bis Oktober. **Rz:** I. September bis April, II. Juni bis Juli. **FR:** Kräuter.

Amathes triangulum HUFN.

M: 2 cm lange Vorderflügel. Der vorigen Art *(A. ditrapezium)* äußerst ähnlich. Doch der Halskragen ist oben dunkel und unten grau, von einer weißen Linie getrennt. Vorderflügelfarbe mehr bräunlich bis gelb, rötlich eingemischt. Bei der basalen Querlinie ein deutlicher, schwarzer Fleck. Zwischen Nieren- und Ringmakel schwarze Flecke, die manchmal ein C bilden können. **Fg:** Mischwälder, Lichtungen, warme Hänge, Gärten und Auwälder. **Vb:** Ganz Europa. In den Alpen bis auf 2000 m. **H:** Überall, manchmal häufig. **Fl:** Juni bis August. **Rz:** September bis Mai. **FR:** Primeln, Schöllkraut *(Chelidonium majus),* Kräuter.

Amathes rhomboidea ESP.

M: 1,5–1,8 cm lange Vorderflügel. Etwas kleiner als die vorigen, recht ähnlichen Arten. Die 2 großen schwarzen Flecke zwischen Ring- und Nierenmakel stoßen nie zusammen. Doch das beste Kennzeichen ist das dunkle Feld auf der Innenseite der Wellenlinie, die im Gegensatz zu den anderen *Amathes*-Arten deutlich gezackt ist. Hinterflügel dunkel mit hellem Saum. **Fg:** Auwälder, Heidegebiete, lichte, aber feuchte Laubwälder. **Vb:** In Europa, mehr im Süden als im Norden. Im Gebirge nur in Tälern. **H:** Regelmäßig; örtlich auch häufig. **Fl:** Juli bis September. **Rz:** September bis Mai. **FR:** Verschiedene Kräuter und Gräser.

Amathes ditrapezium SCHIFF.

M: 1,6–2 cm lange Vorderflügel, die rötlich braun bis dunkelbraun sind. Von der nachfolgenden, äußerst ähnlichen Art *(A. triangulum)* am besten am einfarbigen Halskragen zu unterscheiden. Zwischen der Nieren- und Ringmakel je ein großer schwarzer Fleck, untereinander nicht ganz verbunden. An der Grundlinie nur ein kleiner angedeuteter Fleck. Hinterflügel heller, gelbgrau. **Fg:** Waldränder, Lichtungen, Brachland. **Vb:** In Norddeutschland nur inselartig, im Süden überall. Bis 1800 m. **H:** Unterschiedlich. **Fl:** Mai bis August. **Rz:** September bis Mai. **FR:** Niedrige Sträucher wie Schlehen, Erlenbüsche und junge Birken.

Amathes baja SCHIFF.

M: 1,6–2 cm lange Vorderflügel. Farbe der Vorderflügel braunrot bis braungrau, auch violettgrau. Am Vorderrand der Wellenlinie ein tiefschwarzer Doppelfleck, bestes Kennzeichen dieser Art. Brauner Mittelschatten zwar oft, aber nicht immer vorhanden. Hinterflügel sehr viel heller, manchmal rötlich überstäubt. **Fg:** Mischwälder, an deren Rändern, in Lichtungen und an Waldwegen, auch in Gärten, Parks und Auwäldern. **Vb:** Ganz Europa. Im Gebirge bis 1800 m. **H:** Regelmäßig und meist häufig. **Fl:** Juni bis September. **Rz:** September bis Mai. **FR:** Heidelbeere, Himbeere, sowie an Büschen und niedrigen Kräutern.

Amathes xanthographa SCHIFF.

M: 1,6–1,8 cm lange Vorderflügel. Von den vorhergegangenen Arten dadurch leicht zu unterscheiden, daß auf den Vorderflügeln kein schwarzer Fleck zwischen Ring- und Nierenmakel zu erkennen ist. Grundfarbe der Vorderflügel grau, rotbraun oder rost mit allen Übergängen. Nieren- und Ringmakel hell umrandet, nicht immer deutlich zu erkennen. Äußere Querlinie in Aderpunkte aufgelöst. **Fg:** Waldränder, Lichtungen, Auen und Parks. **Vb:** In Mitteleuropa verbreitet, fehlt im Gebirge. **H:** Regelmäßig, manchmal auch häufig. **Fl:** August bis September. **Rz:** Oktober bis Mai. **FR:** Kräuter und verschiedene Gräser.

Cerastis rubricosa SCHIFF.

M: 1,2–1,6 cm lange Vorderflügel, die rötlich braun, auch violett überstäubt sind. Am Vorderrand an den etwa 5 schwarzen Punkten erkenntlich. Querlinien und Makeln meist undeutlich, Wellenlinie besser sichtbar und außen schmal dunkel verlaufend. Hinterflügel stets grau. **Fg**: Moorgebiete und Auwälder, auch Lichtungen und Mischwaldränder. **Vb**: Ganz Europa, doch mehr im Norden als im Süden. Bis über 1700 m. **Fl**: Ende März bis Anfang Juni. Sie gehört mit der nachfolgenden Art, *C. leucographa,* zu den ersten Eulen des Jahres. **Rz**: Mai bis Juli. Puppe überwintert. **FR**: Labkräuter, Sternmieren, Kräuter.

Cerastis leucographa SCHIFF.

M: 1,1–1,4 cm lange Vorderflügel. Etwas kleiner als vorige Art. Wie der Name ausdrückt, sind Ring- und Nierenmakel hell gefüllt, stets heller als die sonst rötliche oder braune Grundfarbe der Vorderflügel. Querlinien undeutlich. ♂ tragen lange Kammzähne an den Fühlern, im Gegensatz zu den ♂ von *C. rubricosa,* die nur kurze aufweisen. **Fg**: Lichte Wälder, Wiesentäler und in Mooren. **Vb**: In Europa mehr im Norden. Inselartig. Im Gebirge nur in Tälern. **H**: Regelmäßig, doch nirgends häufig. **Fl**: April bis Mai, ebenso ein früher Flieger wie *C. rubricosa.* **Rz**: Juni bis Juli. **FR**: Heidelbeere und an Gräsern.

Mesogona oxalina HBN.

M: 1,5–1,8 cm lange Vorderflügel. Violettbraun bis gelbbraun. Die inneren und äußeren Querlinien nähern sich stark am Innenrand, so daß sie wie Schräglinien aussehen. Ring- und Nierenmakel undeutlich. Wellenlinie meist in dunkle Punkte aufgelöst. Hinterflügel stets grau mit grauen Fransen. **Fg**: Auwälder, an Fluß- und Bachufern und in feuchten Niederungen. **Vb**: Im norddeutschen Raum fehlend. Im mittleren und südlichen Bereich Deutschlands verbreiteter, ebenso im übrigen Europa. Im Gebirge bis etwa 2000 m. **H**: Regelmäßig, doch nicht häufig. **Fl**: August bis September **Rz**: April bis Juni. **FR**: Weiden, Erlen, Pappeln.

Discestra trifolii HUFN. Kleefeldeule

M: 1,5–1,8 cm lange Vorderflügel, die hellgrau bis hellbraun sind. Das auffallendste Kennzeichen ist das W-Zeichen der Wellenlinie mit den undeutlichen Pfeilstrichen nach innen. Ringmakel hell gefüllt, Nierenmakel oben hell, unten dunkel gefüllt. Querlinie immer doppelt. **Fg**: Praktisch alle Typen von Lebensräumen. **Vb**: Ganz Europa. Besonders an trockenen Stellen. In den Alpen bis 1600 m. Fehlt allerdings im äußersten Norden und tiefsten Süden. Die Art ist auch aus Nordamerika bekannt. **H**: Sehr häufig. **Fl**: Zwei Generationen: I. April bis Juli, II. Juli bis September. **Rz**: Juli bis Oktober. **FR**: Kräuter.

Polia nebulosa HUFN. Nebeleule

M: 2,2–2,8 cm lange Vorderflügel. Große Eule mit deutlichem, aber wenig typischem Muster auf den Vorderflügeln. Grundfärbung grau, nicht braun, manchmal dunkel, manchmal heller. Ring- und Nierenmakel groß und schwarz umrandet. Die Querlinien sind stark gezackt. Hinterflügel braun mit weißen Fransen. **Fg**: Auen, lichte Wälder, auch in Gärten und Parkanlagen. **Vb**: In ganz Europa und Nordamerika verbreitet. Im Gebirge bis über 1600 m. **H**: Weit verbreitet und nirgends selten. **Fl**: Mai bis Juli. **Rz**: August bis Mai. **FR**: An niedrigen Büschen von Erlen, Weiden, Schlehen, aber auch an Liguster und Eiche.

Lasionycta nana HUFN.

M: 1,5–1,8 cm lange Vorderflügel, deren Farbe stark schwankt, meist ist sie aschgrau. Im Gebirge treten dunkle Formen auf. Unter der Ringmakel ein weißer Fleck. Ringmakel grau gefüllt. Auf der Innenseite der Wellenlinie schwarze Pfeilflecke, W-Zeichen klein und stumpf, reicht nie in den Saum. **Fg**: Trockene Kahlschläge, Heidewiesen und Moore. **Vb**: In Europa weit verbreitet bis 2500 m Höhe. **H**: Häufig. **Fl**: Zwei Generationen, die sich überschneiden, von Mai bis September. **Rz**: I. August bis Oktober, II. Juni bis Juli. **FR**: Die Raupen leben dicht am Boden oder im Boden an Wurzeln von krautigen Pflanzen.

Mamestra brassicae L. Kohleule

M: 2–2,3 cm lange Vorderflügel. Gelbweiße Wellenlinie, hell umrandete Nierenmakel, Ringmakel hellbraun gefüllt. Äußere Querlinie doppelt angelegt. **Fg:** Gemüsefelder, Gärten. **Vb:** Ganz Europa. Bis in 2000 m Höhe. **H:** Weit verbreitet, häufig. **Fl:** Norden: Eine Generation im Juli und August. Übriges Europa: zwei Generationen: I. Mai bis Juli, II. Juli bis September. **Rz:** Juli bis Oktober. **FR:** Gemüse; krautige Pflanzen.

Mamestra persicariae L. Schwarze Garteneule

M: 1,8–2,4 cm lange Vorderflügel. Weiß gefüllte Nierenmakel. Ringmakel gebietsweise häufig hell umrandet. In gelbe Flecken aufgelöste Wellenlinie. **Fg:** Waldränder, Auwälder, Gärten, Parkanlagen. **Vb:** Ganz Europa bis 1000 m Höhe. **H:** Häufig. **Fl:** Ende Mai bis Ende August. **Rz:** Juli bis Anfang Oktober. **FR:** Krautige Pflanzen, Gemüse, Holunder, Weiden, Schlehen, Himbeeren.

Mamestra suasa (dissimilis) SCHIFF.

M: 1,6–1,8 cm lange Vorderflügel. In Größe und Aussehen der vorigen Art und *M. thalassina,* sehr ähnlich. Sie ist ebenfalls dunkelbraun, grau oder rotbraun gefärbt. Unterschied: Kein schwarzer Strich von der Zapfenmakel zur äußeren Querlinie, und das W-Zeichen der Wellenlinie reicht deutlich in den Saum. Hinterflügel etwas dunkler, mit weißem Saum. **Fg:** Ödländer, Auwälder, Wiesentäler. **Vb:** Ganz Europa. Bis 1800 m. **H:** Häufig, doch in manchen Gebieten fehlend. **Fl:** Zwei Generationen: I. April bis Juli, II. Juli bis September. **Rz:** I. August bis Oktober, II. im Juli. Die Puppe überwintert. **FR:** Krautige Pflanzen.

Mamestra oleracea L. Gemüseeule

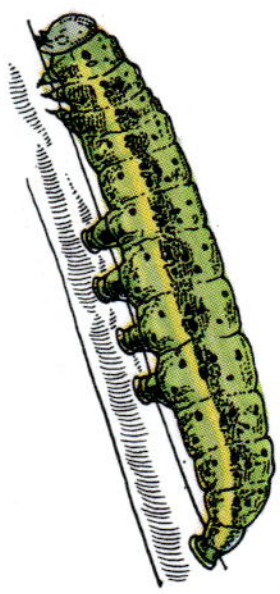

M: 1,6–1,8 cm lange Vorderflügel. Nierenmakel rötlich oder gelblich gefüllt; Ringmakel wenig hervortretend. W-Zeichen reicht tief in Flügelsaum. Hinterflügel hell rötlich braun. **Fg:** Auwälder, Moore, Fluß- und Bachtäler, Gärten, Parks. **Vb:** Gemäßigte Zone Europas. **H:** Überall häufig. **Fl:** Zwei Generationen: I. Mai bis Juli, II. August bis September. **Rz:** I. September bis Mitte Oktober, II. im Juli. **FR:** Krautige Pflanzen, Gemüse.

Mamestra pisi L. Erbseneule

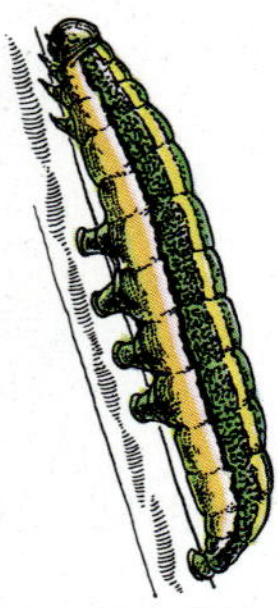

M: 1,6–1,8 cm lange Vorderflügel. W-Zeichen der Wellenlinie stumpf, reicht nicht in den Flügelsaum. Innenwinkel mit weißem Fleck. **Fg:** Laubmischwälder, Wiesen, Felder. **Vb:** Mittel- und Nordeuropa. Bis 2000 m. **H:** Regelmäßig, z.T. häufig. **Fl:** Mai bis Juli, eine II, unvollständige Generation von August bis September. **Rz:** Juli bis Mitte Oktober. II. Juli bis August. **FR:** Krautige Pflanzen, auch Gartengemüse.

Cerapteryx graminis L. Graseule, Dreizack

M: 1–1,3 cm lange Vorderflügel, deren Farbe von Grau- über Hell- zu Dunkelbraun schwankt. Die Ring- und Nierenmakeln treten hell hervor. Auffallend ist der schwarze Strich unter der deutlichen Zapfenmakel. Unter der Nierenmakel erkennt man ein weißes, spitzes Gebilde, von dem die Dreizack-Graseule ihren Namen erhalten hat. **Fg:** Naßwiesen, Moore oder in Kahlschlägen. Im Gebirge bis 2000 m. **Vb:** In den nassen Wiesen der Norddeutschen Tiefebene, sonst spärlicher. **H:** Unregelmäßig. **Fl:** Juni bis September. **Rz:** Oktober bis Mai. Raupe lebt am oder im Boden, wo sie die unteren Blätter und Wurzeln benagt. **FR:** Gräser.

Hadena rivularis F. Bacheule

M: Etwa 1,5 cm lange Vorderflügel, braun bis violett gefärbt; sie weisen ein deutliches Muster auf: die gelblich umrandeten Nieren- und Ringmakel fließen zu einem Dreieck zusammen. Querlinien stets doppelt und violett gefüllt. Wellenlinie scharf gezackt. Hinterflügel dunkel. **Fg:** Wiesentäler, Blößen und Auen, Gärten und Parkanlagen. **Vb:** In der gemäßigten Klimazone Europas. Gern in Vorgebirgen, im Gebirge bis 1600 m Höhe. **H:** Flächenmäßig verbreitet und meist häufig. **Fl:** Mai bis August. **Rz:** September bis Oktober. Puppe überwintert im Boden und überliegt häufig ein Jahr. **FR:** Nelkengewächse.

Hadena bicruris HUFN.

M: 1,5 cm lange Vorderflügel; graubraun bis schwarzgrau gefärbt; mit einer deutlichen Zeichnung. Wichtig für die Bestimmung ist, daß sich die Ring- und die »verbogen« wirkende Nierenmakel nicht treffen. Beide sind weiß umrandet. **Fg:** An feuchten Bach- und Seeufern, in Auwäldern, in Gärten und Parks, an Waldrändern und Lichtungen. **Vb:** In Mitteleuropa flächenmäßig verbreitet bis in 2000 m Höhe. **H:** Nicht selten, aber keine Massenvorkommen. **Fl:** Zwei Generationen: I. Mai bis Juli, II. August bis September, letztere fehlt in kühlen Gegenden. **Rz:** I. August bis Oktober, II. Juli. **FR:** Verschiedene Nelkenarten.

Tholera decimalis PODA
Große Raseneule

M: 1,6–1,8 cm lange Vorderflügel. Sehr dunkle Eule mit sehr kennzeichnender Musterung der Vorderflügel. Die Adern sind meist hell bestäubt, und die Zapfenmakel tritt deutlich schwarz hervor. Auf der Innenseite der Wellenlinie einige schwarze Pfeilflecke. Fühler des ♂ sind lang gekämmt. Körper auffallend lang und hell-dunkel geringelt. **Fg:** Feuchte Wiesen und Moore. Bis auf 2000 m. Doch auch in niederen Lagen in Wiesen. **Vb:** Ganz Europa. **H:** Meist häufig. **Fl:** August bis September. **Rz:** September bis Juli. **FR:** Wurzeln von Gräsern.

Hadena confusa (nana ROTT.*)* HUFN.
Kleine Nelkeneule

M: 1–1,5 cm lange Vorderflügel, dunkelgrau bis schwarzgrau gefärbt. Falter wirkt schwarzweiß, da sich ein breites weißes Band von der Mitte des Vorderflügels zur Basis der weiß umrandeten Nierenmakel erstreckt. Darunter ein großer, unregelmäßig geformter weißer Fleck. Die weiße Wellenlinie endet in der Flügelspitze ebenfalls in einem weißen Fleck. **Fg:** Warme Südhänge, sonnige Waldränder. **Vb:** In ganz Europa weit verbreitet. **H:** Regelmäßig. **Fl:** Mai bis Juli. **Rz:** Juli bis August. Die am Boden liegende Puppe überwintert mitunter zweimal. **FR:** Nelkengewächse.

Tholera cespitis SCHIFF. Bergraseneule

M: Etwa 1,5 cm lange Vorderflügel. Unscheinbare, braune oder schwarzbraune Art. Querlinien schwarz, Ring- und Nierenmakel hell umrandet. Das ♂ besitzt weiße Hinterflügel. **Fg:** In Wiesen und Auen, auf Heiden und Mooren, auch in Gärten und städtischen Anlagen. **Vb:** In Mitteleuropa verbreitet, doch mehr inselartig und besonders in Gebirgsgegenden bis 1600 m. **H:** Nirgends häufig, doch auch nicht selten. **Fl:** August bis September. **Rz:** September bis Juli. Die Raupen überwintern in sehr kleinem Zustand, oft sogar noch in der Eihülle, im Boden versteckt. **FR:** Verschiedene Wildgräser.

Panolis flammea SCHIFF. Kieferneule

M: 1–1,5 cm lange Vorderflügel. Sehr unterschiedlich gefärbt: von orange über rot zu grau und weißlich. Nierenmakel oval und weiß gefüllt. Hinterflügel grauschwarz. **Fg:** Nadelwälder, besonders in Kiefernmonokulturen, auch auf sandigem Boden wachsende Mischwälder. **Vb:** In den Kiefernwäldern von ganz Europa. Bis in 1700 m Höhe. **H:** Regelmäßig, nicht häufig. Doch in Kiefernforsten kann die Forleule, wie sie auch heißt, zum Schädling werden. **Fl:** März bis Juni. **Rz:** Mai bis Juli. **FR:** Gemeine Kiefer *(Pinus silvestris)* und Fichte *(Picea abies)* sowie die eingeführte Weymuthskiefer *(Pinus strobus)*.

Orthosia gracilis SCHIFF.

M: 1,4–1,8 cm lange Vorderflügel. Eine kleine, braune bis helle, auch mit Grau überstäubte Kätzcheneule. Die zumindest teilweise verdunkelten Ring- und Nierenmakeln fein hell umrandet. Die äußere Querlinie ist stets deutlich in Aderpunkte aufgelöst. Das Ende der Vorderflügel immer spitz auslaufend. **Fg**: Auen und andere Feuchtgebiete, Bach- und Flußläufe, feuchte Waldränder. **Vb**: Weit verbreitet in Europa. **H**: Regelmäßig, doch in Anzahl sehr schwankend. **Fl**: Ende März bis Ende Mai während der Kätzchenblüte der Weiden. **Rz**: Mai bis Anfang Juli. Puppe überwintert im Boden. **FR**: Krautige Pflanzen.

Orthosia stabilis SCHIFF.
Gemeine Kätzcheneule

M: Etwa 1,5 cm lange Vorderflügel. Eine helle, rötliche bis braunrötliche Art. Die äußeren und die inneren Querlinien sind oft auch ganz verschwunden. Die auffallend helle Wellenlinie verläuft fast gerade. Die Adern im Saumfeld treten deutlich hervor. **Fg**: Gärten, Mischwälder, Parkanlagen. **Vb**: In ganz Europa weit verbreitet. In den Alpen bis 2000 m Höhe. **H**: Regelmäßig bis häufig. **Fl**: Ende März bis Ende Mai an den warmen Frühlingstagen während der Kätzchenblüte. **Rz**: Mai bis Juni. Puppe überwintert im Boden. **FR**: Blätter von Bäumen.

Orthosia munda SCHIFF.

M: 1,5–1,8 cm lange Vorderflügel, rötlich bis gelblich oder bräunlich gefärbt. Ring- und Nierenmakel gelb umrandet, meist hervortretend. In der Mitte der Wellenlinie 2 schwarze Punkte, manchmal mit weiteren dunklen Flekken an der Flügelspitze. **Fg**: Mischwälder, Auen und Feldgehölze, Gärten und Parks. **Vb**: Weit verbreitet, doch mehr inselartig. Fehlt in vielen Gebieten. Bis 1200 m Höhe. **H**: Nicht sehr häufig. **Fl**: Mitte März bis Ende April während der Kätzchenblüte, an denen die ♀ Nahrung suchen. **Rz**: Mai bis Juli. Puppe überwintert. **FR**: An niederen Büschen von Erlen, Eichen, Eschen und vielen anderen.

Orthosia populi STRÖM

M: Etwa 1,5 cm lange Vorderflügel, deren Zeichnung und Färbung unscheinbar ist. Grau bis blaugrau, Ring- und Nierenmakel fein hell gerandet, kaum hervortretend. Beste Kennzeichen sind die beiden schwarzen Punkte auf der Innenseite der Wellenlinie und die Kammfühler der ♂. Spitze der Vorderflügel gerundet. **Fg**: Auen, Waldränder, Lichtungen, Gärten. **Vb**: Ganz Mitteleuropa. Bis in 1500 m Höhe. **H**: Regelmäßig, doch meist einzeln. **Fl**: Von März bis Mai während der Weidenkätzchenblüte. **Rz**: Mai bis Juni. Puppe überwintert. **FR**: Pappeln, Espen. Raupe lebt zwischen zusammengesponnenen Blättern. Krautige Pflanzen.

Orthosia incerta HUFN.

M: 1,4–1,7 cm lange Vorderflügel. Graue, rötliche oder auch rotbraune Art, die, wie der lateinische Name andeutet (»die Unsichere«), stark wechseln kann. Bestes Kennzeichen ist die im unteren Teil gefüllte Nierenmakel. Nieren- und Ringmakel sind fein umrandet. Stets ist ein deutlicher Mittelschatten vorhanden. Die Wellenlinie ist vorn stark geknickt. **Fg**: Auen und Laubwälder, Gärten und Parks. **Vb**: In ganz Europa verbreitet. Bis in 2000 m Höhe. **H**: Häufig. **Fl**: Mitte März bis Mitte Mai. **Rz**: Mai bis Juni. Puppe überwintert im Boden. **FR**: An Büschen von Weiden, Pappeln und vielen anderen Laubholzarten.

Orthosia gothica L.

M: Knapp 1,5 cm lange Vorderflügel, graubraun bis violettbraun gefärbt. Am schwarzen C in der Flügelmitte und am schwarzen Strich, der von der äußeren Querlinie nach innen führt, leicht zu erkennen. In Körpernähe meist einige schwarze Punkte. **Fg**: Auen, Lichtungen von Mischwäldern, an deren Rändern, auch in Gärten und Parks. **Vb**: In der gemäßigten Zone Europas. Bis über 2000 m Höhe. **H**: Wohl häufigste Kätzcheneule. **Fl**: Mitte März bis Ende Mai bei warmem Wetter. **Rz**: Mai bis Juni. Puppe überwintert im Boden. **FR**: Büsche von Linden, Eichen und Pappeln, aber auch krautige Pflanzen.

Mythimna conigera SCHIFF.

M: 1,5–1,7 cm lange Vorderflügel, die dunkelgelb bis rötlich oder braungelb sind. Beste Kennzeichen sind die äußeren und die inneren dunkel angelegten Querlinien. Der helle bis weiße Fleck in der Mitte der Vorderflügel stellt die teilweise gefüllte Nierenmakel dar. **Fg**: Waldränder, Auen, Gärten, buschige feuchte Wiesen und Parks. **Vb**: Europa, vor allem im gemäßigten Teil. Bis 2000 m. **H**: Nicht selten, manchmal häufig. **Fl**: Anfang Juni bis Mitte August. **Rz**: August bis Mai. Im August zieht sich die Raupe in ihr Überwinterungsquartier im Boden zurück. **FR**: Gräser und niedrige Sträucher.

Mythimna unipuncta HAW.

M: 1,8 cm lange Vorderflügel. Der längliche Flügelschnitt deutet auf einen guten Flieger hin. Tatsächlich gehört *M. unipuncta* zu den Wanderfaltern. Bestes Kennzeichen ist die dunkle, fast in schwarze Punkte aufgelöste Linie, die in die Flügelspitze zieht. In der Mitte weißer Punkt. **Fg**: Gärten und Wiesen. **Vb**: Fast weltweit. Fliegt alljährlich nach Mitteleuropa ein, kann hier aber keine bodenständigen Populationen aufbauen. **Fl**: Einflug im Frühjahr und im Sommer. **Rz**: Juli bis August. **FR**: Gräser. Raupe ist in anderen Ländern als Schädling gefürchtet.

Mythimna l-album L. Weißes L

M: 1,5–1,8 cm lange Vorderflügel. Blaßgelb. Bestes Kennzeichen ist das weiße L in ihrer Mitte, das man auch an abgeflogenen Exemplaren noch erkennen kann. Schwarze Wurzelstrieme stets deutlich. Heller Schrägstreifen, der in die Spitze führt, nicht immer gut ausgebildet. Das ♂ kennzeichnet ein schwarzes Haarbüschel am Hinterleib. **Fg**: Auen, Bachufer, verwilderte Gärten. **Vb**: Weit verbreitet. **H**: Häufig, in Norddeutschland und in höheren Lagen unregelmäßig. **Fl**: Zwei Generationen; I. Mai bis Juli, II. August bis Oktober. **Rz**: I. Oktober bis Mai, II. Juli. **FR**: Verschiedene Wildgräser.

Mythimna albipuncta SCHIFF. Weißfleckeule

M: 1,5–1,8 cm lange Vorderflügel. Rotbraun bis grau mit rötlichem Schimmer. Bestes Kennzeichen ist ein weißer Punkt in ihrer Mitte, der nie fehlt. Selbst an »abgeflogenen« Faltern kann man ihn noch erkennen. Übrige Zeichnung unscharf oder erloschen. Unterseite der Flügel perlmutterartig schimmernd. **Fg**: Waldränder, Lichtungen, trockene Hänge, Auen, Gärten, Parkanlagen. **Vb**: In ganz Europa verbreitet. Im Norden seltener; doch die Art scheint sich nach Norden auszubreiten. **H**: Häufig. **Fl**: Mai bis Oktober. **Rz**: September bis Mai. **FR**: Wildgräser.

Mythimna pallens L. Weißadereule

M: 1,5–1,8 cm lange Vorderflügel, hell, manchmal ockergelb oder braungelb gefärbt. Bestes Kennzeichen: Die Adern treten hell hervor. In der Mitte liegt meist ein kleiner schwarzer Punkt. Übrige Zeichnung erloschen. Hinterflügel weiß, beim ♀ grau überstäubt. **Fg**: Feuchte bis trockene Wiesen, Hänge, Brachflächen, Auen, Waldränder, Gärten und Parks. **Vb**: Weit verbreitet in Europa. Bis 1800 m. **H**: Häufig. **Fl**: Zwei sich überschneidende Generationen von Juni bis Anfang Oktober. **Rz**: Die I. Generation schlüpft im September. Sie überwintert und verpuppt sich im Mai. II. Juli bis August. **FR**: Gräser und niedrige Kräuter.

Dipterygia scabriuscula L. Trauereule

M: 1,6–2 cm lange Vorderflügel. Tiefschwarz oder sehr dunkel gefärbte Eule. Wellenlinie und Querlinien sind undeutlich oder fehlen. Das beste Kennzeichen sind die beiden hellen Flecke am Außenrand, wobei der innere meist heller ist. Dazwischen schiebt sich ein schwarzer Keil. **Fg**: Trockene Wiesentäler, sonnige Hänge, Lichtungen und auch Auen. **Vb**: Über ganz Europa verbreitet, im Norden bis nach Mittelskandinavien reichend. Im Gebirge bis 1500 m. **H**: Regelmäßig, doch nie häufig. In einigen Gebieten fehlend. **Fl**: Ende Mai bis Juli. **Rz**: September bis April **FR**: Sauerampfer, Knöterich und Löwenzahn.

Amphipyra pyramidea L. Pyramideneule

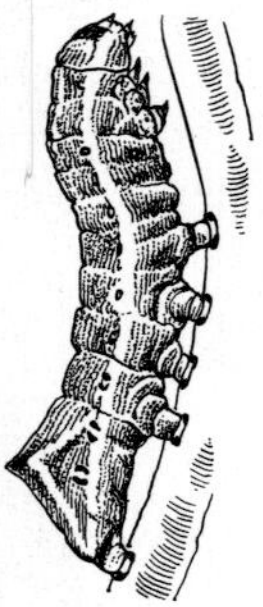

M: 2–2,5 cm lange Vorderflügel. Hinterflügel orangebraun, rötlich- oder rotbraun. Vorderflügel dunkel. Ringmakel klein. Nierenmakel dunkel verdeckt. Doppelte Querlinie hell gefüllt. Am Innenrand der Wellenlinie schwarze Pfeilflecke. **Fg**: Misch- und Auwälder, Obstgärten, Siedlungen. **Vb**: Laubwaldzone Eurasiens. **H**: Häufig. **Fl**: Mitte Juli bis Anfang Oktober. **Rz**: Mai bis Anfang Juni. **FR**: Verschiedene Laubhölzer.

Ipimorpha subtusa SCHIFF.

M: 1,3–1,7 cm lange Vorderflügel. Die Vorderflügel sind hell braungrau gefärbt. Verlauf des Flügelsaums gerade. Die parallel verlaufenden Querlinien streben am Innenrand aufeinander zu. Ring-, Nieren- und Zapfenmakel umrundet und deutlich hervortretend. **Fg**: Feuchte Wiesen, Waldränder, Auen, Teich-, Bach- und Flußufer. **Vb**: In den Feuchtgebieten Europas weit verbreitet. Bis 1600 m. **H**: Regelmäßig und nicht selten. **Fl**: Juli bis September. **Rz**: Mai bis Juni. Ei überwintert. **FR**: Raupen fressen an frischen Trieben verschiedener Pappelarten.

Rusina ferruginea ESP. Schatteneule

M: Etwa 1,5 cm lange Vorderflügel. Sehr unscheinbare dunkle Eule. Vorderflügel schwarzbraun rötlich überschattet. Gut erkennbarer Mittelschatten. Die Wellen- und Querlinien undeutlich, manchmal verschwunden, ebenso Ring- und Nierenmakel. Fühler des ♂ mit deutlichen doppelten Kammzähnen. **Fg**: Gärten, Parkanlagen, Waldränder, Lichtungen. **Vb**: Im gemäßigten Europa weit verbreitet; bis über 1600 m ansteigend. **H**: Regelmäßig und nicht selten. **Fl**: Ende Mai bis Ende August. **Rz**: September bis April. Raupe überwintert in einer Höhlung am Boden, wo sie sich auch verpuppt. **FR**: Niedere Kräuter.

Amphipyra tragopoginis CL. Dreipunkteule

M: 1,6–2 cm lange Vorderflügel. Diese der Pyramideneule nahestehende Art sieht ganz anders aus. Man kann sie leicht an den 3 Punkten in den grauen bis graubraunen Vorderflügeln erkennen: in der Nierenmakel liegen 2 Punkte nebeneinander, in der Ringmakel darunter einer. Hinterflügel dunkelbraun. **Fg**: Waldränder, Auen und Moore sowie Gärten und Parks. **Vb**: Im gemäßigten Europa weit verbreitet. **H**: Überall häufig bis regelmäßig. **Fl**: Mitte Juli bis Ende Oktober. Die Dreipunkteule gehört zu den spät fliegenden Eulen. **FR**: Königskerzen, Labkraut, Weidenröschen.

Mormo maura L. Schwarzes Ordensband

M: Mit 2,6–3,3 cm langen Vorderflügeln eine sehr große Eule. Die gezackten Vorderflügel sind meist dunkel mit einem noch dunkleren, oft schwarzen Mittelfeld. Ring- und Nierenmakel dunkel gefüllt, fein hell umrandet; stets deutlich. **Fg**: Feuchtgebiete. **Vb**: Inselartig verbreitet. In Norddeutschland und Nordeuropa ist die Art selten. **H**: Vereinzelt, manchmal etwas häufiger. **Fl**: Juli bis August. **Rz**: August bis Mai. Zur Verpuppung bauen sie am Boden ein dichtes Gespinst, welches das Eindringen des Wassers verhindert. **FR**: Löwenzahn und Taubnessel, Weide und Erle.

Trachea atriplicis L. Grüne Meldeneule

M: Etwa 2 cm lange Vorderflügel. Braune, auch graue Eule mit grünen Beimischungen, die ihr ein ungewohnt buntes Aussehen verleihen. Besonders auffallend ist der weiße, manchmal rosa gefüllte Fleck unter der Nierenmakel. Wellenlinien innen stets grün angelegt. Ring- und Nierenmakel hell umrandet. **Fg**: Feuchte Waldränder, Auwälder und Ufer. **Vb**: Gemäßigtes Europa. Bis in 1800 m Höhe. **H**: Regelmäßig und nicht selten. **Fl**: Mai bis Oktober in zwei sich überschneidenden Generationen, wobei die II. stets unvollständig ist. **Rz**: I. September bis Oktober, II. Juli bis August. **FR**: Melde, andere Kräuter.

Xylena vetusta HBN. Braunes Moderholz

M: 2,5–3 cm lange, holzbraune Vorderflügel. Ringmakel und Querlinien erloschen; Nierenmakel deutlich hervorgehoben. Von ihr führt ein schwarzer Strich zur Wellenlinie. Vorderflügel unruhig hell und dunkel braun gemustert. Hinterflügel dunkel- bis mittelbraun. **Fg:** Auen, Überschwemmungswiesen mit Büschen, Gärten. **Vb:** Ganz Europa; im Norden bis Lappland. Bis 2000 m Höhe. **H:** Regelmäßig, nicht selten. **Fl:** August bis Mai. Falter überwintern am Boden. In Ruhestellung wirken sie wie ein Stückchen Holz (Tarnung!). Flügel beim Ruhen gerollt, so daß sie rundlich aussehen. **FR:** Schwertlilie und krautige Pflanzen.

Xylena exsoleta L. Gemeines Moderholz

M: 2,6–3,3 cm lange Vorderflügel. Etwas größer als das Braune Moderholz. Querlinien schwach zu erkennen. Ring- und Nierenmakel fein, doppelt schwarz umrandet. Der schwarze Strich der Wellenlinie erreicht die Makel nicht (siehe *X. vetusta*). Hinterflügel einfarbig dunkelbraun. **Fg:** Sonnige Hänge, Heidegebiete, Waldränder, Gärten. **Vb:** In ganz Europa zu finden. Bis 2000 m. In Südeuropa seltener. **H:** Regelmäßig, manchmal häufig. **Fl:** Ende August bis Mitte Mai. Die Falter überwintern am Boden, wo man sie leicht mit einem Holzstück verwechseln kann. **Rz:** Mai bis Mitte Juli. **FR:** Gänsefuß, Wolfsmilch und andere Kräuter.

Euplexia lucipara L. Purpurglanzeule

M: 1,4–1,6 cm lange Vorderflügel, dunkel mit rötlichem oder purpurnem Glanz. Mittelfeld oft schwarz. Ringmakel dunkel, meist undeutlich, dagegen leuchtet die Nierenmakel metallisch gelb. **Fg:** In sehr vielen Biotopen: Lichtungen, Waldränder, Wiesentäler, Auen, Gärten, Parks. **Vb:** In ganz Europa. Bis in 1500 m Höhe. **H:** Regelmäßig und häufig. **Fl:** Ende Mai bis Ende Juli. An günstigen Stellen von August bis September eine II. Generation. **Rz:** I. September bis Oktober, II. Juli bis August. Die Verpuppung findet im Boden in einer Höhle statt, deren Wände mit Spinnfäden verklebt sind. **FR:** Himbeere, Brombeere, Ampfer und Farne.

Calamia tridens HUFN. Grüneule RL!

M: 1,6–2 cm lange Vorderflügel. Grün oder gelbgrün gefärbte Eule mit auffallend kleiner, weißer Nierenmakel. Die als weißer Punkt erscheinende Ringmakel ist manchmal erloschen. Hinterflügel weiß oder schmutzigweiß. **Fg:** An sonnigen Halden, auf Ödland mit spärlicher Vegetation, an Wiesen- und Wegrändern. **Vb:** Überall im gemäßigten Europa verbreitet. Bis in 1800 m Höhe. **H:** War früher häufiger, heute regelmäßig, doch nur in einzelnen Stükken. **Fl:** Juli bis September. **Rz:** Mai bis Juni. Ei überwintert am Boden. **FR:** Verschiedene Gräser: Rispengras *(Poa annua)*, Schwingel *(Festuca)*, Zwenke *(Brachypodium)*.

Abrostola trigemina WERNEB.

Merkmale: Etwa 1,5 cm lange Vorderflügel. Grundfarbe Dunkelbraun bis braunschwarz, grünliche Einmischungen im Wurzelbereich und Saumfeld. Querlinien schwarz, an Außenseiten braun angelegt. Wellenlinie hell, am Innenrand in einem weißen Fleck endend. An der Spitze der Wellenlinie wie zwischen Ring- und Nierenmakel schwarze Flecken. Hinterflügel grau, Saum verdunkelt, Fransen hell. 2 weitere, sehr ähnliche Arten.

Fluggebiet: Sehr weit verbreitet: feuchte Waldränder, Fluß- und Bachufer, Auen, Schneisen, Lichtungen von Laubmischwäldern, nasse Wiesentäler, extensiv genutzte Kulturflächen, Gärten, Parkanlagen. Im Gebirge bis etwa 2000 m Höhe.

Verbreitung: In der gemäßigten Zone ganz Europas weit verbreitet. Das Gesamtverbreitungsgebiet reicht bis nach Ostsibirien.

Häufigkeit: Regelmäßig bis häufig.

Flugzeit: Zwei Generationen: I. Mai bis Juli, II. Juli bis September.

Raupenzeit: I. August bis Oktober, II. Juni bis Juli. Die Raupe ist grün oder rot bis fleischfarben. Puppe überwintert am Boden in altem Laub versteckt.

Futterpflanzen: Blätter der Brennessel *(Urtica dioica)*.

Phlogophora meticulosa L. Achateule

Merkmale: 2,2–2,5 cm lange Vorderflügel, gelb- bis olivbraun, die gewellt getragen werden. An ihrem Innenrand laufen Querlinien zu einem Dreieck zusammen. Mittelfeld dunkler. Ring- und Nierenmakel hell umrandet. Sie stehen am unteren Rand in Verbindung. Wellenlinie undeutlich mit dunklem Fleck in der Flügelspitze. Hinterflügel hell mit feinen Querlinien. Körper des Falters dicht behaart.

Fluggebiet: Feuchtgebiete: Auen, nasse Wiesen, feuchte Täler, Waldränder, Blößen, Schneisen, Lichtungen von Laubmischwäldern, Moorgebiete, nasse Heidegebiete, verwilderte Gärten, Parks. In den Alpen bis in 2000 m Höhe.

Verbreitung: Heimat ist der Mittelmeerraum, von wo aus die Falter alljährlich in schwankender Anzahl über die Alpen in den Norden einfliegen. In günstigen Jahren erreichen sie im Norden den 60. Breitengrad.

Häufigkeit: Sehr schwankend, vom Ausmaß des Einflugs abhängig; in Mitteleuropa regelmäßig alljährlich zu beobachten.

Flugzeit: In Mitteleuropa erfolgt der Einflug zwischen April und Juli. Von Juli bis November fliegen die hier herangewachsenen Falter, die möglicherweise wieder in den Süden zurückkehren. Die Falter legen ihre gelblich-weißen Eier, die rötliche Flecken aufweisen, in der Krautschicht ab.

Raupenzeit: Raupen findet man von Mai bis November. Doch nur die frühen Raupen, die sich rechtzeitig verpuppen können, so daß die Falter noch im Herbst schlüpfen und eventuell nach Süden fliegen können, haben eine Überlebenschance. Die anderen überstehen die winterliche Kälte nördlich der Alpen nicht.

Futterpflanzen: Man findet die Raupen an sehr vielen Pflanzen der Krautschicht: an Brennessel, Taubnessel, Storchschnabel, Himbeere, Farn, Winde, Weide und vielen anderen.

Staurophora celsia L. Malachiteule RL!

Merkmale: 1,8–2 cm lange Vorderflügel. Mit den großen, grünen, unregelmäßig geformten Feldern, die durch einen senkrechten, auf beiden Seiten scharf gezackten, braunen Streifen getrennt sind und mit dem braunen Rand am Saum des Vorderflügels ist die Malachiteule so auffallend, daß sie mit keiner anderen Art verwechselt werden kann. Hinterflügel mittelbraun mit Aufhellungen im Wurzel- und Innenbereich.

Fluggebiet: Die Malachiteule bevorzugt sandige und kalkhaltige Böden. Man trifft sie in Nadel- und Laubmischwäldern; hier vor allem an den Rändern, in Schneisen und Lichtungen. Auch in Mooren und Heidegebieten, selten in Auen, Gärten und Parkanlagen.

Verbreitung: In der gemäßigten Zone inselartig verbreitet. Besonders häufig in der Lüneburger Heide, in Dänemark, in der Mark Brandenburg, seltener in Bayern, in Alpentälern sowie im östlichen Ungarn. Im Norden bis zum 64. Breitengrad. Fehlt in England und Nordwesteuropa. Im Gebirge nur in Tälern.

Häufigkeit: Aufgrund des inselartigen Vorkommens ist die Art selten bis sehr selten. Nur im Zentrum der Verbreitung tritt sie regelmäßig und in größerer Anzahl auf.

Flugzeit: Anfang September bis Anfang Oktober. Die kugeligen, mit Längsrippen gezeichneten, hellgelben Eier werden am Gras abgelegt. Sie überwintern. Erst im Juni des folgenden Jahres schlüpfen die kleinen Räupchen.

Raupenzeit: Juni bis August. Die walzenförmige Raupe ist schmutzig weiß oder gelb gefärbt. Auf ihrem Rücken kann man die Rückengefäße durchschimmern sehen. Sie leben dicht am Boden im Schutz der Grasblüten oder an deren Wurzeln. Hier verpuppen sie sich auch in einem dünnen Gespinst. Am Ende des Hinterleibs fallen bei der Puppe 4 Dornen auf.

Futterpflanzen: Die Raupe der Malachiteule ist an das Vorhandensein von Gräsern gebunden, doch die Wahl der Grasarten ist vielfältig: Landreitgras, Rasenschmiele, Steifes Borstengras, Gemeines Ruchgras und andere.

Enargia paleacea ESP.

M: Etwa 2 cm lange Vorderflügel. Gelbe bis ockergelbe Eule. Ring- und Nierenmakel dunkel umrandet. Nierenmakel unten stets dunkel gekernt. Querlinien deutlich dunkel; innere Querlinie stets rechtwinklig gebrochen. Am Saum eine Reihe dunkler Punkte. Hinterflügel weiß. **Fg:** Moore und Heidegebiete, auch Laubmischwälder, Auen, Gärten und Parks. **Vb:** Inselartig in Europa. Bis 1600 m. **H:** Verbreitet, doch nie häufig. **Fl:** Juli bis September. Falter gehört zu den Hochsommerarten. **Rz:** Mai bis Juni. Ei überwintert. **FR:** Raupen fressen Birkenblätter, selten Erlen- und Zitterpappelblätter.

Enargia ypsillon SCHIFF. *(fissipuncta* HAW.*)*

M: Etwa 1,5 cm lange Vorderflügel, die grau bis dunkelgrau sind. Zwischen Ring- und Nierenmakel ein dunkler Punkt. Deutliche kleine Zapfenmakel. Während innere und äußere Querlinien meist undeutlich oder gar verschwunden sind, ist die Wellenlinie stets deutlich und innen dunkel angelegt sowie noch mit Punkten verstärkt. **Fg:** Auen, Bach- und Flußufer, Moore, Heiden, auch Gärten und Parkanlagen. **Vb:** Gemäßigtes Europa; fehlt im Gebirge. **H:** Regelmäßig und nicht selten. **Fl:** Juni bis August. **Rz:** Mai bis Juni. Ei überwintert. Verpuppung am Boden unter morschen Holzstücken. **FR:** Verschiedene Pappelarten.

Cosmia trapezina L. Trapezeule

M: 1,4–1,8 cm lange Vorderflügel, die gelbbraun bis ockerfarben, manchmal kupferrot oder auch hellrot sind. Diese Art bildet sehr viele Farbvarianten. Doch an den beiden Querlinien, die ein Trapez bilden, und dem schwarzen Punkt in der Mitte kann die Art leicht bestimmt werden. Hinterflügel gräulich. **Fg:** Laubmischwälder, Auen und Gärten, auch mitten in Großstädten. **Vb:** In ganz Europa bis zum Polarkreis flächendeckend vorkommend. **H:** Regelmäßig und häufig, doch keine Massenentwicklungen. **Fl:** Juni bis September. **Rz:** Mai bis Juni. Verpuppung in Gespinst am Boden. **FR:** Laubbäume, meist Eiche.

Cosmia pyralina SCHIFF.

M: 1,3–1,5 cm lange Vorderflügel. Sehr viel dunkler als die ähnliche **Trapezeule.** Meist dunkelbraun bis rotbraun oder violett. Die schwarzen Querlinien treten kontrastreich hervor. In der Flügelspitze ein deutlicher weißer Schrägstrich. Makeln und Wellenlinie undeutlich. Hinterflügel heller grau mit hellen Fransen. **Fg:** Trockene Laubmischwälder, Lichtungen, Gärten und Obstanlagen. **Vb:** Mitteleuropa, vor allem im gemäßigten Bereich. Bis in 1600 m Höhe. **H:** Regelmäßig, gebietsweise selten. **Fl:** Juni bis August. **Rz:** Mai. **FR:** Laubbäume, gelegentlich auch Birnen- oder Apfelbäume.

Auchmis comma SCHIFF. Berberitzeneule

M: 1,8–2 cm lange, hellgraue Vorderflügel. Besonders auffallend auf dem hellen Grund sind die schwarze, lange Wurzelstrieme und die dunklen Längsstriche, die vom Saum nach innen führen. Ring- und Nierenmakel treten kaum hervor (undeutlich). **Fg:** Warme Plätze, wie sonnenbeschienene Hänge, Waldränder, Feldraine. **Vb:** Im gemäßigten Europa weit verbreitet. **H:** Im Süden häufiger, wo sie in den Alpen bis auf 2000 m Höhe ansteigt. Im Norden bleibt sie eine seltene Art. **Fl:** Ende Juni bis Anfang September. **Rz:** September bis Mai. Raupe überwintert. **FR:** Ausschließlich Berberitze *(Berberis vulgaris)*.

Actinotia polyodon CL.

M: 1,3–1,5 cm lange, braune bis violettbraune Vorderflügel. Über dem Wurzelstrahl und in der Flügelspitze starke Aufhellungen. Deutlich aufgehellte Nierenmakel; Ringmakel fehlt. Die Wellenlinie bildet in der Spitze 2 scharfe Zacken und in der Mitte ein deutliches W (Kennzeichen gegenüber ähnlichen Arten). **Fg:** Warme Hänge, Laubmischwälder; überall, wo das Johanniskraut gedeiht. **Vb:** Ganz Mitteleuropa. Bis in 1500 m Höhe, in manchen Gebieten nicht flächenmäßig auftretend. **H:** Vereinzelt. **Fl:** Mitte Mai bis Mitte Juni. **Rz:** Juli bis August. **FR:** Johanniskraut *(Hypericum perforatum)* und Tragant *(Astralagus)*.

Apamea monoglypha HUFN. Wurzelfresser

M: 2,2–2,8 cm lange Vorderflügel. Große, kräftige Art. In den braunen Vorderflügeln unregelmäßige Zeichnungsmuster, die sich deutlich abheben. Die weiß gefüllten, doppelten Querlinien stehen über einem schwarzen Strich in Verbindung. Ring- und Nierenmakel hell umrandet. Ringmakel sehr groß und schräg oval umrandet. An der Innenseite der gelblichen Wellenlinie schwarze Pfeilflecke. **Fg**: Wälder, Gärten und Parkanlagen. **Vb**: Ganz Europa. Bis über 2500 m Höhe. **H**: Überall und häufig. **Fl**: Mitte Juni bis September. **Rz**: September bis Mai. **FR**: Gräser.

Apamea crenata HUFN. Graseule

M: 1,5–1,8 cm lange Vorderflügel. Kaum eine Eule bringt so viele Farbvarianten hervor, wie die Graseule: mal ist sie weiß, dann lila, grau oder braun, auch grauschwarze und selbst rotbraune Exemplare kommen nicht selten vor. Deshalb schwer bestimmbar. Wurzelstrieme und schwarzer Strich darüber meist deutlich. Im Saum oft dunkle Wische. Zeichnung sonst erloschen. **Fg**: Waldränder, Lichtungen, Wiesen und Hänge. Trockene Biotope werden bevorzugt. **Vb**: Ganz Europa. Bis in 2000 m Höhe. **H**: Meist häufig. **Fl**: Mitte Mai bis August. **Rz**: August bis Mai. Raupe überwintert. **FR**: Gräser. Abb. = f. *alopecurus.*

Apamea sordens HUFN.

M: 1,5–1,8 cm lange Vorderflügel. Rötliche Färbung der Vorderflügel mit grauen und braunen Tönen. Deutlich tiefschwarze, gebrochene Wurzelstrieme. Dies ist praktisch die einzige Zeichnung, denn die Makeln sind kaum heller als die Grundfarbe und daher schlecht sichtbar. **Fg**: Brachland, Heide, Moorgebiete, Auen, aber auch Äcker, Gärten und Siedlungen. **Vb**: In der gemäßigten Zone Europas. Im Süden ist die Art spärlicher. Im Gebirge bis 1500 m. **H**: Regelmäßig, doch nicht allzu häufig. **Fl**: Mitte Mai bis Ende Juli. **Rz**: August bis April; Raupe überwintert. **FR**: Verschiedene Wildgräser. Raupen gehen auch an Getreide.

Oligia strigilis L. Halmeulchen

M: 1,1–1,3 cm lange Vorderflügel, die dunkelbraun oder graubraun, manchmal auch ganz schwarz sind. Ring- und Nierenmakel treten nur schwach hervor. Das Saumfeld ist oft hell und steht im scharfen Kontrast zur dunklen Grundfarbe. Die äußere Querlinie im Saumfeld stark geknickt. **Fg**: Auen, Mischwälder und Parkanlagen. **Vb**: In ganz Europa. Bis in 1500 m Höhe. **H**: Flächenmäßig verbreitet und häufig. **Fl**: Ende Mai bis Ende August. **Rz**: September bis Mai. Die Raupe bohrt sich in die Grasstengel ein und lebt minierend vom Mark der Halme. Hier findet die Überwinterung und auch die Verpuppung statt. **FR**: Gräser.

Oligia versicolor BKH.

M: 1–1,2 cm lange Vorderflügel. Vom Halmeulchen unterscheidet sich *O. versicolor* nur in wenigen Einzelheiten. So ist die Grundfarbe der Vorderflügel rötlicher, rotbraun oder auch rauchgrau. Ring- und Nierenmakel sind meist dünn weiß oder schwarz umrandet. Die äußere Querlinie biegt sich nur schwach vor dem Innenrand. Der Kontrast zwischen dem hellen Saumfeld und dem Dunkel der Flügel ist nicht so stark. Von der Zapfenmakel entspringt ein dunkler schwarzer Strich. **Fg**: Auwälder, Feuchtwiesen und andere Feuchtgebiete. **Vb**: In ganz Europa. **H**: Nicht selten. **Fl**: Juni bis August. **Rz**: September bis Mai. **FR**: Gräser.

Oligia latruncula SCHIFF.

M: 1–1,2 cm lange Vorderflügel. Äußerst ähnlich *O. strigilis* und *O. versicolor.* Vorderflügel dunkelbraun, purpurbraun, auch schwarz. Makeln stets undeutlich. Saumfeld bildet nur wenig Kontrast zur dunklen Grundfarbe des Flügels: es ist meist braungelb oder rostrot. Die äußere Querlinie verläuft flach. Im Mittelfeld stets ein deutlicher, schwarzer Querstrich. Genaue Bestimmung oft nur vom Fachmann durchzuführen. **Fg**: Wälder, Waldränder, Gärten. **Vb**: In der gemäßigten Zone Europas bis auf 2000 m. **H**: Regelmäßig und meist häufig. **Fl**: Mai bis August. **Rz**: September bis Mai. Raupe überwintert. **FR**: Verschiedene Gräser.

Mesapamea secalis L. Getreidewurzeleule

M: Etwa 1,5 cm lange Vorderflügel. Färbung von Schmutzigweiß über Grau oder Hellbraun bis Dunkelbraun oder Schwarz. Bei manchen Exemplaren begrenzen die Querlinien ein dunkles Mittelfeld, bei anderen sind sie erloschen. Doch stets ist die Nierenmakel hell gefüllt. Die Ringmakel kann hell umrandet sein oder auch fehlen. **Fg:** Wälder, Getreidefelder, Lichtungen, Gärten. **Vb:** In der gemäßigten Zone Europas bis über 2000 m. **H:** Überall häufig. In großen Getreidefeldern manchmal schädlich. **Fl:** Ende Juni bis Ende August. **Rz:** September bis Mai. Verpuppung im Boden. **FR:** Gräser.

Hydraecia micacea ESP. Markeule

M: 1,4–2,3 cm lange Vorderflügel, die hellbraun, gelblich oder rötlich erscheinen können. Mittelfeld dunkler. Helle, dunkel umrandete Ring- und Nierenmakel. Innere Querlinie stark gewellt, äußere gerader. Hinterflügel hell mit dunklem Band. **Fg:** Fluß- und Bachauen, feuchte Wiesentäler und Moore. **Vb:** Inselartig in Europa verbreitet. Im Gebirge nur bis 800 m. **H:** In ihren Biotopen nicht selten, außerhalb davon kaum zu finden. **Fl:** Mitte Juli bis Anfang Oktober. **Rz:** Mai bis August. Raupe lebt im Wurzelstock. **FR:** Wasserschwertlilie, Ampfer, Huflattich, Pestwurz und Melde.

Meristis trigrammica HUFN. Dreilinieneule

M: 1,6–2 cm lange Vorderflügel. Grundfärbung ockerbraun bis gelbgrau. Die 3 (gelegentlich auch 4) Querlinien, die sich über den sonst zeichnungslosen Vorderflügel erstrecken, sind so typisch, daß man die Art nicht verwechseln kann. **Fg:** Wälder, Gärten, Parks, Wiesen, Waldränder und Kiesgruben. **Vb:** In ganz Europa. Im Gebirge bis 1000 m. Häufig in den wärmeren Teilen Europas. **H:** Überall verbreitet, meist häufig. **Fl:** Anfang Mai bis Mitte Juli. **Rz:** Juli bis April. **FR:** Kräuter, Sträucher und junge Laubbäume; Löwenzahn und Wegerich; auch an Wurzeln verschiedener Gräser.

Amphipoea fucosa FRR.

M: 1,5–1,8 cm lange Vorderflügel. Helle bis dunkelgelbe Eule mit orangefarbenen Ring- und Nierenmakeln. Doch auch diese Eule variiert außerordentlich stark. Da es noch eine Reihe sehr ähnlicher Arten gibt – allerdings seltenere –, ist eine genaue Bestimmung nicht leicht. **Fg:** Auen, Lichtungen von Kiefernwäldern. **Vb:** Ganz Europa bis Südskandinavien. **H:** Gebietsweise häufig, doch keine Massenentwicklungen. **Fl:** Ende Juni bis Mitte September, wobei die meisten Exemplare Ende Juli bis Ende August zu finden sind. **Rz:** Mai bis Juli. Es ist nicht bekannt, ob das Ei oder die Raupe überwintert. **FR:** Gräser, Kräuter.

Gortyna flavago SCHIFF. Kletteneule

M: 1,6–2 cm lange Vorderflügel. Sehr schöne, goldgelb oder rötlichgelb gefärbte Eule. Die hell gefüllten Ring- und Nierenmakeln sind im Farbton des Flügels umrandet und stehen auf hellerem Grund im Mittelfeld. In der Flügelspitze ein heller Fleck. **Fg:** See-Ufer, an Bächen und Flüssen, in Auen und feuchten Niederungen, Gärten und Parks. Orte, an denen man die Klette trifft. **Vb:** Gemäßigtes Europa. Bis etwa 1400 m. **H:** Da die Klette nicht überall vorkommt, bleibt auch das Verbreitungsgebiet der Kletteneule inselartig, aber nicht selten. **Fl:** Ende August bis Oktober. **Rz:** April bis August. **FR:** Klette *(Arctium lappa)*.

Caradrina clavipalpis SCOP. Eindringling

M: 1,6–1,8 cm lange Vorderflügel, die rötlich- oder hellgrau sind. Zeichnung klein, kaum hervortretend. Am Vorderrand eine Anzahl kleiner schwarzer Flecke. Querlinien deutlich. **Fg:** Trockene, warme Plätze: Brachflächen, sonnige Hänge, Gärten, Lichtungen, Wald- und Wegränder. **Vb:** Ganz Europa. Bis 2000 m. **H:** Häufig. **Fl:** Zwei Generationen: I. April bis Juli, II. August bis Mitte Oktober. Manchmal überwintern die im Spätherbst geschlüpften Falter. **Rz:** I. Oktober bis April, II. Juli bis August. Im allgemeinen überwintert die Raupe am Boden gut versteckt. **FR:** Löwenzahn, Vogelmiere, Wegerich, Taubnessel und andere Kräuter.

Hoplodrina ambigua SCHIFF.

M: 1,5 cm lange Vorderflügel. Ring- und Nierenmakel stets deutlich fein hell gerandet. Vorderflügel heller als die der ähnlichen **Staubeule.** Nur gegen den Saum zu leicht verdunkelt. **Fg:** Sonnige trockene Plätze: Waldränder, Heideflächen, Feldraine, Auwiesen und Gärten. **Vb:** Inselartig an warmen Plätzen Europas. Im Gebirge nur regional bis 1600 m. **H:** In bewohnten Gebieten nicht selten, sonst fehlend. **Fl:** Zwei Generationen: I. Ende Mai bis Juli, II. Ende Juli bis Oktober (meist häufiger in I.). **Rz:** I. September bis April, II. Juni bis Juli. Raupe überwintert. **FR:** Löwenzahn, Wegerich, Ampfer, Lattich u. a. Kräuter.

Hoplodrina respersa SCHIFF.

M: 1,3–1,5 cm lange Vorderflügel. Sehr ähnlich der Staubeule, doch im Grundton stets aschgrau. Bestes Kennzeichen sind die Punktreihen auf den Vorderflügeln. Hinterflügel dunkel wie bei der Staubeule. **Fg:** Die Art lebt an trockenen Hängen, an Magerrasen, Heideflächen, trockenen Wiesen, Wald- und Wegrändern. Auch in Gärten und Parks. **Vb:** Fast in ganz Europa verbreitet. In den Alpen bis 1600 m. **H:** Oft nur vereinzelt, manchmal ausgesprochen selten. **Fl:** Anfang Juni bis Anfang August. **Rz:** August bis Mai. Die Raupe überwintert am Boden im Schutz der Bodenstreu. **FR:** Wegerich Ampfer, Löwenzahn, Bibernell.

Lithophane socia HUFN.

M: 1,9–2,1 cm lange Vorderflügel. Ihre Farbe erinnert an ein Stück Holz, in bräunlichem oder rötlichem Grundton. Meist ist das Mittelfeld deutlich verdunkelt. Ring- und Nierenmakel sind undeutlich aufgehellt. **Fg:** Sonnige, trokkene Halden und Hänge, Heidegebiete, Mischwälder, Gärten und Obstanlagen. **Vb:** In Mitteleuropa verbreitet, doch im Süden regelmäßiger als im Norden. Auch im übrigen gemäßigten Europa nicht selten. Im Gebirge bis 1700 m. **H:** Fast überall anzutreffen, doch nie in größeren Beständen. **Fl:** Mitte August bis Ende Mai. **Rz:** Mitte April bis Juli. **FR:** Verschiedene Obst- und Laubbäume.

Lithophane furcifera HUFN.

M: 1,7–2 cm lange Vorderflügel. Dunkelgrau mit rötlichem Ton. Wurzelstrieme nur schwach gebogen, aber genauso deutlich wie der schwarze Strich zwischen der Zapfenmakel und der äußeren Querlinie hervortretend. Nierenmakel auffallend groß und rotbraun gefüllt. Auf dem Hinterleib erkennt man Schöpfe (siehe *L. lamda*). **Fg:** Bruchwälder und Auen, Moore und Ufer von Gewässern. **Vb:** Im gemäßigten Europa flächenmäßig verbreitet. Fehlt aber weitgehend in Holland und Dänemark. Bis 1800 m. **H:** Meist nicht selten. **Fl:** Ende August bis Mitte Juni. Falter überwintert. **Rz:** Ende Mai bis Juli. **FR:** Birken und Erlen.

Lithophane lamda F.

M: 1,4–1,8 cm lange Vorderflügel. Falter sehr verschieden. Meist blau- oder dunkelgrau mit seidenem Glanz. Wurzelstrieme stets stark gebogen und deutlich zu sehen. Makeln unterschiedlich ausgebildet, können ganz verschwinden. In der Mitte des Flügels zwei deutliche dunkle Querbalken, die sich kontrastreich abheben. Keine Schöpfe am Hinterleib (siehe *L. furcifera*). **Fg:** Bruchwälder, Auen und Moore. **Vb:** Hauptsächlich Hochmoore. Inselartige Verbreitung. **H:** Sehr lokal, nicht häufig. **Fl:** Ende September bis Anfang Juni. Falter überwintert. **Rz:** Juni bis Juli. **FR:** Gagelstrauch und Rauschbeere.

Allophyes oxyacanthae L. Weißdorneule

M: 1,8–2,1 cm lange Vorderflügel, die dunkelbraun oder grau, am Saum aufgehellt und manchmal grün bestäubt sind. Ring- und Nierenmakel groß und hellbraun gefärbt. Am Innenrand ein weißer Halbmondfleck. **Fg:** Laubmischwälder, Auen, Heidegebiete, Feldhecken und Obstanlagen. **Vb:** Im gemäßigten Europa verbreitet, im Gebirge bis 1600 m. **H:** Weit verbreitet und überall regelmäßig anzutreffen, doch nie in großen Massen. **Fl:** Ende September bis Ende Oktober. Ein sehr später Flieger. **Rz:** April bis Juni. Ei überwintert. **FR:** An Büschen von Weißdorn und Schlehen; gelegentlich an Obstbäumen, aber nicht schädlich.

Cucullia fraudatrix EV.

M: 1,5–1,8 cm lange Vorderflügel. Färbung zwischen hellgrau und braungrau. Vorderflügel unruhig gefärbt. Ring- und Nierenmakel undeutlich. Bei manchen Exemplaren ein schwarzer Wurzelstrich und ein deutlicher schwarzer Querbalken von der Wellenlinie zur Nierenmakel. Hinterflügel am Saum dunkler als an der Wurzel. **Fg**: Sehr trockene und warme Plätze: Ödflächen, Hänge, vor allem sonnige Sandgebiete. **Vb**: Süd- und Südosteuropa, wo das Zentrum der Verbreitung liegt. **H**: Inselartig und nicht häufig. **Fl**: Juli bis Mitte August. **Rz**: August bis September. Die Puppe überwintert. **FR**: Beifuß *(Artemisia vulgaris)*.

Cucullia umbratica L. Schattenmönch

M: 2,1–2,6 cm lange, stets aschgraue Vorderflügel; lang, schmal und spitz ausgezogener *Apex* (= Flügelspitze). In der Mitte des Vorderflügels ein brauner Wisch. Am Saum dunkle Wische, doch nicht sehr deutlich. Flügeladern dunkel hervortretend. **Fg**: Heiden, Weg- und Waldränder, Auen und Mischwälder, Wiesentäler. **Vb**: Überall in Europa. **H**: Regelmäßig, nicht selten. **Fl**: Mitte Mai bis Mitte August. **Rz**: Ende Juni bis Mitte August. Raupe verpuppt sich am Boden, wo sie 1 oder 2 Jahre liegt, ehe der Falter schlüpft. **FR**: Verschiedene Korbblütler: Gänsedistel, Habichtskraut und Wegwarte.

Cucullia verbasci L. Brauner Mönch

M: 2,2–2,5 cm lange Vorderflügel. Brauner zweifarbiger Vorderflügel, manchmal gelblich. Vorder- und Innenrand der Flügel dunkel, nach innen zu aufhellend. Am Innenrand 2 deutliche weiße C, dicht beieinander. Saum stark gewellt. **Fg**: Trockengebiete: in den Steppen des Ostens, aber auch in Felstälern, Weinbergen und Steinbrüchen. **Vb**: Mitteleuropa. Bis über 1600 m. **H**: Nicht selten, manchmal sogar häufig. **Fl**: Mitte April bis Mitte Juni. **Rz**: Mitte Mai bis Mitte Juli. Die Puppe liegt oft mehr als 1 oder 2 Jahre am Boden, ehe sie sich zum Falter entwickelt. **FR**: Königskerzen, vor allem *Verbascum thapsus*.

Cucullia artemisiae HUFN. Beifußmönch

M: 1,9–2,1 cm lange Vorderflügel, relativ lang, schmal, spitz zulaufend und braungrau oder ganz grau gefärbt sind. Ring- und Nierenmakel treten deutlich hervor: schwarz umrandet und dunkel gekernt. Am Saum dicht nebeneinander mehrere schwarze Punkte. **Fg**: Trokkene Gebiete: sandige Heiden, Hänge, Brachland. **Vb**: Gemäßigte Zone Europas mit Schwerpunkt im Nordosten. Fehlt in Nordwestdeutschland und den Beneluxländern. **H**: Sehr unterschiedlich, im Kern der Verbreitung nicht selten. **Fl**: Mitte Juni bis Ende Juli. **Rz**: Mitte Juli bis September. Puppe überwintert. **FR**: Beifuß, auch Kamille und Rainfarn.

Cucullia asteris SCHIFF. Asternmönch RL!

M: Etwa 2 cm lange Vorderflügel, hellgrau oder violettgrau. Umrandung violett. Ring- und Nierenmakel deutlich hervortretend. In der Mitte des Flügels ein Halbmondfleck. **Fg**: Sandige Heiden und Trockenrasen, Wald- und Wegränder. **Vb**: Weit verbreitet in Europa, doch nur an trockenen und wenig genutzten Flächen. In den Alpen bis 1500 m. **H**: Sehr stark schwankend. In warmen Jahren gebietsweise häufig. **Fl**: Ende Juni bis Ende Juli. **Rz**: Juli bis Anfang August. Die Puppe findet man im Boden, wo sie auch ein Jahr überliegen kann. **FR**: Goldrute und Asternarten.

Asteroscopus sphinx HUFN. Sphinxeule

M: 1,9–2,1 cm lange Vorderflügel, aschgrau, auch braungrau. Deutliche, schwarze Wurzelstrieme und dunkle Wische. Im Saum nach innen gerichtet mehrere schwarze Striche. Hinterflügel grauweiß. **Fg**: Laubmischwälder, lichte Laubgehölze, Auen und Gärten. **Vb**: Ganz Europa. **H**: Nirgends häufig, aber regelmäßig. **Fl**: Ende September bis Ende November. **Rz**: Mai bis Juni. Ei überwintert. **FR**: Laubhölzer wie Linde, Eiche, Buche.

Griposia aprilina L. Aprileule

M: Etwa 2 cm lange Vorderflügel. Die Farbtiefe schwankt von Hellgrün bis dunkel Moosgrün. Der dunkle Mittelschatten und die fast schwarzen Zeichnungen geben dem Falter ein kontrastreiches Aussehen. Auch die Hinterflügel sind hell-dunkel gezeichnet. Am Saum liegen perlschnurartig schwarze Punkte. **Fg:** Bewohner von trockenen Mischwäldern, Auen, Hainen, auch an warmen Hängen und in alten Gärten. **Vb:** In der gemäßigten Zone Europas verbreitet. **H:** Inselartiges Vorkommen, nirgends häufig. **Fl:** Ende August bis Ende Oktober. **Rz:** Mai bis Juni. Ei überwintert. **FR:** Fast ausschließlich Eichen.

Blepharita adusta ESP.

M: Vorderflügel 1,8–2,9 cm, graubraun bis dunkel rötlichbraun oder fast schwarz. Zeichnung unterschiedlich deutlich; Nierenmakel gewöhnlich mit etwas Weiß. Auffällig dunkler Balken unter den Makeln. Hinterflügel weißlich beim ♂, dunkler beim ♀. **Fg:** Auen, Gärten, Parklandschaft, Gebirgstäler, moorige Heiden. **Vb:** Weit verbreitet in Europa bis 70 Grad nördl. Breite und 2000 m Höhe in den Alpen. **H:** Vereinzelt und meist selten, gebietsweise abnehmend. **Fl:** Ende Mai bis Ende Juli. **Rz:** Juli – Überwinterung in Kokon – bis Mai. **FR:** Labkraut, Löwenzahn, Weidenröschen und viele andere.

Conistra vaccinii L.
Braune Heidelbeereule

M: 1,4–1,6 cm lange Vorderflügel. Ockergelb, grauschwarz mit allen Übergängen von Grau- und Brauntönen. Ausprägung der Zeichnung schwankt sehr stark, manchmal völlig erloschen. Stets deutlich bleibt der schwarze Punkt im unteren Teil der Nierenmakel. Bestimmung nur durch den Fachmann. **Fg:** Laubmischwälder, Auen, lichte Haine, Gärten, Parkanlagen. **Vb:** Ganz Europa. Bis 2000 m Höhe. **H:** Weit verbreitet und häufig. **Fl:** Anfang September bis Ende Mai. **Rz:** April bis Mitte Juli. **FR:** Kleine Raupen an jungen Pappeln und Eichen; ältere an Heidelbeerpflanzen.

Dryobotodes protea SCHIFF.

M: Etwa 1,5 cm lange Vorderflügel, von Hellbraun über Grau bis dunkel Grauschwarz mit grünlichen Tönen. Nicht leicht zu bestimmen. Die sehr undeutlichen Querlinien nähern sich stark am Innenrand. Hinterflügel grau. **Fg:** Trockene Eichen- und Mischwälder, Hartholzauen, in denen Eichen stehen, alte Alleen, alte Gärten und Parks. **Vb:** Ganz Europa, doch stets an das Vorkommen alter Eichen gebunden und dadurch mehr inselartig. **H:** Vielerorts selten, in alten Eichenwäldern jedoch auch häufig, jahrweise oft stark schwankend. **Fl:** Ende August bis Ende Oktober. **Rz:** Mai bis Juni. Ei überwintert. **FR:** Alte Eichen.

Eupsilia transversa HUFN. Satellit-Eule

M: 1,8–2,1 cm lange Vorderflügel. Meist findet man in Süddeutschland die braunrote Satellit-Eule, doch es kommen auch braungraue Varianten vor. Bestes Kennzeichen ist die weiß oder gelb gefüllte Nierenmakel, neben der sich 2 weiße, kleine Punkte befinden, die »Satelliten«. **Fg:** Alle möglichen Lebensräume, doch vorwiegend in offenem Gelände. **Vb:** Ganz Europa. **H:** Häufig, manchmal sehr häufig. **Fl:** Anfang September bis Mai. Der Falter fliegt noch spät im Jahr, ehe er sich zum Winterschlaf zurückzieht. Im Frühjahr erscheint er schon in den ersten warmen Tagen. **Rz:** Mai bis Juni. **FR:** Verschiedene Laubbäume.

Conistra rubiginosa SCOP.

M: 1,5–1,8 cm lange Vorderflügel. Graue bis graubraune Eule, leicht an den charakteristischen, schwarzen Flecken zu erkennen. Sie sind immer deutlich ausgebildet: In der Ringmakel liegt ein schwarzer Punkt und in der Nierenmakel mehrere. Hinterflügel heller. **Fg:** Mischwälder, Auen, Lichtungen, Wegränder, Flußtäler und Gärten. **Vb:** Wärmere Bereiche Europas, im kühlen Norden nur inselartig. **H:** Entsprechend der Verbreitung unterschiedliche Häufigkeiten, doch meist nicht selten. **Fl:** Ende August bis Ende April. **Rz:** Ende März bis Anfang Juni. **FR:** Zunächst Knospen von Laubhölzern, später krautige Pflanzen.

Dasycampa erythrocephala SCHIFF.

M: 1,3–1,8 cm lange Vorderflügel. Rotbraune oder rötlichgraue Grundfärbung. Bestes Kennzeichen sind die 3, selten 4, unscharfen, schwarzen Punkte am unteren Bereich der Nierenmakel. Beide Makeln meist heller als die Grundfarbe; Zeichnung sonst sehr undeutlich. **Fg**: Eichen-, Buchen-Mischwälder und Parkanlagen. **Vb**: In Europa weit verbreitet, mit Schwerpunkt im Norden. **H**: Sehr unterschiedlich. Die Art kann in Massen auftreten und dann wieder selten sein. **Fl**: Ende September bis Anfang Mai. **Rz**: Mai bis Juni. **FR**: Verschiedene Harthölzer wie Eiche, Buche, Ulme; Krautpflanzen wie Wegerich und Löwenzahn.

Agrochola helvola L. Weiden-Herbsteule

M: 1,5–1,8 cm lange Vorderflügel. Sehr ähnlich *A. circellaris.* Doch der Punkt in der Nierenmakel ist bei *A. helvola* braun und ein Mittelschatten zieht, am Punkt abgewinkelt, quer über den Flügel. Zwischen Wellenlinie und äußerer Querlinie ein dunkles Band. Makel hell umrandet. **Fg**: Laubmischwälder, Auen, Gärten und Parks. **Vb**: Europa. Bis 1400 m. **H**: Häufig und regelmäßig. **Fl**: Ende August bis Ende Oktober. Werden die Herbstnächte zu kalt, ist der Flug der Herbsteulen beendet. **Rz**: Mai bis Juni. **FR**: Die kleinen Raupen leben in Weidenkätzchen, Pappeln und Ulmen, die großen an Pflanzen der Krautschicht.

Agrochola lota CL./A. macilenta HB.

M: Zwei einander sehr ähnliche Arten, etwa 1,5 cm lange Vorderflügel. Färbung blaugrau *(A. lota)* bis rötlichgelb *(A. macilenta).* Die Zeichnung meist sehr undeutlich. Doch im unteren Teil der Nierenmakel kann man einen dunklen Punkt erkennen. Genaue Artbestimmung durch Genitaluntersuchung. **Fg**: An Fluß- und Bachufern, feuchten Niederungen und Wiesentälern. **Vb**: In Europa weit verbreitet. In den Alpen bis 1500 m. **H**: Nicht selten, manchmal auch häufig. **Fl**: Anfang September bis Anfang November. **Rz**: Mai bis Juni. **FR**: Weiden. Die jungen Raupen leben zwischen zusammengesponnenen Blättern.

Xanthia gilvago D. & S. Ulmen-Herbstfalter

M: 1,6–1,9 cm lange Vorderflügel, Ockerbraune Flügel, manchmal auch zimtrot oder graugelb. Der schwarze Punkt im unteren Teil der Nierenmakel ist das beste Kennzeichen dieser Art. Die Makeln selbst sind fein dunkel gerandet. Wellenlinie innen dunkel angelegt. **Fg**: Auwälder, Laubmischwälder, Lichtungen, Kahlschläge, Moore, Gärten und Parks. **Vb**: Gemäßigte Zone Europas. Bis 1600 m Höhe. **H**: Häufig. **Fl**: Anfang September bis Mitte November. **Rz**: März bis Juni. **FR**: Junge Raupen: Blüten und Früchte der Ulme, auch in Pappelkätzchen, ältere leben an Kräutern.

Agrochola litura L.

M: 1,4–1,8 cm lange Vorderflügel. Grau-, violett- bis rotbraun. Makeln meist fein hell umrandet und dunkel gefüllt. Am Saum befindet sich an den Ansatzstellen der Quer- und Wellenlinie je ein dunkler Fleck. Im Wurzelbereich aufgehellt. **Fg**: Waldränder, Wege, Lichtungen, Auen, Uferböschungen, Gärten und Parks. **Vb**: In Europa weit verbreitet, Schwerpunkt im Süden. **H**: Meist häufig. **Fl**: Anfang August bis Ende Oktober. **Rz**: April bis Anfang Juni. **FR**: Weiden, Schlehen, Besenginster, Heidelbeere und Rose. An krautigen Pflanzen findet man die großen Raupen: so an Taubnessel, Ampfer, Hornklee und Wicke.

Panthea coenobita ESP. Mönch

M: 2–2,5 cm lange Vorderflügel. Schwarzweiß gefärbt. Hinterflügel eher grau mit dunklen Flecken. Auch der Körper ist dunkel, meist schwarz. **Fg**: Nadelwälder, Waldränder und Lichtungen, Schonungen von Kiefern- wie Fichtenmonokulturen. **Vb**: Hauptverbreitungsgebiet ist der Nordosten Europas, nach Westen und Süden zunehmend seltener. Im Gebirge nur bis 1500 m. **H**: Sehr unterschiedlich. **Fl**: Anfang Mai bis Anfang August. **Rz**: August bis Anfang Oktober. Raupen leben auf Nadelbäumen. Verpuppung am Boden in Stammnähe. **FR**: Kiefern und Fichten.

Agrochola macilenta

Cirrhia togata ESP. Weidengelbeule

M: Etwa 1,5 cm lange Vorderflügel. Leuchtend gelb gefärbt. Durch die Mitte der Vorderflügel zieht sich ein breites Band, das violett oder braunrot gefärbt ist. Mehrere unterschiedliche große Flecke am Saum und Vorderrand im selben Farbton. Brust ebenfalls gelb. **Fg**: Auen, Uferzonen von Bächen und Flüssen, Waldränder, aufgelassene Steinbrüche, Gärten und Parkanlagen. **Vb**: Gemäßigtes und nördliches Europa. Bis in 1700 m Höhe. **H**: Im allgemeinen häufig. **Fl**: Ende Juli bis Anfang Oktober. **Rz**: März bis Mai. Ei überwintert. **FR**: Die kleinen Räupchen fressen zunächst in den Weidenkätzchen, später an niederen Pflanzen.

Cirrhia icteritia HUFN. Gemeine Gelbeule

M: 1,4–1,6 cm lange Vorderflügel. Leuchtend gelb gefärbt mit violetter oder rostroter Beimischung. Unter der Nierenmakel liegt ein schwarzer, weiß gekernter Punkt. Die übrige Zeichnung besteht aus mehr oder weniger regelmäßigen Flecken, verteilt über die ganze Oberfläche. Hinterflügel stets weiß, nie gelblich wie bei *C. togata*. **Fg**: Waldränder, Böschungen, Fluß- und Bachufer, Auen. **Vb**: Weit in Europa, bis in 1800 m Höhe verbreitet. **H**: Regelmäßig und häufig. **Fl**: Anfang August bis Mitte Oktober. **Rz**: März bis Mai. **FR**: Die jungen Raupen fressen in Weidenkätzchen, die älteren an Pflanzen der Krautschicht.

Cirrhia ocellaris BKH.

M: Etwa 1,5 cm lange Vorderflügel. Rötlichgelb oder rötlichgrau. Dunkle, undeutliche Zeichnung. Makeln, Quer- und Wellenlinie sowie die Adern sind heller und daher meist etwas hervorgehoben. Querlinien doppelt angelegt. Hinterflügel weißlich. Spitze des Vorderflügels nach vorn gezogen. **Fg**: Auen, nasse Wiesentäler, Moore und an Teich- und Seengebieten. **Vb**: Vor allem in größeren Feuchtgebieten. Bis etwa 1100 m. **H**: Unterschiedlich, doch nicht selten. **Fl**: Ende August bis Ende Oktober. **Rz**: März bis Anfang Juni. **FR**: Zunächst Weidenkätzchen und Pappeln, später Pflanzen der Krautschicht.

Cirrhia fulvago CL.

M: Etwa 1,5 cm lange Vorderflügel. Hellste der Gruppe, fast zitronengelb. Am dunklen Mittelschatten und den beiden Ringflecken in der Nierenmakel zu erkennen. Übrige Zeichnung oft mehr oder weniger undeutlich. Hinterflügel heller, auch gelblich. **Fg**: Trockene, steinige Lebensräume: in Steinbrüchen, an felsigen Hängen, auch in Parkanlagen. **Vb**: Die wärmeliebende Art findet man im Süden häufiger als nördlich der Alpen. **H**: In Mitteleuropa lokal und selten. Südlich der Alpen regelmäßig. **Fl**: September bis Anfang Oktober. **Rz**: Mai bis Mitte Juni. **FR**: Die Raupen leben vor allem am Feldahorn, an Weiden und Birken.

Pyrrhia umbra HUFN.

M: 1,4–1,8 cm lange Vorderflügel, gelblich, auch rötlichbraun oder gelbbraun gefärbt. Breites, violettes Band über dem Saum der Vorderflügel. Querlinien und Wellenlinie sowie Ring- und Nierenmakel rotbraun. **Fg**: Warme Hänge, Waldlichtungen, Trockenrasen, Wiesen- und Wegränder, Gärten und Parks. **Vb**: Größte Teile des gemäßigten Europas. Nie über 1600 m. **H**: Spärlich im Norden, regelmäßig und häufig im Süden, vor allem südlich der Alpen. **Fl**: Mitte Mai bis Ende Juli. **Rz**: Juli bis August. Puppe überwintert. **FR**: Besonders Hauhechel und Storchschnabel, oder auch Erlen- und Haseltriebe.

Panemeria tenebrata SCOP. √

M: Mit knapp 1 cm langen Vorderflügeln ein Zwerg unter den Eulen. Von der Zeichnung der dunkelbraunen, grau gemischten Vorderflügel kann man außer dem Mittelschatten nichts mehr erkennen. Doch die schwarzen Hinterflügel mit dem dunkelgelben Mittelband sind kennzeichnend. **Fg**: Trockene Wald- und Bergwiesen, Waldränder, Wiesentäler, Brachflächen, auch verwilderte Gärten. **Vb**: In Europa weit verbreitet. Bis etwa 1600 m Höhe. **H**: Dieser Falter ist nicht selten, doch wird er nur wenig beachtet, weil man ihn leicht übersehen kann. **Fl**: April bis Juni. Tagaktiv. **Rz**: Juni bis Juli. **FR**: Hornkraut und Sternmierenarten.

Axylia putris L.

M: Etwa 1,5 cm lange Vorderflügel. Gelbbraun, in der Musterung einem Holzstückchen ähnelnd. Saum verdunkelt, Nierenmakel dunkelbraun gefüllt, Ringmakel braun umrandet und gekernt. Brauner Wisch durch die Mitte des Vorderflügels. **Fg:** Flußauen, Moore, Wald- und Wegränder, Gärten und Parkanlagen. **Vb:** In Europa sehr weit verbreitet, doch nicht über 2000 m. **H:** Regelmäßig. **Fl:** Mitte Mai bis Anfang August. **Rz:** Anfang Juni bis September. Die Raupe verpuppt sich am Boden und die Puppe überwintert im Schutz der Bodenstreu. **FR:** Vor allem Kräuter und Wildgräser: Ampfer, Wegerich, Miere.

Subacronicta megacephala SCHIFF. Aueneule

M: 1,5–1,8 cm lange Vorderflügel. Dunkel schwarzgrau, grob bestäubt. Gutes Kennzeichen ist die hell gefüllte und dunkel gekernte Ringmakel. In der Mitte des Vorderflügels meist ein unscharf aufgehelltes Feld. In den Hinterflügeln treten die Adern schwarz hervor. **Fg:** Auen und Bruchwälder, Moore, Alleen, Gärten und Parks. **Vb:** Ganz Europa. **H:** Häufig, aber in Norddeutschland seltener bis sehr selten. **Fl:** Zwei Generationen, die stark ineinander verschoben sind: Anfang Mai bis Ende August. **Rz:** Juni bis Oktober. Puppe überwintert. **FR:** Weiden, Pappeln, Espen, seltener Erlen.

Acronicta aceris L. Ahorneule

M: Etwa 2 cm lange Vorderflügel. Graubraun, auch grauschwarz, die hellgefüllte Ringmakel dunkel gekernt, schwarze Wurzelstrieme auffallend, die Hinterflügel sind fast weiß. **Fg:** Alleen, Gärten. **Vb:** Sehr weit in Europa verbreitet. In den Alpen bis 1600 m ansteigend. **H:** Regelmäßig, auch häufig. **Fl:** Mitte Mai bis Mitte August. **Rz:** Juli bis September. Puppe überwintert. **FR:** Ahorn und Roßkastanie.

Diloba caeruleocephala L. Blaukopf

M: 1,5–2 cm lange Vorderflügel, die rotbraun bis graubraun gefärbt sind. Von der Wurzel bis zur inneren Querlinie rotbraun, Mittelfeld gräulich, zwischen äußerer Querlinie und Saum wieder heller rötlich. Im Mittelfeld hell umrandete Nieren- und Ringmakeln. In der Spitze der Hinterflügel schwarzer Fleck. **Fg:** Hänge, Waldränder, Obstgärten, Baumschulen. **Vb:** Weit verbreitet, Schwerpunkt Südeuropa. Bis etwa 1000 m. **H:** Regelmäßig, örtlich auch häufig. **Fl:** Mitte September bis Ende November. **Rz:** Mai bis Juni. **FR:** In den Mittelmeerländern gern Obstbäume, sonst Schlehen und Traubenkirschen.

Pharetra rumicis L. Ampfereule

M: 1,4–1,8 cm lange Vorderflügel, grau, schwärzlich oder dunkelgrau. Undeutliche, oft verloschene Zeichnung. Doch meist sieht man die weißen Flecke am Innenrand der äußeren Querlinie. Hinterflügel immer braun und dunkel. **Fg:** Alle offenen Lebensräume (Kulturlandschaften). **Vb:** In ganz Europa weit verbreitet. Im Norden vereinzelter. **H:** Die Ampfereule gehört zu den häufigsten europäischen Eulenarten. **Fl:** Zwei Generationen: I. Mitte Mai bis Mitte Juli, II. Ende Juli bis Anfang September. **FR:** Krautige Pflanzen, vor allem Ampfer *(Rumex)*, daher der lateinische Artname *rumicis*. Doch auch Heidekraut und Brennessel.

Acronicta leporina L. Pudel

M: Etwa 2,6 cm lange Vorderflügel. Diese auffallend weiße Art mit feiner, schwarzer Punktzeichnung kann man mit keiner anderen Eule verwechseln. Die Punkte und die hakenförmigen Flecke sind die Reste von Querlinien, Wellenlinie, Ring- und Nierenmakel. Hinterflügel rein weiß. **Fg:** Auen, Moore, feuchte Mischwälder, Bach- und Flußufer. **Vb:** Ganz Europa, doch nicht über 1600 m. **H:** Nicht selten. **Fl:** Mitte Mai bis August. **Rz:** Juli bis September. Puppe überwintert. **FR:** Weiden, Pappeln, Espen, Erlen, Eschen und Linden. **Allg:** Manchmal treten grau überstäubte Exemplare auf *(f. grisea)*.

Apatele cuspis HBN. Moorheiden-Pfeileule RL!

M: Knapp 2 cm lange Vorderflügel. Von *A. psi* und *A. tridens* schwer zu unterscheiden. *A. cuspis* ist relativ groß, aschgrau gefärbt, grob beschuppt und weist meist eine deutliche Zeichnung auf. Bestes Kennzeichen: zwischen Ring- und Nierenmakel stets ein deutlicher schwarzer Steg. Wurzelstrieme und die übrigen (schwarzen) Strichzeichnungen wie bei den anderen Arten. **Fg**: Auen, Gehölze. **Vb**: Inselartig, in den Alpen nur stellenweise bis 2000 m. **H**: Örtlich nicht selten und regelmäßig zu beobachten. **Fl**: Juni bis Juli. **Rz**: August bis September. **FR**: Erlen.

Apatele psi L. Pfeileule *Raupe S. 280*

M: Mit etwa 1,5 cm langen, silbergrauen Vorderflügeln kleiner als *A. cuspis*. Bestes Kennzeichen ist der Strich durch die Umrandung der Ringmakel (»Pfeil«). Hinterflügel weiß. **Fg**: Mischwälder, an Landstraßen mit Sträuchern und Obstbäumen, an Feldwegen und Feldgehölzen, auch in naturnahen Gärten. **Vb**: Sehr weit in Europa verbreitet. In den Alpen bis 1600 m ansteigend. **H**: Von den 3 ähnlichen Arten *A. cuspis, A. psi* und *A. tridens* die weitaus häufigste. **Fl**: Mitte Mai bis Anfang August. **Rz**: Juli bis Anfang Oktober. **FR**: Weichhölzer wie Weide, Erle und Pappel, daneben auch Schlehen, Birken, Hasel.

Eustrotia olivana SCHIFF. Silberstricheulchen RL!

M: Mit 1 cm langen Vorderflügeln sehr klein, doch unverwechselbar an den beiden schräg verlaufenden, silberweißen, unregelmäßig breiten Linien. Es gibt keine andere Eule mit entsprechender Zeichnung. **Fg**: Feuchte Auen und Moore, Bruchwälder, Lichtungen und Kahlschläge. **Vb**: In Europa verbreitet, doch im Norden wesentlich seltener und mehr inselartig. **H**: Sehr unterschiedlich; örtlich nicht selten. **Fl**: Ende Mai bis Ende Juli. **Rz**: August bis September. Puppe überwintert. **FR**: An Wildgräsern, die auf feuchtem Standort wachsen: *Carex, Poa, Cyperus, Calamagrostis epigejos*

Apatele alni L. Erleneule *Raupe S. 280*

M: 1,5–1,8 cm lange Vorderflügel, die dunkelbraun, braungrau oder weißgrau gefärbt sind. Breite, schwarze Wurzelstrieme und deutlicher schwarzer Strich im Mittelfeld des Saumes. Deutlicher Mittelschatten. Hinterflügel weiß, manchmal am Saum braun gerandet. **Fg**: Feldgehölze, Waldränder, buschreiche Hänge, Wegraine und Wiesentäler, naturnahe Gärten und verwilderte Parkanlagen. **Vb**: Ganz Europa, doch mehr im Süden als im Norden. **H**: Nicht überall häufig und in manchen Gegenden ausgesprochen selten. **Fl**: Mitte Mai bis Juni. **Rz**: Juni bis September. Verpuppung in morschem Holz. **FR**: Erlen, Eichen, Birken.

Craniophora ligustri SCHIFF. Ligustereule

M: 1,5–1,8 cm lange Vorderflügel. Sehr dunkel, manchmal grün überhaucht. In der häufigsten Form ist die Nierenmakel außen hell umrandet, daneben ein deutlicher weißer Fleck. Die Art neigt zur Bildung von »Schwärzlingen«. **Fg**: Am Rand von Laubmischwäldern, in Auen, an Weg- und Straßenrändern, auch in städtischen Parkanlagen. **Vb**: Gemäßigte Zone Europas. In den Alpen nur bis 800 m. **H**: Unregelmäßig, doch nicht selten. **Fl**: Zwei Generationen: I. Mai bis Anfang Juli, II. August bis September. Puppe überwintert. **Rz**: I. September bis Oktober, II. Juli. **FR**: Esche und Liguster.

Chrysoptera c-aureum KNOCH. Goldenes C RL!

M: Etwa 2 cm lange Vorderflügel. Dunkelbraun mit violetter Einmischung. Querlinien auffallend und doppelt angelegt. Goldene Bereiche im Saumfeld, an der Nierenmakel und im Wurzelbereich, nicht immer deutlich hervortretend. Zeichen an der Nierenmakel wie ein goldenes C. **Fg**: Feuchtgebiete: Auen, Bruchwälder, Sumpfwiesen, Bachufer, auch Gärten und Parkanlagen, die entsprechendes Gelände beinhalten. **Vb**: Inselartig. **H**: Sehr unterschiedlich. **Fl**: Juni bis August. **Rz**: August bis Juni. Raupe überwintert. **FR**: Akeleiwiesenraute, andere Wiesenpflanzen.

Earias vernana HBN. RL!

M: Knapp 1 cm lange Vorderflügel. Kleines, grünes Eulchen. Das Grün wirkt weißlich; nur vor dem Saum ist es kräftig grün. Die dunkelgrünen Querlinien sind meist deutlich und unterscheiden diese Art von der ähnlichen *E. clorana.* **Fg:** Bevorzugt warme, feuchte Stellen im Auwald, an Bach- und Flußufern, auch in Laubmischwäldern. **Vb:** Inselartig in Europa, doch weit verbreitet. Im Norden sehr selten. **H:** Unterschiedlich, doch nirgends häufig. **Fl:** Zwei Generationen: I. Ende April bis Mitte Juni, II. Mitte Juli bis August. **Rz:** I. August bis Oktober, II. Juni bis Juli. Puppe überwintert. **FR:** Silberpappeln *(Populus alba).*

Earias clorana L. Weidenkahneule

M: Knapp 1 cm lange Vorderflügel, etwa so groß wie die sehr ähnliche *E. vernana,* doch einfarbig leuchtend grün gefärbt. Hinterflügel weiß. An diesen Merkmalen kann man die beiden Arten leicht auseinanderhalten. **Fg:** In feuchten Niederungen, in Fluß- und Bachauen, in Bruchwäldern, auch in Wiesenkulturen, in Gärten und städtischen Parkanlagen. **Vb:** In Europa, doch nicht im kalten Norden; weit verbreitet, bis 2000 m. **H:** Sehr viel häufiger als *E. vernana.* **Fl:** Zwei Generationen: I. Mai bis Juni, II. Juli bis August. **Rz:** I. August bis September, II. Juni bis Juli. **FR:** Verschiedene Weidenarten. Puppe überwintert.

Bena fagana L. Kleiner Kahnspinner

M: Etwa 1,5 cm lange Vorderflügel. Kräftig grüne Eule. Das ♂ stark rot, das ♀ rötlich bis gelblich gerandet. Die schräg verlaufenden und manchmal nicht deutlichen Querlinien sind dunkelgrün und weiß angelegt. Die äußerste zieht in die Flügelspitze. Hinterflügel gelblich (♂) oder weiß (♀). Die roten Fühler geben dieser Eule ein buntes Aussehen. **Fg:** Buchenwälder, trockene Auwälder, Parks und Gärten. **Vb:** In der gemäßigten Zone Europas weit verbreitet. In den Alpen bis 1500 m. **H:** Örtlich nicht selten. **Fl:** Anfang Mai bis Ende Juli. Südlich der Alpen eine II. Generation. **Rz:** Juni bis September. **FR:** Buche, Eiche.

Autographa gamma L. Gammaeule

M: 1,6–2 cm lange Vorderflügel, graubraun bis violettbraun gefärbt. Mittelfeld verdunkelt. Querlinien doppelt, innen hell gefüllt. Am Saum wird äußere Querlinie hell bis weiß umsäumt. Bestes Merkmal ist das Gamma-Zeichen, das an ein Y erinnert. Hinterflügel braun. **Fg:** Felder, Wiesen, Gärten, Laub- und Auwälder. **Vb:** Ganz Europa, bis an die obersten Bergspitzen. **H:** Unterschiedlich, doch nie selten. **FL:** Anfang April bis Juli Einflug aus dem Süden. Juli bis September Rückreise. **Rz:** I. Generation September bis Mai, II. Juni bis August. **FR:** Brennesseln, Klee, Flachs. Ausgeprägter Wanderfalter!

Autographa jota L. Jotaeule

M: Etwa 2 cm lange Vorderflügel. Dunkel mit purpurnem Glanz und meist auffallender Zeichnung, die aus einem silbernen V und einem kleinen silbernen Punkt daneben besteht. Diese charakteristischen »Metall«-zeichen können miteinander auch verbunden sein. Im etwas helleren Bereich verlaufen die doppelt angelegten Querlinien. Hinterflügel graubraun. **Fg:** Trockene, warme Hänge, Waldränder, Lichtungen, Auen und Flußufer. **Vb:** Inselartig. Im Süden häufiger. **H:** Unterschiedlich, doch nie sehr häufig. **Fl:** Mitte Juni bis Mitte August. **Rz:** Ende August bis Ende Mai. Raupe überwintert. **FR:** Verschiedene Kräuter.

Autographa pulchrina HAW.

M: Etwa 2 cm lange Vorderflügel. Sehr ähnlich *A. jota.* Doch im allgemeinen sind die Vorderflügel purpurbraun und dunkler als die von *A. jota.* Metallzeichen bestehen aus silbernem V und kleinem Punkt daneben. Makeln und Querlinien deutlich gezeichnet. Querlinien doppelt angelegt. Hinterflügel dunkelbraun mit heller Linie. **Fg:** Sonnige Halden, aufgelassene Kiesgruben, Waldränder, Lichtungen, Auen und Wiesentäler. **Vb:** Inselartig in Europa. Bis über 1600 m. **H:** Nicht selten, aber nicht überall. **Fl:** Anfang Juni bis Ende August. **Rz:** Ende August bis Ende Mai. Die Raupe überwintert. **FR:** Kräuter.

Autographa bractea SCHIFF.

Merkmale: 1,4–2,1 cm lange Vorderflügellänge, die mittel- bis violettbraun gefärbt sind. In ihrer Mitte liegt ein großer, goldener Fleck, der den ganzen Raum zwischen der doppelt angelegten, äußeren und inneren Querlinie einnimmt. Hinterflügel mittelbraun, wurzelwärts etwas heller. Die Art kann mit keiner anderen verwechselt werden.
Fluggebiet: In Feuchtgebieten, Auen, nassen Wiesen, feuchten Mischwaldrändern sowie an Bach- und Flußufern. In den Alpen bis 2600 m ansteigend.
Verbreitung: Bevorzugt Gebirge. Inselartiges Vorkommen in Fennoskandien, in den Mittelgebirgen Mitteleuropas und den Alpen.
Häufigkeit: Nirgends häufig. Außerhalb der Gebirge nur in einzelnen Exemplaren.
Flugzeit: Zwei Generationen: I. Juni bis Juli, II. August bis September.
Raupenzeit: I. September bis Mai, II. Juli bis August. Raupe überwintert.
Futterpflanzen: Kräuter wie Huflattich, Habichtskraut, Wegerich.

Macdunnoughia confusa STEPH.

Merkmale: Etwa 1,5 cm lange Vorderflügel. Violettgrau und heller als die ähnliche Gammaeule, meist auch mit einem tieferen Weinrot gekennzeichnet. Der auffallende Silberfleck sieht wie ein kleiner, liegender Achter aus, der mit einem feinen silbernen Steg mit dem unteren Flügelteil verbunden ist.
Fluggebiet: An warmen, trockenen, sonnigen Stellen von Waldrändern, Hängen, Blößen, Brennen; auch im Auwald. Heidegebiete, seltener in Gärten und Parkanlagen.
Verbreitung: Dieser Wanderfalter ist nur südlich der Alpen bodenständig, auch wenn lokal kleine Bestände in Mitteleuropa existieren, wie beispielsweise im Rheinland, in der Pfalz, in Baden und im östlichen Österreich. In den Alpen bis in etwa 1200 m.
Häufigkeit: Unterschiedlich, meist selten.
Flugzeit: Zwei Generationen: I. Mai bis Juli, II. August bis Oktober. Falter tag- und nachtaktiv. **Raupenzeit:** I. September bis Juni, II. August bis Oktober. Raupe überwintert.
Futterpflanzen: Kamille, andere Wildkräuter.

Plusia chrysitis L. Messingeule

Merkmale: 1,4–1,8 cm lange Vorderflügel. Mittelfeld und Wurzelfeld dunkelbraun. Äußeres Wurzelfeld und Saumfeld metallisch grün, messingfarben oder golden. Makeln wenig hervortretend, hell umrandet. Hinterflügel braun oder braungrau.
Fluggebiet: Auwälder, Moore, an Flüssen und Bächen, auf Brachflächen, an Wegrändern, in Gärten und Parkanlagen.
Verbreitung: Ganz Europa bis zur Polargrenze. In den Niederungen am häufigsten, doch auch hoch im Gebirge.
Häufigkeit: Häufig, aber große Schwankungen von Jahr zu Jahr. Alljährlich fliegt die Art in größerer Anzahl, fällt aber – da nachtaktiv – nicht so auf wie die Gammaeule.
Flugzeit: Zwei Generationen: I. Mitte Mai bis Anfang Juli, II. Ende Juli bis Ende September.
Raupenzeit: I. September bis Mai, II. Juni bis Juli, Raupen überwintern.
Futterpflanzen: Brennessel, Taubnessel, Löwenzahn, Wegerich und viele andere.

Plusia chryson ESP.

Merkmale: Etwa 2 cm lange Vorderflügel. Dunkelbraun bis violettbraun. Auffallendstes Kennzeichen ist der große Metallfleck in der Flügelspitze. Messingfleck eckig, verbreitert sich saumwärts. Leicht bestimmbar.
Fluggebiet: Moore und Auwälder, an Bach- und Flußufern, auch an Lichtungen, Blößen und Rändern von Laubmischwäldern sowie in nassen Wiesentälern.
Verbreitung: Inselartige Verbreitung in Europa, so in Süddeutschland, Westdeutschland, in Belgien, Holland und Dänemark; fehlt in Norddeutschland. In den Alpen bis 1200 m.
Häufigkeit: Unterschiedlich, meist selten; nur an einigen wenigen Stellen Süddeutschlands findet man sie häufiger.
Flugzeit: Ende Juni bis August. In seltenen, günstigen Jahren schiebt sich eine II. Generation bis zum Oktober hinein.
Raupenzeit: September bis Mitte Juni. Raupe überwintert.
Futterpflanzen: Wasserdost, Klebriger Salbei; feuchtigkeitsliebende Arten.

Astiodes sponsa L. Großes Eichenkarmin

Merkmale: 3–3,5 cm lange Vorderflügel. Braungrau oder Braun mit schwarzen und hellen Einmischungen bilden ihre Grundfarbe. Als größter Kontrast liegt die weiß umrandete, große Nierenmakel mit einem weißen Fleck darunter, zwischen den kräftig gezeichneten, äußeren und inneren Querlinien. Im Saumbereich ist die äußere Querlinie doppelt angelegt. Diese endet an der Stelle, an welcher die Querlinie ein spitzes M aufweist, das parallel neben dem M der Wellenlinie liegt, welches jedoch flacher angelegt ist. Die Wellenlinie verläuft doppelt, schwarz-weiß und gezackt. Die Hinterflügel sind leuchtend rot mit 2 schwarzen Bändern; das eine ist breit und verläuft im Saumfeld, das andere ist schmaler und 2mal scharf gewinkelt.

Fluggebiet: Eichenwälder. Auch in Laubmischwäldern, in alten Gärten und sogar in Parks, doch müssen sie alte Eichen enthalten.

Verbreitung: Ganz Europa. Da die Art von Eichen abhängig ist, tritt sie nur inselartig auf. Im Norden weniger häufig als im Süden.

Häufigkeit: In günstigen Jahren kann man das Eichenkarmin häufig beobachten; meistens jedoch nur in einzelnen Exemplaren.

Flugzeit: Mitte Juli bis Mitte September. Fliegt in der Phase nach der größten Sommerhitze. Es ist nachtaktiv. Am besten kann man es sehen, wenn es eine Lichtquelle anfliegt und sich nach einiger Zeit ruhig daneben niederläßt. Dann läßt es sich auch vorsichtig in die Hand nehmen und bestimmen, bis es wieder davonfliegt. Eichenkarmine stört eine solche Behandlung nicht. Natürlich muß man aufpassen, daß man die Beschuppung der Flügel nicht abreibt.

Raupenzeit: Mai bis Juni. Ei überwintert. Wenn im Frühjahr die ersten Triebe schieben, schlüpfen die kleinen Raupen. Sie leben hier bis zur Verpuppung. Diese findet am Boden statt, wo ein graues Gespinst gebaut wird.

Futterpflanzen: Raupen nur an Eichen.

Allgemeines: Tritt in verschiedenen Formen auf. Die schönste und auffallendste ist die mit gelben Hinterflügeln *(f. desponsa)*.

Catocala fraxini L. Blaues Ordensband RL!

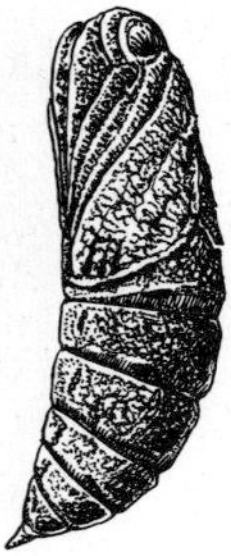

Merkmale: Mit 4,5 cm langen Vorderflügeln ist das Blaue Ordensband eine unserer größten Eulen. Ihre Vorderflügel sind hellgrau bis graubraun, auch weißlich braun gefärbt. Die unruhige Zeichnung ahmt ein Stück Baumrinde nach und dient dem Falter als Tarnung, wenn er tagsüber ruhig am Stamm sitzt. Diese Tarnfarbe haben alle Ordensbänder, und man braucht Übung, wenn man die feinen Unterschiede erkennen will. Doch bei genauem Hinsehen ist es durchaus möglich, die verschiedenen Arten richtig zu bestimmen. So hat das Blaue Ordensband auffallend doppelt angelegte äußere und innere Querlinien, die hell, fast weiß, gefüllt sind. Die schwarz umrandete und weniger auffallende Nierenmakel sitzt über einem weißen Fleck, dem einzigen größeren des Vorderflügels. Auf der Innenseite der Wellenlinie befindet sich ein helles bis weißliches Feld, außerhalb ein bräunliches Feld, das durch feine Saumpunkte begrenzt wird. Die Hinterflügel sind eindeutig: dunkelbraun mit einem breiten blauen Band, das dem Falter den Namen gegeben hat. Es ist nicht gezackt, sondern bildet einen Halbkreis.

Fluggebiet: Ränder von Laubmischwäldern; außerdem Flußufer und Alleen; seltener in alten, verwilderten Gärten und Parkanlagen. Im Gebirge bis zur Laubwaldgrenze.

Verbreitung: Ganz Europa in Mischwäldern. Fehlt im äußersten Süden und im Nadelwald.

Häufigkeit: Nicht selten. Doch seit dem Zweiten Weltkrieg ist die Zahl der Fundorte rückläufig und auch die Häufigkeit scheint sich zu vermindern. Gilt heute vielerorts als **bedroht.**

Flugzeit: Mitte Juli bis Mitte Oktober. Nachtaktiv. Fliegt Lichtquellen an, läßt sich aber meist in der Nähe – und nicht direkt am Licht – nieder.

Raupenzeit: Mai bis Juni. Ei überwintert.

Futterpflanzen: Pappelarten; Eichen, Birken, Erlen.

Catocala electa VIEWEG Weidenkarmin RL!

Merkmale: 3–3,5 cm lange Vorderflügel. Eine sehr große Eulenart mit auffallend roten Hinterflügeln, durch die sich ein breites, schwarzes, deutlich geknicktes Band zieht, das nicht bis zum Rand reicht. Sicher bestimmen kann man das Weidenkarmin am unscheinbar braunen Muster der Oberseite der Vorderflügel, die im Gegensatz zu den anderen der Gruppe sehr fein beschuppt sind. Die grauen Vorderflügel tragen stets sehr deutlich erkennbare Linien. Äußere und innere Querlinien sind doppelt angelegt und hell gefüllt. Die äußere Querlinie zeigt im vorderen Flügeldrittel ein scharfes M, das deutlicher als bei allen anderen Ordensbändern ausgebildet ist. Daran läßt sich das Weidenkarmin relativ leicht bestimmen.

Fluggebiet: Auen, Flußniederungen, Fluß- und Bachufer mit dichter Vegetation, auch feuchte Gärten und Parkanlagen. Das Weidenkarmin bewohnt also feuchtere Lebensräume als das Rote Ordensband.

Verbreitung: In der gemäßigten und wärmeren Zone Europas weit verbreitet. Die Gesamtverbreitung reicht über Asien bis nach Korea. Im Norden, schon in Norddeutschland, ist die Art sehr selten oder fehlt ganz. In Süddeutschland, in den Alpen und in Südosteuropa tritt sie regelmäßig auf. Im Gebirge bis 1400 m.

Häufigkeit: Unterschiedlich, doch meist nicht allzu selten, örtlich auch häufig. Da die Falter nur nachts aktiv sind, kann man sie am ehesten an einer Lichtquelle beobachten. Tagsüber verleihen die Vorderflügel eine sehr gute Tarnfärbung.

Flugzeit: Mitte Juli bis Ende September, wobei die Dauer der Flugzeit sehr unterschiedlich ist: im Gebirge ist sie kürzer als in tieferen und wärmeren Lagen.

Raupenzeit: Mai bis Juni. Das Ei überwintert. Die Raupe ist dunkelgelb, manchmal mit grauen Einmischungen. Stets ist sie mit zahlreichen feinen, schwarzen Punkten übersät.

Futterpflanzen: Wie der Name andeutet, fressen die Raupen vor allem an Weiden. Besonders bevorzugt scheinen alte Kopfweiden zu sein, die jedoch immer seltener werden.

Catocala nupta L. Rotes Ordensband

Merkmale: 3,3–3,8 cm lange Vorderflügel. Deutlich größer als das Weidenkarmin, doch etwas kleiner als das **Pappelkarmin** *(Catocala elocata)*, dem es sehr ähnlich sieht. Vorderflügel grau mit gelblichen Einmischungen, doch immer grob beschuppt (siehe Weidenkarmin). Querlinien ebenfalls doppelt angelegt und hell gefüllt, wenn auch nicht so kontrastreich wie beim Weidenkarmin. Das M der äußeren Querlinie ist wesentlich kürzer und stumpfer als das des Weidenkarmins. Die roten Hinterflügel weisen zwei breite, schwarze Bänder auf, die nur wenig gezackt sind und bis in den Flügelrand reichen. An diesen Merkmalen kann man das Rote Ordensband gut bestimmen.

Fluggebiet: Ufer von Seen, Bächen und Flüssen, wenn genügend Weiden- und Pappelgebüsch zu finden ist. Auen- und Bruchwälder, aber auch in Alleen und Parkanlagen. Die Art meidet sehr trockene Standorte.

Verbreitung: In der gemäßigten und warmen Zone Europas weit bis flächendeckend verbreitet. Fehlt im nördlichen Europa. Auf der Nordseite der Alpen reicht das Vorkommen im Gebirge bis auf 1000 m, auf der Südseite bis auf 1600 m Höhe hinauf.

Häufigkeit: Das Rote Ordensband ist das häufigste Ordensband in Europa. Es fliegt nicht selten auch in Ortschaften; doch in den letzten Jahrzehnten gingen die Bestände gebietsweise stark zurück.

Flugzeit: Mitte Juli bis Anfang Oktober. Falter stets nachtaktiv. Sie fliegen zwar ans Licht, doch halten sich meist in einiger Entfernung und landen an Wänden oder Laternen.

Raupenzeit: Mai bis Juni. Ei überwintert. Die Raupen sind grau mit rötlicher Tönung. Sie verpuppen sich zwischen fest versponnenen Blättern gut versteckt.

Futterpflanzen: Die Raupen ernähren sich von Blättern der Weiden und Pappeln.

Catocala promissa ESP. Kleines Eichenkarmin RL!

Raupe auf S. 281

Merkmale: 2,8–3,2 cm lange Vorderflügel, auf denen helle und dunkelbraune Farbtöne ein unruhiges Muster bilden, das Baumrinde täuschend nachahmt. In Ruhestellung werden die Vorderflügel flach dachförmig gehalten und verbergen die rot-schwarzen Hinterflügel. Die Tarnung gelingt so gut, daß man schon auf geringe Distanz Mühe hat, den Schmetterling zu finden. So unruhig und variabel das Flügelmuster auch aussieht, es bleibt erstaunlich konstant innerhalb der Art. So treten immer die innere und die äußere Querlinie hervor: die äußere ist schwarz gezackt und über der Mitte bildet sie nur ein schwach ausgeprägtes W. Die innere Querlinie ist wurzelwärts dunkelbraun. Von Ring- und Nierenmakel kann man wenig entdecken: sie sind fast erloschen. Die Wellenlinie ist außen weiß, innen schwarz und verläuft stark gezackt. Die Hinterflügel, das Kennzeichen der Ordensbänder, sind kräftig rot. Am Saum verläuft ein breites, schwarzes Band, im Mittelteil des Hinterflügels eine zweite, schwache und zweimal gebogene, schwarze Linie, vor dem Flügelrand endend.

Fluggebiet: Eichenbestände und Laubmischwälder, größere Feldgehölze, buschige Hänge, stets an sonnigen, trockenen Plätzen.

Verbreitung: In der gemäßigten Zone Europas sehr weit verbreitet. Das Areal reicht über Kleinasien bis nach Armenien. Im Norden beschränkt es sich inselartig auf wenige Plätze. Auch auf der Nordseite der Alpen nicht so regelmäßig wie auf der Südseite. Bis 800 m.

Häufigkeit: Nirgends häufig, örtlich selten.

Flugzeit: Anfang Juli bis Ende August. Das Kleine Eichenkarmin ist das erste Ordensband, das im Jahreslauf fliegt. Alle anderen folgen 1 bis 2 Wochen später. Dafür geht die Flugzeit aber auch um einige Wochen früher zu Ende.

Raupenzeit: Mai bis Juni. Das Ei überwintert wie bei fast allen Ordensbändern. Die Raupen schlüpfen mit dem ersten Frühjahrsgrün.

Futterpflanzen: In erster Linie leben die jungen Raupen von frischen Eichenblättern. Gelegentlich findet man sie an Roßkastanien, vor allem in alten Kastanienalleen.

Ephesia fulminea SCOP. Gelbes Ordensband RL! GR

Merkmale: 2,2–2,6 cm lange Vorderflügel, braun, auch gelbbraun oder graubraun gefärbt. Zwischen Wurzel und innerer Querlinie ein breites, sattbraunes Feld, gegen das das helle Mittelfeld einen starken Kontrast bildet. Der Saumbereich ist wieder dunkler, aber meist nicht so dunkel wie das Wurzelfeld. Die äußere Querlinie ist ungewöhnlich stark gewellt mit einem »Doppelzahn« in der vorderen Hälfte. Im unteren Teil ist die äußere Querlinie so stark gebogen, daß sie fast die innere Querlinie berührt. Von der Ringmakel sieht man nur wenig oder nichts. Etwas kräftiger ausgeprägt ist die hellumrandete und dunkel gefüllte Nierenmakel. Besonders schön sind die gelb-braunen Hinterflügel: zwei braune Bänder, ein breites Saumfeld, doch nicht ganz am Rand, und ein zweites, schwächeres, weiter wurzelwärts, ziehen sich geschwungen über die Hinterflügel. An ihrer Spitze liegt ein großer, gelber Fleck.

Fluggebiet: Warme, sonnige Plätze: an Hängen, in Lichtungen, an Waldrändern, in Tälern mit vielen Hecken, an baumbestandenen Landstraßen, auch in naturnahen Obstgärten.

Verbreitung: In der gemäßigten Zone Europas, vor allem in den trockenen Gebieten. Der Verbreitungsschwerpunkt liegt im Südosten.

Häufigkeit: Aufgrund seiner speziellen ökologischen Anpassungen sehr selten geworden und vielerorts bereits verschwunden. Die letzten Vorkommen verdienen vollen Schutz.

Flugzeit: Ende Juni bis Ende August. Für Ordensbänder fliegt das Gelbe relativ früh: die meisten Arten im August und September, wenn das Gelbe Ordensband die Eier schon abgelegt hat und wieder verschwunden ist.

Raupenzeit: Ende April bis Anfang Juni. Die Raupen schlüpfen aus den überwinternden Eiern, sobald die Bäume austreiben. Dies erfolgt in manchen Gegenden früher, in anderen später mit entsprechender Raupenzeit.

Futterpflanzen: Die Raupen fressen nur an Eichen. Sie halten sich im unteren Teil des Baumes auf, gern an Stockaustrieben oder an buschartig geformten Eichen. Die schlanken Raupen ahmen Eichenästchen nach.

Minucia lunaris SCHIFF. Braunes Ordensband

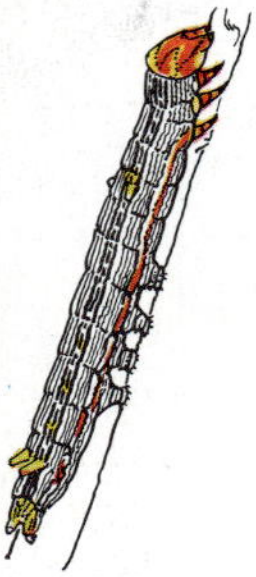

Merkmale: 2,5–3 cm lange Vorderflügel. Graubraun. Auf den Vorderflügeln innere und äußere Querlinien, die ungezackt und hell, fast weiß, verlaufen. Zwischen beiden fast punktförmige, schwarze Ringmakel, darüber dunkelbraun gefüllte Nierenmakel auf hell graubraunem Grund. Zwischen äußerer Querlinie und stark gezackter, dunkel angelegter Wellenlinie ein zur Querlinie hin stark verdunkeltes Mittelfeld. Auch über der inneren Querlinie zieht in der Mitte ein dunkles, unscharf abgegrenztes Feld. Im Saumbereich zwischen den Adern je ein deutlicher, fast schwarzer Punkt. Hinterflügel fein gelb umsäumt, sonst dunkelbraun mit einem noch dunkleren, braunen Band quer durch die Mitte des Flügels. Lange Fühler und große Augen.

Fluggebiet: Sonnige, trockene Hänge, Blößen, Lichtungen, Waldränder, lichte Laubmischwälder, besonders Eichenwälder; auch in Schneisen und Einschlägen, in warmen Tälern und ähnlichen Lebensräumen.

Verbreitung: Die eigentliche Heimat des Braunen Ordensbandes liegt in Südosteuropa. Von da aus besiedelte es einige warme Plätze in Mitteleuropa, die nach Norden zu immer spärlicher werden. Erst südlich der Alpen kann man von einem geschlossenen Verbreitungsgebiet sprechen.

Häufigkeit: Spärlich und vielerorts stark rückläufig. In Südtälern der Alpen bis 800 m.

Flugzeit: Ende April bis Ende Juni. Die Falter sind außerordentlich scheu. Wenn man sie am Tage aufscheucht, versuchen sie sofort wieder in der Vegetation zu verschwinden. Nachts fliegen sie zwar ans Licht, bei der geringsten Störung entwischen sie aber in der Dunkelheit.

Raupenzeit: Ende Juni bis August. Puppe überwintert in leichtem Gespinst am Boden. Die Raupe ist ungewöhnlich bunt gezeichnet.

Futterpflanzen: Die Raupen leben nur an Stockausschlägen von Eichen.

Callistege mi CL. Scheck-Tageule

Merkmale: 1,2–1,5 cm lange Vorderflügel. Äußere und innere Querlinie bilden am unteren Rand eine Ausbuchtung. Querlinien und Wellenlinie weiß, letztere doppelt angelegt. Ringmakel tritt als schwarzer Punkt hervor. Nierenmakel kaum sichtbar. Auf Außenseite hell umrandet, steht mit Ausbuchtung der Querlinien in Verbindung. In Flügelspitze zwischen Wellenlinie und äußerer Querlinie 4–5 schwarze Flecke. Hinterflügel dunkelbraun, gelbe oder weiße Querbänder.

Fluggebiet: Wiesen, Brachflächen, Lichtungen, Waldränder.

Verbreitung: Ganz Europa bis 1700 m Höhe.

Häufigkeit: Relativ häufig.

Flugzeit: Zwei Generationen: I. Ende April bis Anfang Juli, II. Mitte August bis Mitte September.

Raupenzeit: I. September bis Oktober, II. Juni bis August.

Futterpflanzen: Klee, Ampfer, Wicke, Luzerne, Steinklee, Wildgräser.

Ophiusa tirhaca CR.

Merkmale: Etwa 3 cm lange Vorderflügel. Sehr schöne und auffallende, jedoch äußerst seltene Eule. An den leuchtend grünen mit breitem braunen Außenband gezeichneten Vorderflügeln kann die Art leicht angesprochen werden. Meist treten die dunkle, schwarz umringte Nieren- und die punktförmige Ringmakel deutlich hervor. Hinterflügel leuchtend gelb mit dunkelbraunem Querband. Hinterleib ebenso gelb, Rücken und Kopf grünlich.

Fluggebiet: In Lichtungen und an Waldrändern trockener mediterraner Hartholzwälder.

Verbreitung: Die Art weist eine sehr lokale Verbreitung in den Südtälern der Alpen auf. Bodenständig scheint sie nur an einigen Plätzen am Gardasee zu sein.

Häufigkeit: Sehr selten und hochgradig bedroht.

Flugzeit: Von Ende März bis Ende Oktober fliegen zwei sich überschneidende Generationen.

Raupenzeit: Juli bis August.

Futterpflanzen: Cistrosen, Pistazienbaum und Sumach *(Rhus cotinus)*.

Ectypa glyphica L. Braune Tageule

M: 1,2–1,5 cm lange Vorderflügel. Sattbraun mit dunkelgelben Einmischungen. Die Querlinien sind innen dunkel angelegt und unterhalb der Spitze liegt ein dunkelbrauner Dreiecksfleck. Saumfeld hell. Hinterflügel gelb mit einem in die Wurzel ziehenden, großen braunen Feld und einer feinen braunen Linie. **Fg**: Sonnige, warme Hänge, Magerrasen, Lichtungen und Waldränder. **Vb**: Ganz Europa bis zur Polargrenze. Bis 2000 m. **H**: Im allgemeinen häufig. **Fl**: Zwei Generationen: I. Mai bis Juli, II. August. **Rz**: I. September bis Oktober, II. Juni bis August. Puppe überwintert. **FR**: Krautige Pflanzen: Klee, Luzerne, Hufeisenklee u. a.

Lygephila pastinum TR. Wickeneule

M: 1,8–2,1 cm lange Vorderflügel, die auffallend hellgrau sind. Die einzige Zeichnung bilden das schwarze Dreieck der Nierenmakel und der kleine, schwarze Punkt der Ringmakel. Undeutliche Saumpunkte. Hinterflügel mittelbraun. **Fg**: An trockenen, warmen Hängen und Lichtungen, an Waldrändern, Brachflächen und über Heidegebiete. **Vb**: In ganz Europa weit verbreitet. Erreicht im Norden Skandinavien und Finnland. **H**: Im allgemeinen regelmäßig und nicht selten. **Fl**: Juni bis Ende August. **Rz**: Ende August bis Mitte Juni. Raupe überwintert. **FR**: Krautige Pflanzen: Vogelwicke, Bärenschote und Kronwicke.

Scoliopteryx libatrix L. Zimteule

M: 2–2,2 cm lange Vorderflügel. Graubraun mit gelbroten und scharlachroten Bereichen. Saumfeld heller als Mittel- und Wurzelfeld. Querlinien weiß, doppelt angelegt. Wellenlinie weiß, gezackt. Gezackte Vorderflügelränder. Am Saum weiße Punkte. Hinterflügel grau mit brauner Linie. **Fg**: Feuchte Waldränder, Kahlschläge, Auen, Bruchwälder, Bach- und Flußniederungen, in größeren Weidenbeständen. **Vb**: Ganz Europa. Bis 2000 m. **H**: Häufig in Feuchtgebieten, außerhalb spärlich oder ganz fehlend. **Fl**: Zwei Generationen: I. Juni bis Juli, II. August bis Juni. **Rz**: I. Mai bis Juni, II. Juli bis September. **FR**: Weiden und Pappeln.

Phytometra viridaria CL.

M: 0,8–1 cm lange Vorderflügel. Innen wurzelwärts grünbraun oder schwärzlichbraun, außen hinter der äußeren Querlinie und im Saumfeld je ein deutliches, rotbraunes bis purpurfarbenes Band. Hinterflügel ähnlich gefärbt: braun mit rötlichem Saum. **Fg**: Waldwiesen, Moore, Hänge und Lichtungen. **Vb**: In Europa bis 2000 m, doch stets an Standorte der Kreuzblumen gebunden. Daher manchmal nur inselartig. **H**: Im allgemeinen häufig. **Fl**: Zwei Generationen: I. April bis Juli, II. August. In klimatisch ungünstigen Gegenden nur eine Generation. **Rz**: I. August bis September, II. Juni bis Juli. **FR**: Kreuzblumenarten *(Polygala)*.

Rivula sericealis SCOP. Seideneulchen

M: Etwa 1 cm lange Vorderflügel. Sehr helle, gelbliche kleine Eule mit einer auffallend dunklen, mit 2 kleinen, schwarzen Punkten gefüllten Nierenmakel. Übrige Zeichnung undeutlich oder erloschen. Flügel seidig glänzend. **Fg**: Feuchtgebiete: Auen und Bruchwälder, feuchte Wiesentäler, Fluß- und Bachufer, Moore und auch in Gärten. **Vb**: In der gemäßigten Zone bis in 1600 m Höhe weit in Europa verbreitet. **H**: Häufig. **Fl**: Ende Mai bis Ende September. In günstigen Jahren und in warmen Gegenden zwei bis drei Generationen. Seideneulchen sind tag- und nachtaktiv. **Rz**: August bis Mai. Raupe überwintert. **FR**: Wildgräser.

Laspeyria flexula SCHIFF. Flechteneule

M: 1,2–1,4 cm lange Vorderflügel. Grau mit rotbraunem Saum. Flügelspitzen auffallend spitz nach vorn gezogen. Querlinien gerade, aber im vorderen Bereich rechtwinklig gebrochen. Sie sind doppelt schwarz und innen hell angelegt. Im Mittelfeld 2 schwarze Punkte. Auf den Hinterflügeln ein dunkler Querstreifen. **Fg**: Hauptsächlich Nadelwald, auch Mischwälder (mit Nadelbäumen). **Vb**: Gemäßigtes Europa, inselartig, bis 1500 m. **H**: In geeigneten, älteren Nadelwäldern häufig, außerhalb spärlicher. **Fl**: Juli bis Ende August. **Rz**: August bis Anfang Juni. Raupe überwintert. **FR**: Flechten, die auf Nadelbäumen wachsen.

Colobochyla salicalis SCHIFF.

M: Etwa 1 cm lange Vorderflügel. Blaugrau. An den 3 gerade verlaufenden, dunkelbraunen und gelben Linien, von denen die äußere in die Flügelspitze zieht, leicht zu bestimmen. **Fg:** Moore, Auen, Naßwiesen und Ufergebiete. **Vb:** Inselartig, doch weit in Europa verbreitet. Bis 2000 m. Im Norden Deutschlands und Europas, aber auch südlich der Alpen spärlicher. **H:** In manchen Gegenden nicht selten, in den meisten jedoch unregelmäßig. **Fl:** Mitte Mai bis Anfang Juli. Manchmal eine unvollständige II. Generation. **Rz:** August bis Anfang Juni. Raupe überwintert. **FR:** Zarte Triebe von Weiden und Pappeln.

Zanclognatha tarsicrinalis KNOCH.

M: 1,3–1,5 cm lange Vorderflügel. Bräunlichgrau bis hellbraun. Charakteristisch für die Gruppe der Zanclognatha sind 3 feine Linien, wobei stets die mittlere einen Bogen oder Kreis bildet. Der genaue Verlauf bestimmt die Artzugehörigkeit. Äußere Linie läuft nicht in die Flügelspitze (wie z. B. bei *Z. nemoralis*), Fühler haben keinen Knoten (wie bei *Z. tarsipennalis*). **Fg:** Auen und Bruchwälder, Waldwiesen und Gärten. **Vb:** Ganz Europa bis 1600 m. **H:** Häufig, in manchen Gebieten spärlicher. **Fl:** Juni bis August. **Rz:** Juli bis Mai. Raupe überwintert. **FR:** Vertrocknete Himbeerblätter und Waldrebe *(Clematis vitalba)*.

Hypena rostralis L.

M: Etwa 1,5 cm lange Vorderflügel. Flügelfarbe variiert von Graubraun bis Dunkelbraun, doch auch gelbbraune Falter sind nicht selten. In der Flügelspitze ein fast schwarzer, schräggestellter Balken. Ein ähnlicher, schwarzer Strich zwischen Ring- und Nierenmakel. Äußere Querlinien außen stark aufgehellt. **Fg:** An Waldrändern, in Lichtungen und auf Kahlschlägen, in Auen, Gärten, Dörfern und Städten. **Vb:** Ganz Europa. Bis in 1600 m Höhe weit verbreitet. **H:** Meist häufig. **Fl:** Ende Juli bis Ende Juni. Falter überwintert. **Rz:** Juni bis Juli. **FR:** Die Raupen fressen an Hopfen *(Humulus lupulus)*, an Brennesseln oder Himbeeren.

Herminia barbalis CL. Bartzünslereule

M: 1,3–1,5 cm lange Vorderflügel. Undeutliche Zeichnung: bräunliche Querlinien, Nierenmakel nur durch einen bräunlichen Strich angedeutet. Ringmakel fehlt. Wellenlinie hell, gelblich, im Gegensatz zu den Querlinien gerade verlaufend. **Fg:** Laubmischwälder, Auen, Talränder, Gärten und städtische Parkanlagen. **Vb:** In den kühleren Bereichen Europas, so in Norddeutschland und Nordeuropa, häufiger als im wärmeren Süden. Im Gebirge bis 1500 m. **H:** Im Norden häufig, im Süden spärlich. **Fl:** Anfang Mai bis Ende Juli. **Rz:** August bis April, Raupe überwintert. **FR:** Eichen, Buchen, Hainbuchen, Erlen und Haseln.

Paracolax glaucinalis SCHIFF.

M: 1,2–1,5 cm lange Vorderflügel. Ockergelb bis braungelb oder bräunlich. Auf den einfarbig gleichmäßig gefärbten Vorderflügeln verlaufen zwei dunklere, nicht gewinkelte Linien. Auf den etwas helleren Hinterflügeln eine gerade, gleich gefärbte Linie. **Fg:** An warmen Plätzen: an Hängen, Blößen und Lichtungen, in Mooren und Heiden, in Gärten und Parks. **Vb:** In Europa inselartig verbreitet. Fehlt in den kühleren Gegenden. Im Gebirge bis 2000 m. **H:** Unregelmäßig, doch meist nicht selten. **Fl:** Juni bis Ende August. **Rz:** August bis Mai. Raupe überwintert. **FR:** An dürren und vermodernden Blättern von Eiche, Brombeere und Weide.

Hypena proboscidalis L. Nesselschnabeleule

M: 1,3–1,9 cm lange Vorderflügel. Graubraune oder hellbraune Grundfarbe. An den spitz ausgezogenen Flügeln, den rötlichen Linien, von denen die innere ein S bildet, die äußere gerade verläuft, und an den langen Palpen leicht zu erkennen. **Fg:** In Lichtungen und an Waldrändern, in Auen und an Ufern, in Wiesen und in Gärten von Dörfern und Städten. **Vb:** Ganz Europa. Bis 1600 m Höhe. **H:** Regelmäßig und häufig. **Fl:** Zwei Generationen: I. Mai bis Juli, II. August bis September. **Rz:** I. August bis Mai, II. Juli bis August. Raupe überwintert. **FR:** Brennessel, Ziest, Hopfen.

Operophtera brumata L. Frostspanner

Merkmale: ♂ 1,1–1,4 cm lange Vorderflügel, ♀ stummelflüglig. Typischer Vertreter der Spanner, einer Schmetterlingsgruppe, die weltweit 15 000 und in Europa etwa 1000 Arten umfaßt. Aus dieser drittgrößten Schmetterlingsgruppe (die größten bilden Zünsler und die Eulen) kann natürlich nur ein kleiner Teil der häufigsten oder interessantesten Arten in Wort und Bild dargestellt werden. Spanner haben breite Vorder- und Hinterflügel, die sie beim Ruhen meist flach ausstrecken, so daß man stets beide Flügelpaare sehen kann. Dieses Verhalten steht im Gegensatz zu den Eulen, deren Flügel in der Regel dachförmig gehalten werden, so daß man die Hinterflügel nur beim fliegenden oder beim »drohenden« Falter sieht. Daher sind die Hinterflügel der Eulen oft bunt. Das Grundprinzig der Spannerzeichnung zeigt der Frostspanner ganz deutlich: Auf den graubraunen bis dunkel gelbbraunen Flügeln verlaufen zahlreiche, mehr oder weniger gezackte, feine, dunkelbraune Linien, von denen einige auf den Hinterflügeln weiterlaufen. Das ♀ dagegen sieht völlig anders aus: es ist nur halb so groß und besitzt anstelle der großen Flügel nur kleine Stummel. Dafür hat es einen dicken Hinterleib – vollgepackt mit Eiern. Es ist sozusagen nur noch eine »Eierlegmaschine«: Das geschlüpfte ♀ bleibt in der Nähe der leeren Puppenhülle sitzen, wartet, bis es befruchtet wird, und legt sofort danach die Eier ab. Wenige Zeit später stirbt es.

Mit den stummelflügligen ♀ gehört der Frostspanner zu einer typischen Spannergruppe, die fast alle in der kalten Jahreszeit fliegen. Bei der weitaus größeren Zahl der Spanner bilden aber die ♀ normale Flügel aus. Bei ihnen unterscheiden sich die Geschlechter nur wenig, am meisten in Größe, Farbintensität, Dicke des Hinterleibs oder in den Fühlern, wobei die ♂ oft Kammfühler besitzen, während sie bei den ♀ fein fadenförmig verlaufen.

Fluggebiet: Die Spanner sind in ihrer überwiegenden Mehrheit Waldbewohner. Man findet sie aber auch häufig in offener Kulturlandschaft, an buschreichen Bächen und in abwechslungsreichen Wiesentälern. Der Frostspanner fliegt in Gärten, Laubmischwäldern, in Obstbaumkulturen und städtischen Parks.

Verbreitung: Die Spanner haben die meisten Lebensräume erobert. Sie kommen in ganz Europa vor. Nordgrenze ist die Polarzone. Sie sind feine, zarte Geschöpfe, die leicht vom Wind verweht werden können. So passiert es immer wieder, daß einige Exemplare von der Windströmung erfaßt und über große Entfernungen getragen werden: dies trägt mitunter zur Ausbreitung der Art bei, führt aber meist in den Tod, so z. B. auf Inseln, wenn die Spanner ins Meer getrieben werden, oder in großen Höhen im Gebirge, wo die Falter talwärts verweht werden und dort in bereits von anderen Spannerarten besetzte Gebiete kommen. Es ist sicher kein Zufall, daß wir in diesen extremen Biotopen (Lebensräumen) mehr stummelflüglige ♀ finden als anderswo. Die Stummelflügligkeit stellt daher eine wichtige Anpassung dar.

Häufigkeit: Gehört zu den weit verbreiteten Arten Europas. Bildet im Herbst und Frühwinter gebietsweise große Bestände.

Flugzeit: Mitte Oktober bis Ende Dezember. Frostspanner fliegen, wenn die Kälte einsetzt und nicht – wie die meisten Schmetterlinge – in warmen oder milden Nächten. Ist der Oktober warm, dann sieht man keinen Frostspanner fliegen: erst wenn der erste Frost gekommen ist (daher der Name), beginnt die Aktivität. Jetzt ist der Großteil der insektenfressenden Singvögel in den Süden abgewandert und bildet keine Gefahr mehr. Zur Begattung werden die ♂ mit Duftstoffen von den ♀ angelockt.

Raupenzeit: Mai bis Juni. Ei überwintert. Die jungen und schlanken Raupen machen bei ihrer Fortbewegung die typischen Spannerbewegungen, da ihnen einige Bauchfüßchen fehlen. Oft täuschen sie durch ihr Aussehen und Verhalten ein Ästchen nach.

Futterpflanzen: Blätter, faules Laub und auch Flechten. Die Frostspannerraupen spinnen sich gern in Blütenknospen und frischen Trieben ein, um in deren Schutz zu leben. Sie ernähren sich von den Blättern der Obstbäume, aber auch von vielen anderen Laubbäumen.

♂

♂

♀

Archiearis parthenias L. Großes Jungfernkind

Merkmale: 1,5–2 cm lange Vorderflügel. Im Gegensatz zu den anderen Spannern sind bei beiden Jungfernkind-Arten auch die Hinterflügel bunt und auffallend gefärbt. Das Vorhandensein einer Makel auf den Vorderflügeln erweckt den Eindruck, daß die Gruppe eine Zwischenstellung zwischen Eulen und Spannern einnimmt. Die Vorderflügel sind graubraun, manchmal rötlichbraun mit weißen Einmischungen. Im Mittelfeld befindet sich auf der vorderen Hälfte ein unterbrochenes weißes Band, in dessen Mitte ein dunkler, weiß gefüllter Ring liegt. Äußere und innere Querlinie schwarz und gezackt. Die Wellenlinie bildet nur im Spitzenbereich eine scharfe Zacke, sonst ist sie ziemlich gerade. Außer den braunen Saumpunkten keine weitere Zeichnung. Hinterflügel leuchtend gelb mit großem, dunkelbraunem Vierecksfleck. Im Saumfeld befindet sich eine nur über den halben Flügel reichende braune Linie. Im gelben Bereich auffallender Fleck.

Fluggebiet: Birkenhochmoore, Blößen, Lichtungen und lichte Nadelwälder auf Sand.

Verbreitung: In Europa weit verbreitet, doch aufgrund der Abhängigkeit von Birken ist der Bestand inselartig aufgesplittert. Im Norden regelmäßiger als im Süden. In den Bergen steigt der Falter bis an die Baumgrenze hoch.

Häufigkeit: In den Birkenhochmooren recht häufig, in den Randbezirken nur mäßig; im südlichen Europa ist die Art selten.

Flugzeit: Anfang März bis Ende April. Die Falter gehören zu den ersten aktiven Schmetterlingen des Jahres. Sie fliegen meist am Tage. Da sitzen sie in der warmen Frühlingssonne am Boden, um sich aufzuwärmen, aber auch, um aus Tautropfen zu trinken. Bei kälterer Temperatur werden sie so steif, daß man sie von den Bäumen klopfen kann.

Raupenzeit: Mai bis Juli. Die Puppe überwintert. Die Raupe ist grün mit feinen gelben Streifen gezeichnet. Die 3 vorderen Beinpaare sind noch gut entwickelt, wie es eigentlich für die Eulen und nicht für Spanner typisch ist.

Futterpflanzen: Die Raupen leben nur von den zarten, frisch getriebenen Birkenblättern.

Archiearis notha HBN. Mittleres Jungfernkind

Merkmale: 1,4–1,8 cm lange Vorderflügel. Dem Großen Jungfernkind sehr ähnlich. Doch den Vorderflügeln fehlen die schwarzgrauen und weißen Einmischungen (die allerdings bei *A. parthenias* auch nicht immer vorhanden sind). Die Wellenlinie tritt hell bis weißlich aus dem einheitlich dunklen Braun der Vorderflügel hervor. Äußere Querlinie dunkel, manchmal hell angedeutet. Im Saum ein kurzer, weißer Strich. Innere Querlinie dunkel, und saumwärts befindet sich ein dunkles, schmal angelegtes Feld. Die Hinterflügel sind ähnlich wie beim Großen Jungfernkind gemustert. Der große, braune Dreiecksfleck endet neben dem feinen, dunklen Punkt. Die dünne, braune Linie am Saum ist mit dem Saum selbst verschmolzen, so daß sie als Linie nicht mehr zu erkennen ist. Die ♂ beider Arten unterscheiden sich an den Fühlern. Sie sind bei *A. notha* doppelt gekämmt und beim *A. parthenias* glatt.

Fluggebiet: Das Mittlere Jungfernkind fliegt auch in Birkenhochmooren, ist aber nicht so streng daran gebunden wie das Große Jungfernkind. Man trifft es auch in Pappelpflanzungen, in lichten Wäldern mit Vorkommen von Zitterpappeln, an Waldrändern, in Heidegebieten und an Seeufern, wenn Weiden und Pappeln vorhanden sind.

Verbreitung: In der gemäßigten und kühlen Zone Europas verbreitet. Das Vorkommen ist auf spezielle Lebensräume beschränkt, weshalb die Art vielerorts selten ist oder ganz fehlt. Im Süden Mitteleuropas, aber auch in Südeuropa findet man diese Art kaum.

Häufigkeit: In einigen Gebieten kann die Art häufig fliegen, doch meist ist sie selten.

Flugzeit: Wie das Große Jungfernkind fliegt auch das Mittlere von Anfang März bis Ende April in den ersten warmen Tagen des Jahres. Die Falter sind tagaktiv. Sie besuchen gern blühende Weidenkätzchen. Verläuft der Frühling kalt und naß, beschränkt sich die Aktivität der Falter auf wenige Flugstunden.

Raupenzeit: Mai bis Juli.

Futterpflanzen: Zitterpappeln *(Populus tremula),* Salweide *(Salix caprea)* und Birken.

Eulithis populata L.

M: 1,3–1,6 cm lange Vorderflügel. Gehört zu einer Reihe sehr ähnlicher Arten. Sie sind alle honiggelb mit einer goldbraunen Zeichnung. *E. populata* hat meist noch violette Einmischungen, so an der Flügelspitze, die von einem kurzen, dunklen Strich geteilt wird. **Fg:** Schneisen, Waldränder, buschbestandene Wiesen und Heideflächen. **Vb:** In der gemäßigten Zone Europas bis weit in den Norden verbreitet. Im Gebirge bis zur Krummholzzone. Hier bilden sie verschiedene Formen aus. **H:** Regelmäßig, nicht selten. **Fl:** Juni bis September. **Rz:** Mai bis Juli. Ei überwintert. **FR:** Heidelbeere, selten Espe und Weide.

Eulithis mellinata L.

M: 1,3–1,5 cm lange Vorderflügel. Etwas kleiner als die ähnliche *E. populata*. Vorderflügelfarbe meist hellgelb, auch die Zeichnung etwas blasser. Die Mittellinien am Innenrand scharf gebrochen. Die Teilstrick in der Flügelspitze ist Teil eines bräunlichen Dreiecksflecks. Hinterflügel schwach gezeichnet. Deutlich braun-weiß gescheckte Fransen auf beiden Flügeln. **Fg:** Gärten, Baumschulen, Heckengebiete, Dorfränder. **Vb:** In der gemäßigten Zone Europas inselartig verbreitet. **H:** Unregelmäßig, meist selten. **Fl:** Juni bis Juli. **Rz:** Mai bis Juni. Ei überwintert. **FR:** Johannisbeere und Stachelbeere.

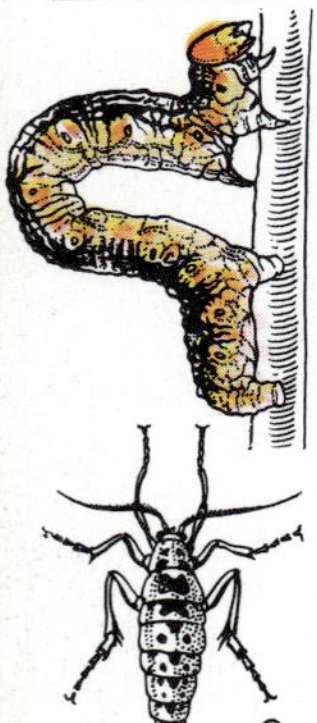

♀

Erannis defoliaria CL.
Großer Frostspanner

M: 1,5–2 cm lange Vorderflügel. Geflügeltes ♂ hell bis mittelbraun. Im Mittelfeld deutlicher, schwarzer Punkt, auch auf den Hinterflügeln, ♀ flügellos, Körper und Beine gelb mit schwarzen Punkten. **Fg:** Laubmischwälder, naturnahe Gärten, Feldgehölze. **Vb:** Laubwaldzone Europas. **H:** Häufig. **Fl:** Ende September bis Anfang Dezember. **Rz:** Mai bis Juli. **FR:** Laubhölzer und Obstbäume.

Alsophila aescularia SCHIFF.
Roßkastanien-Frostspanner

M: 1,3–1,6 cm lange Vorderflügel. Grau bis bräunlich. Querlinien scharf gezackt. Jede Zackenspitze und das Mittelfeld schwach verdunkelt. Im Saum Aderpunkte. Am Zellende der Vorder- und Hinterflügel je ein brauner Punkt. Hinterflügel einfarbig, ohne Zeichnung. ♀ ungeflügelt, dunkel, fast schwarz, lange Beine, mit denen es gut laufen kann. **Fg:** Laubmischwälder. **Vb:** Gemäßigte Zone Europas. **H:** Lokal häufig. **Fl:** Mitte Februar bis Anfang Mai. Einer der ersten aktiven Falter des Jahres. **Rz:** April bis Juli. Puppe überwintert. **FR:** Laubhölzer, Obstbäume.

Minoa murinata SC. Mausspanner

M: 0,7–0,9 cm lange Vorderflügel. An seinen einfarbig grauen, ungemusterten Vorder- und Hinterflügeln leicht zu bestimmen. Fliegt bei Tag und Nacht. **Fg:** Auen, feuchte Wiesen, Bach- und Flußufer, kleine Wassergräben; auch auf Bergwiesen. **Vb:** Ganz Europa; bevorzugt hügeliges und bergiges Gelände. **H:** Überall häufig anzutreffen. **Fl:** Ende Mai bis Ende Juli. In günstigen Lagen und bei passenden Wetterbedingungen auch bis September eine II. Generation. **Rz:** Mai bis Juni. Ei überwintert in Bodennähe. **FR:** Die Raupen sind spezialisiert auf Zypressen-Wolfsmilch *(Euphorbia cyparissias)*.

Oporinia autumnata BKH.

M: 1,2–1,8 cm lange Vorderflügel. Weißlich bis grau, meist silbrig überstäubt, mit zahlreichen dunklen Querlinien in unregelmäßigem Abstand, die auch teilweise auf den Hinterflügeln weitergeführt werden. **Fg:** Feuchte Laubmischwälder, Ufernähe in Auwäldern, Moore und feuchte Heidegebiete. **Vb:** In der gemäßigten Zone Europas bis zum Polarkreis verbreitet. **H:** Meist regelmäßig, doch nicht sehr häufig. Fehlt im Süden Europas. **Fl:** Mitte September bis Mitte November. Bei großer Kälte wird der Flug eingestellt. **Rz:** Mai. Ei überwintert. **FR:** Raupen fressen an Birken, Ahorn, Lärchen und Weiden; wenig anspruchsvoll.

Ecliptopera silaceata SCHIFF.

Merkmale: Etwa 1,5 cm lange Vorderflügel. Braun bis dunkel- oder rotbraun. Vorderflügel im Wurzelfeld dunkel gefärbt, ebenso im Mittelfeld, wobei das braune Band in der Mitte abgeschnürt ist. Das dunkle Feld wird von einer starken, weißen Linie abgegrenzt. In der Flügelspitze ein braunes Dreieck, ebenfalls weiß umsäumt. Es gibt noch eine Reihe sehr ähnlicher Arten.
Fluggebiet: Auen, Bruchwälder, Fluß- und Bachufer mit üppiger Vegetation, an Waldrändern, in Lichtungen und Schneisen feuchter Mischwälder.
Verbreitung: In der Laubwaldzone von ganz Europa weit verbreitet; kommt auch in Asien und Nordamerika vor.
Häufigkeit: In geeigneten Biotopen nicht selten.
Flugzeit: Zwei Generationen: I. Mitte April bis Mitte Juni, II. Anfang Juli bis Ende August.
Raupenzeit: I. August bis September, II. Anfang Juni bis Ende Juli. Puppe überwintert gut versteckt im Bodenstreu.
Futterpflanzen: Besonders an verschiedenen Weidenröschen *(Epilobium angustifolium, E. rosmarinifolium)*, an Springkräutern *(Impatiens noli tangere, I. minor)* und am Hexenkraut *(Circaea lutetiana)*.

Calocalpe undulata L. Wellenspanner

M: Etwa 1,5 cm lange Vorderflügel. Den Wellenspanner erkennt man sofort. Wie der Name besagt, überziehen die Vorder- und Hinterflügel zahlreiche feine, gezackte braune Linien. Die Grundfarbe ist Hellbraun. Es gibt keinen ähnlichen Spanner. **Fg:** Feuchte Auen, nasse Mischwälder, Gärten, Bach- und Flußufer. **Vb:** Gemäßigte Zone Europas. Weniger im Süden. **H:** Unregelmäßig, nicht selten. **Fl:** Ende Mai bis Ende August. **Rz:** Juli bis September. Puppe überwintert am Boden. **FR:** Weidenarten, meist an *Salix caprea,* doch auch an Zitterpappel, Erle und Heidelbeere. **Allg:** Der Falter bildet mehrere Formen aus.

Epirrhoe tristata L.

M: 1,2 cm lange Vorderflügel. Grundfärbung der Flügel fast schwarz; mit schmalen weißen Linien durchzogen. Durchs schmale weiße Mittelfeld zieht sich eine Reihe schwarzer Punkte. Hinterflügel ähnlich gemustert. **Fg:** Wegränder, Lichtungen, Feldgehölze, Auen und Uferzonen von Gewässern. **Vb:** Gemäßigte Zone Europas. Hoch ins Gebirge ansteigend. **H:** Überall nicht selten bis häufig. **Fl:** Zwei Generationen: I. Mai–Juni; II. Juli–August. **Rz:** August–September und Juni–Juli; Puppe überwintert. **FR:** Blüten von Labkräutern *(Galium mollugo* und *G. sylvaticum)*. **Allg:** Diese variable Art bildet zahlreiche Formen aus.

Chloroclystis rectangulata L.

M: Knapp 1 cm lange Vorderflügel. Erinnert in Form und Zeichnung stark an die Blütenspanner, läßt sich aber am grünen Ton der graubraunen Flügel recht gut bestimmen. Die schwarzen Zeichnungen sind wenig charakteristisch und meist verschwommen. **Fg:** Wälder, Obstwiesen, Gärten, Alleen, Feldgehölze und städtische Grünanlagen. **Vb:** In ganz Europa zu finden. Steigt auch im Gebirge hoch hinauf. **H:** Häufig. **Fl:** Die Falter fliegen im Juni. **Rz:** Mai bis Juni. Ei überwintert. Gehört auch zu den Blütenspannern. **FR:** Die Raupen spinnen die Blüten von Apfel- oder Birnbaum zusammen, um darin zu leben.

Chloroclystis coronata HBN.

M: Knapp 1 cm lange Vorderflügel. Äußerst ähnlich *C. rectangulata.* Zeichnung kontrastreicher und grüne Farbe in den Flügeln heller. Genaue Bestimmung manchmal schwierig. **Fg:** Südhänge, warme Waldränder, auch Gärten. **Vb:** In Europa weit verbreitet. **H:** Nicht überall häufig. **Fl:** I. Generation Mai, II. Juli. **Rz:** I. Juni bis Juli, II. August bis September. **FR:** In den Blüten von Wasserdost und Gemeinem Dost, in der Waldrebe und im Holunder. **Allg:** Der Falter sitzt beim Ruhen wie ein typischer Spanner mit den 4 nebeneinander liegenden Flügeln und nicht wie bei *Eupithecien*-Arten mit auseinandergespreizten Flügeln.

Xanthorhoe ferrugata CL.

M: 1 cm lange Vorderflügel. Graubraun oder rötlich graubraun mit breiter, dunkler Mittelbinde. Äußere Querlinie im Mittelfeld scharf rechtwinklig abgebogen. Davor schwarzer Doppelfleck. Übrige Zeichnung mehr oder weniger erloschen. Hinterflügel gelblich mit unklarer Zeichnung. **Fg**: In Auwäldern, Fluß- und Bachniederungen, an Waldrändern, in Gärten und Parkanlagen. **Vb**: Ganz Europa bis nach Lappland. **H**: Häufig und regelmäßig. **Fl**: Zwei Generationen: I. April bis Juni, II. August. II. Generation fliegt viel schwächer. **Rz**: I. August bis September, II. Juni bis Juli. **FR**: Krautige Pflanzen wie Miere, Labkraut, Glockenblumen.

Xanthorhoe fluctuata L.

M: 0,9–1,3 cm lange Vorderflügel. Grauweiß mit kontrastreicher Zeichnung. Wurzelfeld schwärzlich, Mittelbinde gleichfarbig, endet jedoch in der Mitte abrupt. In der Flügelspitze und in der Mitte des Saumfelds dunkle Punkte. Hinterflügel mittelbraun mit zahlreichen feinen Querlinien. **Fg**: In Auwäldern, an Waldrändern, in Gärten und Parks, auch in buschreicher Gegend. **Vb**: Ganz Europa. **H**: Überall sehr häufig, trotz starker Schwankungen von Jahr zu Jahr. **Fl**: Zwei Generationen: I. April bis Juni. II. Juli bis September. **Rz**: I. August bis Oktober, II. Mai bis Juni. Puppe überwintert. **FR**: Kreuzblütler wie Kohl und Meerrettich.

Odezia atrata L. Schwarzspanner

M: 1,2–1,4 cm lange Vorderflügel. Dieser tiefschwarze, tagfliegende Spanner ist leicht an den weißen Flügelspitzen (Fransen) zu erkennen. Er kann mit keiner anderen Art verwechselt werden. Oft sitzt er in typischer Haltung mit leicht nach unten hängenden Flügeln an Gräsern. **Fg**: Mäßig feuchte bis feuchte Wiesen, Ufergebiete, Auwaldränder; auch auf Bergwiesen. **Vb**: Gemäßigte und kühle Bereiche Europas; nicht in Südeuropa; im Norden bis Lappland. **H**: In Vor- und Mittelgebirgslagen häufig, sonst nicht selten. **Fl**: Ende Mai bis Ende Juli. **Rz**: Mai bis Juni; Ei überwintert. **FR**: Korbblütler; Kälberkropf und Kerbel.

Xanthorhoe biriviata BKH.

M: Etwa 1 cm lange Vorderflügel. Nicht so eisenfarben wie der sonst sehr ähnliche *X. ferrugata*, sondern mehr rotbraun. Die stark verdunkelte Querbinde hat meist in der Mitte eine deutliche Einschnürung. Saumfeld mittelbraun mit deutlicher, weißer Wellenlinie. In der Flügelspitze dunkle Felder. Hinterflügel wie *X. ferrugata*. **Fg**: Auen, feuchte Wiesen, Bach- und Flußufer, Waldränder, Gärten und Parks. **Vb**: Ganz Europa. **H**: Häufig. **Fl**: Zwei Generationen: I. April bis Juni, II. Juni bis August. Sie unterscheiden sich. **Rz**: I. August bis September, II. Juni bis Juli. **FR**: Großes Springkraut *(Impatiens nolitangere)*.

Scotopteryx chenopodiata L.

M: 1,2–1,5 cm lange Vorderflügel; Grundfarbe gelb- bis rötlichbraun. Wurzel- und Saumfeld meist heller als das rötlichbraune Mittelfeld, das einen dunklen Punkt trägt. In der Flügelspitze ein schwärzlicher Teilungsstrich. Vorder- wie Hinterflügel überziehen zahlreiche, fein rötlichbraune Linien. **Fg**: Gärten, Parks, Wiesen, Schonungen, Heidegebiete. **Vb**: Europa von der Ebene bis ins Gebirge; weit verbreitet. **H**: Nicht selten bis häufig. **Fl**: Ende Juni bis Anfang September. **Rz**: August bis Juni; die Raupe überwintert in halberwachsenem Zustand. **FR**: Wicken *(Vicia)*, Platterbsen *(Lathyrus)*, Ginster *(Genista)*.

Aplocera plagiata L. Grauspanner

M: Knapp 2 cm lange Vorderflügel; Grundfärbung grau, blaugrau bis braun. 3 dunkle, bänderartige Querlinien, die vor dem Saum schwarz gefüllt sind, kennzeichnen die Art. Hinterflügel einfarbig graubraun. Bei der sehr ähnlichen *A. praeformata* reicht die dunkle Füllung der Querbänder bis zur Mitte. **Fg**: Gärten, offene Hänge, Waldränder, Talwiesen, meist in wärmerer Lage. **Vb**: Gemäßigte bis warme Bereiche Europas. **H**: Häufig. **Fl**: Zwei Generationen: I. Mai bis Juli; II. Juli bis Anfang Oktober. **Rz**: September bis April und Juli; Raupe von II. überwintert. **FR**: Johanniskraut (*Hypericum*-Arten).

Cyclophora albipunctata HFN.

M: 1,0–1,2 cm lange Vorderflügel; Grundfarbe grauweiß. Auf jedem Flügel ein bräunlich gerandeter, ringförmiger Fleck in der Mitte. Äußere Querlinie und Saumlinie in Reihen von Punkten aufgelöst, die sich deutlich von der Grundfärbung abheben. **Fg**: Birkenbestände in Mooren, lichten Wäldern und Parklandschaften; gelegentlich auch in Gärten. **Vb**: In geeignetem Gelände in ganz Europa verbreitet. **H**: In Birkenwäldern häufig, sonst spärlicher bis selten. **Fl**: Zwei Generationen: I. April bis Juni, II. Juli bis September; z. T. Überschneidungen. **Rz**: August bis September und Juni bis Juli; Puppe von II. überwintert. **FR**: Birken.

Calothysanis amata L.

M: 1,1–1,7 cm lange Vorderflügel; gelbgraue bis rötlichbraune Grundfarbe, am Saum intensiver als im Wurzelbereich. Von der ausgezogenen Flügelspitze zieht sich eine verwaschen rötlich angelegte, sehr charakteristische Linie schräg über den Vorderflügel und setzt sich auf dem Hinterflügel fort. Dieser trägt am Rand etwa in der Mitte eine Zacke. **Fg**: Gärten, Parks, Au- und Laubwälder. **Vb**: Fast ganz Europa. **H**: Überall vorkommend und häufig; fehlt nur in Trockengebieten. **Fl**: Zwei sich stark überschneidende Generationen von Mai bis Oktober. **Rz**: I. September bis Mai, II. Juli bis August. **FR**: Ampfer- und Knötericharten.

Scopula ornata SC.

M: 0,9–1,2 cm lange Vorderflügel. Neben der punktförmig verdickten, schwarzen äußeren Querlinie halbmondförmige Fleckenzeichnung am Rand beider Flügel. Innere Querlinie ebenfalls in Punktreihe aufgelöst. Flügel glänzen silberweiß. Der Mittelschatten ist undeutlich oder fehlt ganz. Die Halbmonde am Flügelrand heben sich mit ihrer goldbraunen Farbe sehr deutlich ab. **Fg**: Gärten, Ödland; sonnig-trokkenen Lagen. **Vb**: Gemäßigte Zone Europas. **H**: Regelmäßig, aber nicht häufig. **Fl**: Anfang Mai bis Mitte September in zwei ineinandergeschobenen Generationen. **Rz**: August bis Mai und Juni. **FR**: Schafgarbe, Thymian u. a.

Idaea dimidiata HFN.

M: 0,6–0,9 cm lange Vorderflügel. Auf dem Vorderflügel befinden sich zwischen Wellenlinie und Saum vor dem Innenrand auffallende dunkle Flecken. Die beiden Querlinien und der Mittelschatten sind oft unterbroche. **Fg**: Gärten, Lichtungen, Waldränder, Auen, Feldgehölze und buschige Wiesentäler, vorzugsweise in feuchterem Gelände. **Vb**: Fast ganz Europa bis Vorderasien. **H**: Regelmäßig auftretend und meist nicht selten. **Fl**: Ende Juni bis Ende September. **Rz**: September bis Mai, Raupe überwintert. **FR**: Verfaulende Blätter am Boden; Bodenstreu, welke Gräser.

Scopula immorata L.

M: 1,0–1,4 cm lange Vorderflügel; Grundfarbe grau- bis olivbraun. 4–5 weißliche, mehr oder weniger stark gewellte Querlinien erstrekken sich über Vorder- und Hinterflügel. Saumlinie strichförmig, schwärzlich, daher gut erkennbar. Fransen deutlich weiß und braun gescheckt. Falter der II. Generation kleiner und undeutlicher gezeichnet. **Fg**: Gärten, Brachland, sonnige Hänge, Waldränder und Schneisen; bevorzugt in wärmerem Gelände. **Vb**: Gemäßigte und warme Regionen Europas. **H**: Nicht selten. **Fl**: Zwei Generationen zwischen Mai und August. **Rz**: August bis Mai, Raupe überwintert. **FR**: Aromatische Kräuter.

Scopula rubiginata HFN.

M: 0,7–1 cm lange Vorderflügel; in der Grundfärbung rötlicher als die anderen Scopula-Arten. Auf den Vorderflügeln 3, auf den Hinterflügeln 2 fast gerade, deutliche Querlinien. Feld zwischen mittlerer und äußerer Querlinie oft aufgehellt. Im dunklen Saumfeld hebt sich eine helle Wellenlinie ab. Saumlinie durchgehend. **Fg**: Trockenwarme Brachwiesen, Heiden, Hänge, auch Moorwiesen. **Vb**: Mittel- und Südeuropa. **H**: Lokal meist nicht selten. **Fl**: Mai bis September in zwei ineinandergeschobenen Generationen. **Rz**: September bis Mai und Juni bis Juli. **FR**: Hornklee *(Lotus)* und andere Kleearten.

Abraxas grossulariata L. Stachelbeerspanner RL! *Puppe auf S. 282*

Merkmale: Großer Spanner mit bis zu 2 cm langen Vorderflügeln und auffallend bunter Zeichnung. Auf weißem Grund befinden sich 6 Reihen schwarzer Flecken, die im Wurzelfeld und am Außenrand des Mittelfelds von einem intensiv gelben Band verbunden werden. Das gleiche Gelb findet sich auch an Brust und Hinterleib. Hinterflügel glänzen heller, da auf ihnen die dunklen Flecken schwächer ausfallen. Sie gruppieren sich im Saumbereich und als ununterbrochene Querlinie. Die Verteilung von Schwarz und Gelb variiert oft stark. Es gibt Formen mit hohem Gelbanteil und wenig oder kaum vorhandener schwarzer Fleckung *(f. dohrni, f. candida* und *f. lutea).* Das Gelb kann aber auch vermindert sein oder fehlen *(f. varleyata, f. nigra* und *f. axantha).*

Fluggebiet: In Gärten mit Beerensträuchern, insbesondere mit Stachel- und Johannisbeeren, findet man den Stachelbeerspanner zu den Flugzeiten auch am Tag auf den Sträuchern. Auch in Auwäldern, bachbegleitendem Buschwerk und sogar in städtischen Anlagen.

Verbreitung: In Europa weit verbreitet. Schwerpunkt im mittleren und südlichen Teil. Im Norden reicht das Vorkommen bis Südskandinavien.

Häufigkeit: Sehr unterschiedlich. In manchen Jahren und Gegenden so häufig, daß Schäden an den Beerensträuchern entstehen; dann wieder selten bis fehlend.

Flugzeit: Mitte Juni bis Ende August; nachtaktiv.

Raupenzeit: August bis Juni. Raupen wie die Falter schwarz-weiß-gelb und nachtaktiv. Tagsüber in lockerem Gespinst zwischen Blättern von Futterpflanzen. Verpuppung in Bodennähe. **Futterpflanzen:** Stachel- und Johannisbeeren.

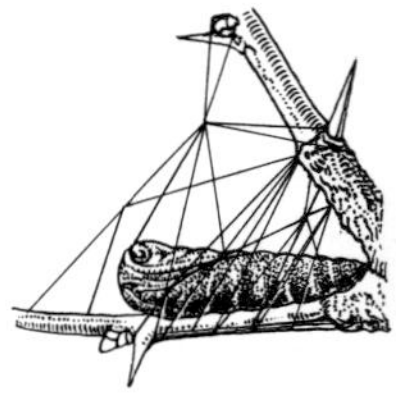

Abraxas sylvata SCOP.

Merkmale: Dieser nahe Verwandte des Stachelbeerspanners erreicht nicht ganz dessen Größe. Mit 1,5–1,8 cm bleiben die Vorderflügel deutlich hinter den Maßen von *A. grossulariata* zurück. Die Musterbildung auf den Flügeln ist ebenfalls deutlich verschieden. Auf weißem Grund ziehen sich Reihen länglich-ovaler, bleigrauer Flecken über Vorder- und Hinterflügel. Sie werden im Wurzelfeld von einem großen, gelbbraunen Fleck überlagert, der mit dem auf der gegenüberliegenden Körperseite eine Einheit bildet. Zwei weitere solcher Flecke liegen auf dem Innenrand des Vorderflügels und am Ende der Fleckenreihe auf dem Hinterflügel. In Ruhestellung entsteht daraus eine Dreiergruppe gelber Flecken; bei hochgezogenen Vorderflügeln eine Fünfergruppe. An dieser charakteristischen Zeichnung läßt sich die Art stets eindeutig erkennen, auch wenn es ähnlich wie beim Stachelbeerspanner Abweichungen und Formen gibt. Brust und Hinterleib sind schmaler als beim Stachelbeerspanner und weisen auf braunem Grund viele schwarze Flecken auf. Hals ebenfalls gelbbraun.

Fluggebiet: Auwälder, feuchtere Laubwälder und größere Parkanlagen mit dichtem Buschwerk; verbuschte Täler und Schluchten.

Verbreitung: Die Laubwaldzone Europas.

Häufigkeit: In Auwäldern nicht selten; in Phasen geringen Befalls der Traubenkirschen durch Gespinstmotten auch häufig. Sitzende Falter fallen im Buschwerk auf. Fliegen träge und verschwinden schnell in der Vegetation.

Flugzeit: Ende Mai bis Anfang August; die Falter sind nachtaktiv und am Tage wenig fluglustig.

Raupenzeit: Juli bis September. Die Raupen tragen eine ähnliche, sehr auffallende Körperfärbung und -zeichnung wie die vom Stachelbeerspanner, die sich durch Längsstreifen aber klar unterscheidet (Fleckung beim Stachelbeerspanner). Verpuppung am Boden in lockerem Gespinst. Puppe überwintert.

Futterpflanzen: Traubenkirsche, Ulme, Buche, auch Hasel, Birke und Kirsche, aber seltener.

Biston betularia L. Birkenspanner

Merkmale: Groß, kräftig, fast spinnerartig wirkend, dicker Körper, eleganter Flügelschnitt. Vorderflügellänge bis 3 cm. Auf weißlicher Grundfarbe kleine, dunkle Flecken und Punkte. Das regelmäßige Muster bewirkt auf flechtenbewachsener Baumrinde vorzügliche Tarnung. ♂ an stark gekämmten Fühlern gut zu erkennen.

Fluggebiet: Birkenwälder, Laub- und Laubmischwälder, Parkanlagen, Gärten.

Verbreitung: In Europa weit verbreitet bis Mittelskandinavien und Südfinnland.

Häufigkeit: Schwankend, meist nicht selten.

Flugzeit: Mitte Mai bis Ende Juli. Nachtaktiv.

Raupenzeit: Juli bis Oktober. Raupe ähnelt einem dürren, abgebrochenen Ästchen. Zwei Höcker am Kopf, spitze Auswüchse auf dem Körper verwandeln sie in ein Hölzchen. Bei Berührung oder Erschütterung läßt sie sich zu Boden fallen. Tagsüber unbeweglich, bei Nacht Nahrungsaufnahme.

Futterpflanzen: Hartholz- und Straucharten; Birke, Eiche, Esche, Ulme, Schlehe, Faulbaum.

Ligdia adustata SCHIFF.

M: 1,2 cm lange Vorderflügel. Grundfarbe cremeweiß. Das Wurzelfeld und der Bereich zwischen äußerer Querlinie und der Wellenlinie sind dunkelbraun, doch der Saum wird nicht ganz erreicht. In der Flügelspitze bleibt ein weißer Fleck übrig. Die Wellenlinie weist eine stark geschwungene Ausbuchtung oberhalb der Flügelmitte auf. Auf den Hinterflügeln eine undeutliche feine Linie. **Fg:** Gärten und lichte Wälder, Ufergebiete. **Vb:** Laubwaldzone Europas. **H:** Mäßig häufig, aber weit verbreitet. **Fl:** April bis August in zwei sich überlappenden Generationen. **Rz:** I. August bis Oktober II. Mai bis Juni. **FR:** Pfaffenhütchen *(Evonymus)*.

Semiothisa liturata CL.
Weißgrauer Kiefernspanner

M: 1,1–1,4 cm lange Vorderflügel. Grau mit rötlichbraunen Einmischungen. Auf den Vorderflügeln 3, auf den Hinterflügeln 2 deutliche Querlinien. **Fg:** Kiefernwälder, Ränder fichtenreicher Mischwälder, Gärten, Parks. **Vb:** In Nadelwäldern ganz Europas weit verbreitet. **H:** Nirgends selten. **Fl:** Ende April bis Ende Juli. Manchmal bis August II. Generation. **Rz:** Juni bis Juli. **FR:** Kiefer, Weymouthskiefer, Tanne, Fichte.

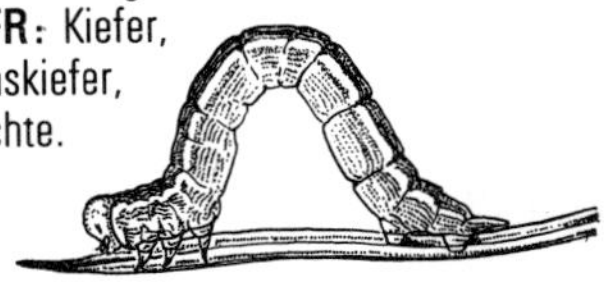

Itame wauaria L.

M: 1,2–1,5 cm lange Vorderflügel. Grundfarbe braun bis violettgrau, manchmal weißlich überstäubt. Mit 4 schwarzen, unterschiedlich großen Randflecken, die der Art ein ungewöhnliches Aussehen verleihen, unverkennbar. Der mittlere Randfleck zieht sich als Strich fast bis zur Flügelmitte, wo er von einem kurzen Querstrich beendet wird. **Fg:** Trockene Wegränder mit Hecken und dichtem Gebüsch, Blößen und in Auen, in naturnahen Gärten und Parks. **Vb:** In ganz Europa weit verbreitet. **H:** häufig bis einzeln. **Fl:** Juni bis Juli. **Rz:** April bis Anfang Juni. **FR:** Wilde Stachelbeere, Gartenstachelbeere und Rote Johannisbeere.

Itame fulvaria VILL.

M: 1–1,4 cm lange Vorderflügel. Vorder- und Hinterflügel dunkelgelb, beim ♂ bräunlich, beim ♀ heller. Am Vorderrand der Vorderflügel dunkle Punkte, von denen dunkle Querlinien ausgehen, die sich teilweise auf den Hinterflügeln fortsetzen. ♂ weniger scharf gezeichnet als ♀. **Fg:** Trockengebiete: Heiden, abgetorfte Hochmoore, Blößen und Lichtungen, Haine und Schneisen. **Vb:** Nur nördliche Hälfte Europas. Südlich der Alpen fehlend. Im Norden bis zum Polarkreis. **H:** Unterschiedlich, doch meist sehr häufig. **Fl:** Juni bis August. **Rz:** April bis Juni. Ei überwintert. **FR:** Bevorzugt Heidelbeere, seltener Rauschbeere und Weide.

Opisthograptis luteolata L. Gelbspanner

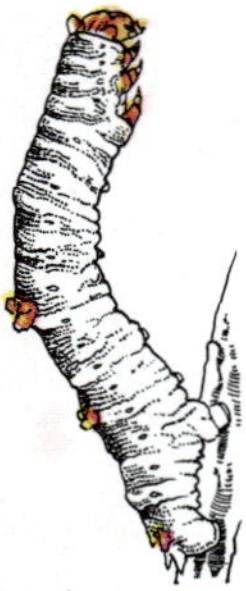

M: Etwa 1,5 cm lange Vorderflügel. Zitronengelb mit braunen Flecken. Ringmakelähnliche Zeichnung auf Flügelmitte. Auf Hinterflügeln in der Mitte kleiner Kreis. **Fg**: Laubmischwälder, Feldgehölze, Kulturlandschaft. **Vb**: Weit verbreitet, im Gebirge nicht sehr hoch. **H**: Regelmäßig, doch nicht häufig. **Fl**: Mai bis Juli. **Rz**: Juli bis August. Puppe überwintert. **FR**: Weißdorn, Schlehe, im Auwald Hecken-Kirsche, Weide.

Cepphis advenaria HBN.

M: 1,1–1,3 cm lange Vorderflügel. Auf gelbem, hellgrauem oder rötlichbraunem Grund in der inneren Hälfte ein dunkles Feld, das den Wurzelbereich und das Mittelfeld umfaßt. In der Mitte der Begrenzung springt die äußere Querlinie saumwärts spitz hervor. Gleiche Zeichnung auf den Hinterflügeln. Alle Flügel in der Mitte mit dunklem Punkt. **Fg**: In allen größeren Heidelbeerwäldern, Laubwäldern und Mooren, Hainen und Schluchtwäldern. **Vb**: Inselartig in ganz Europa. Auch im Gebirge. **H**: Häufig bis selten. **Fl**: Mai bis Juli. **Rz**: Juli bis September. **FR**: Heidelbeere, Erdbeere und Wachtelweizen.

Epione repandaria HFN.

M: 1,2–1,5 cm lange Vorderflügel. Ockergelb mit rötlichen Zeichnungen. Quer über die Vorder- und Hinterflügel ein dunkles Band, innen scharf dunkel gezeichnet; endet in der Flügelspitze und auf den Hinterflügeln in der Mitte des Innenrands. In den helleren Bereichen je ein rötlicher Punkt. Auf den Vorderflügeln eine scharf gewinkelte, innere Querlinie. **Fg**: Feuchte Niederungen, Auen- und Bruchwälder, Moore und naturnahe Gärten. **Vb**: Gemäßigte Zone Europas. Im Norden bis zum 66. Breitengrad. **H**: Nicht selten, doch regional sehr unterschiedlich. **Fl**: Juni bis August. **Rz**: Mai bis Juni. **FR**: Weide, Erle, Espe und Pappel.

Plagodis dolabraria L.

M: Etwa 1,5 cm lange Vorderflügel. Gelb mit feinen, dunkelbraunen Querlinien und am Innenrand mit dunkel goldbraunen Schattierungen. Hinterflügel ebenso gefärbt und gemustert. Leicht bestimmbar, da es keine ähnliche Art in Europa gibt. **Fg**: Laubmischwälder, warme Hänge, Wiesentäler, Feldgehölze und Gärten. **Vb**: In ganz Europa, vor allem in niederen, wärmeren Lagen. Im Gebirge steigt dieser Spanner nicht sehr hoch. **H**: Unregelmäßig, doch nicht selten. **Fl**: April bis Juli. **Rz**: Juni bis Juli. Puppe überwintert. **FR**: Die Raupen leben von Eichen-, Buchen- und Lindenblättern, seltener an Pflaume und Schlehe.

Phigalia pedaria F. Schneespanner

M: Etwa 2 cm lange Vorderflügel, doch nur die ♂ sind geflügelt, die ♀ tragen Stummelflügel. Mit ihren auffallend langen Beinen können sie geschickt laufen und klettern. Die ♂ sind dunkel, manchmal dunkelgrün überhaucht mit undeutlichen, meist verdunkelten Querlinien, die am Rand schwärzlich verdickt erscheinen. Hinterflügel heller mit 2 dunklen Querlinien. **Fg**: Laubmischwälder, Feldgehölze, Gärten und Parks. **Vb**: In Europa, vor allem im Mittel- und Nordteil. **H**: Nicht selten und in manchen Jahren auch häufig. **Fl**: Anfang Februar bis Mitte April. **Rz**: April bis Juni. Puppe überwintert. **FR**: Eiche, Pappel und Weide.

Epione parallelaria SCHIFF.

M: 1,2–1,5 cm lange Vorderflügel. In Größe und Aussehen ähnelt dieser Spanner der nah verwandten Art *E. repandaria*. Saumfeld dunkelocker, Wurzel- und Mittelfeld heller. Die dunkle Begrenzung des Saumfeldes beginnt aber nicht in der Flügelspitze, sondern deutlich unterhalb davon (siehe *E. repandaria*). Hellere Bereiche der Flügel fein mit rötlichem Gitternetz überzogen. Die innere Querlinie nicht stark gebrochen, sondern halbkreisförmig gebogen. **Fg**: Feuchtgebiete. **Vb**: Wie obige Art. **H**: Seltener. **Fl**: Juni bis August. **Rz**: Mai bis Juni. Ei überwintert. **FR**: Espen, Haselsträucher, seltener Birke und Weide.

Ennomos fuscantaria STEPH.

M: 1,6–2 cm lange Vorderflügel. Goldgelb bis dunkel ockergelb und stark gezackte Flügelränder. Innere und äußere Querlinie nähern sich saumwärts stark. Manchmal berühren sie sich. Saumfeld verdunkelt. Hinterflügel einfarbig. **Fg**: Laubmischwälder, Auen und Alleen, Gärten und Parkanlagen. **Vb**: Hauptverbreitungsgebiet in Mittel- und Südeuropa, im Norden nur sporadisch. **H**: Unregelmäßig, manchmal selten, doch in günstigen Jahren und Gegenden wieder häufiger. **Fl**: September bis Anfang Oktober. **Rz**: Juni bis August. Ei überwintert. **FR**: Nur an Esche und Liguster. **Allg**: Bildet verschiedene Formen aus.

Ennomos alniaria L.
Erlen-Zackenrandspanner

M: 1,8–2 cm lange Vorderflügel. Schwefelgelb, auch der Körper. Auf den Vorderflügeln 2 geschwungene, parallel verlaufende Querlinien. Dazwischen stets ein dunkler Punkt. Saumlinie der Vorder- und Hinterflügel stark gezackt. Auf den Hinterflügeln meistens ein deutlicher, dunkler Mittelstrich. ♀ dunkler als ♂, manchmal im Saumfeld gesprenkelt. **Fg**: Bruch- und Moorwälder, Auen, Gärten und Parks. **Vb**: Gemäßigte Zone bis zum 64. Breitengrad. **H**: Unterschiedlich, örtlich sehen. **Fl**: Juni bis Oktober. **Rz**: Mai bis August. Ei überwintert. **FR**: Birken, Erlen, Pappeln, Weiden.

Selenia bilunaria ESP. *Raupe auf S. 281*

M: 1,4–2 cm lange Vorderflügel. Braungelb bis rötlich braun. Unter der Flügelspitze mittelbrauner Halbmondfleck, innen scharf weiß abgegrenzt, typisches Zeichen für alle *Selenia*-arten. 3 dunkle Punkte am Vorderrand, von denen aus die innere und äußere Querlinie sowie der Mittelschatten entspringen. Hinterflügel mit undeutlicher Querlinie und Schatten. **Fg**: Lichte Laubmischwälder, trockene, buschige Hänge, Auen, Moore, Gärten und Parks. **Vb**: Laubwaldzone Europas. **H**: Nicht selten. **Fl**: Zwei Generationen: I. April bis Mai, II. Juli bis August. **Rz**: I. August bis September, II. Juni bis Juli. **FR**: Linde, Birke, Ulme und andere.

Ennomos erosaria SCHIFF.

M: 1,5–1,8 cm lange Vorderflügel. Typischer Vertreter der großen, gelben Spanner. Gut bestimmbar. Die Flügel von *E. erosaria* sind okkergelb und stark gezackt. Auf den Vorderflügeln 2, auf den Hinterflügeln eine gerade, nicht gewellte Querlinie, die keine verdunkelten Felder abgrenzen (siehe *E. fuscantaria*). **Fg**: Laubmischwälder, wo sie im Spätsommer die ersten umgefärbten Blätter täuschend ähnlich nachahmen. Auch in Gärten und Parkanlagen. **Vb**: In der Waldzone Europas weit verbreitet. **H**: Nicht selten, manchmal häufig. **Fl**: Juni bis September. **Rz**: Mai bis August. Ei überwintert. **Fr**: Eiche, Buche, Birke.

Selenia tetralunaria HFN.
Mondfleckspanner

M: 1,5–2 cm lange Vorderflügel. Dunkelviolett bis dunkelbraun. Im dunklen Innenteil der Vorder- und Hinterflügel je ein schwarz umrandeter, weißer Sichelfleck. In der Flügelspitze ein dunkelvioletter Halbmond. Im aufgehellten äußeren Bereich der Hinterflügel je ein dunkler Punkt. **Fg**: Laubmischwälder, Auen, Moore, bewachsene Ufer von Seen und Flüssen, auch Gärten und Parks. **Vb**: Ganz Europa. **H**: Nicht selten, aber auch nirgends sehr häufig. **Fl**: Zwei Generationen: I. April bis Mai, II. Juni bis August. **Rz**: I. August bis September, II. Mai bis Juni. **FR**: Eiche, Erle, Weide u. a.

Selenia lunaria SCHIFF. RL!

M: 1,4–2 cm lange Vorderflügel. Brauner Halbmond in der Flügelspitze. Flügelränder gezackt. Flügelfarbe goldbraun. Im Mittelschatten der Vorder- und Hinterflügel je ein weißer Sichelfleck. **Fg**: Laubwälder, Feldgehölze, buschige Hänge und Gärten. **Vb**: Gemäßigte Zone Europas, im Süden seltener. **H**: Inselartig, doch nicht selten. **Fl**: Zwei Generationen: I. April bis Juli, II. Juli bis August. **Rz**: I. August bis September, II. Juni. Raupe und Falter nachtaktiv. Tagsüber hält die Raupe sich in starrer Stellung im Gebüsch auf, wo sie ein Ästchen nachahmt. **FR**: Eiche, Birke, Linde, Esche, andere Laubholzarten.

Phalaena syringaria L.

Merkmale: Etwa 2 cm lange Vorderflügel. Gelbbraun, rötlichbraun, auch violettgrau gefärbte Flügel mit rosaweißen Einmischungen. Äußere und innere Querlinien sind hellrosa angelegt und laufen auf den Hinterflügeln als helle Reihe von Punkten weiter. Der als dunkle Linie angelegte Mittelschatten bildet unter dem Vorderrand einen rechten Winkel und verläuft gerade bis zum Innenrand und dann auf den Hinterflügeln weiter.

Fluggebiet: Buschige, unterholzreiche Laubwälder und Schluchten. Die Falter halten sich bevorzugt dort auf, wo Licht und Schatten starke Kontraste bilden.

Verbreitung: Inselartig in ganz Europa verbreitet, bevorzugt in der Laubwaldzone der gemäßigten Breiten.

Häufigkeit: In geeigneten Biotopen häufig.

Flugzeit: Anfang Juni bis Ende Juli. In günstigen Lagen in Süddeutschland. In warmen Jahren fliegt von August bis September eine II. unvollständige Generation.

Raupenzeit: August bis Juni. Raupe überwintert am Boden unter der alten Krautschicht.

Futterpflanzen: Besonders an verschiedenen Heckenkirschenarten *(Lonicera nigra* und *L. xylosteum)*, auch an Flieder *(Syringa vulgaris)* und an Esche *(Fraxinus excelsior)*.

Crocallis elinguaria L.

M: 1,5–2 cm lange Vorderflügel. Hellgelb mit dunklerem Mittelfeld, das von den Querlinien kontrastreich vom Wurzel- und Saumfeld getrennt wird. Im Mittelfeld je ein dunkler Punkt. Auf den helleren Hinterflügeln ebenfalls ein dunkler Punkt und eine schwache Querlinie. **Fg**: Wälder, auch krautreiche Lichtungen, Moore, Auen und Gärten. **Vb**: Gemäßigte und kalte Zone bis zum Polarkreis. In Mittel- und Südeuropa besonders in den Gebirgen und Mittelgebirgen bis 1500 m. **H**: Regelmäßig, örtlich auch häufig. **Fl**: Ende Juni bis Ende August. **Rz**: August bis Juni. **FR**: Heidelbeere, seltener Weißdorn, Heckenkirsche und andere.

Ourapteryx sambucaria L. Holunderspanner, Nachtschwalbenschwanz

M: 2–2,5 cm lange Vorderflügel. Eine der schönsten mitteleuropäischen Spannerarten. An den schwänzchenartig verlängerten Spitzen der Hinterflügel leicht zu erkennen. Ihr Ansatz wird durch 2 dunkle, rundliche Flecken noch betont. Die Grundfarbe der Flügel ist gelblichweiß. Innere und äußere Querlinie verlaufen auf den Vorderflügeln fast gerade. **Fg**: Gärten, Auen, Laubwälder. **Vb**: Gemäßigte Zone Europas. **H**: Lokal nicht selten. **Fl**: Mitte Juni bis Ende Juli. **Rz**: August bis Juni, Raupe überwintert. **FR**: Holunder, Waldrebe u. a.

Raupe auf S. 281

Angerona prunaria L.
Pflaumenspanner, Schlehenspanner

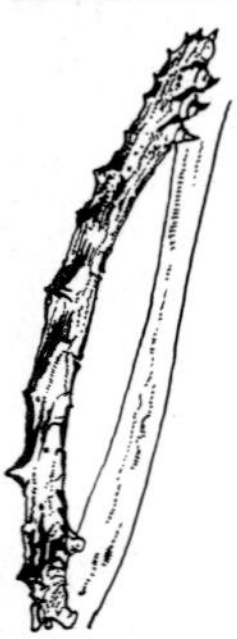

M: 1,6–2,3 cm lange Vorderflügel; ♂ rotorange, kleiner als das hellgelbe ♀. Dunkle Fransenpunkte auf Vorder- und Hinterflügeln. **Fg**: Lichte Wälder, Parkanlagen, Obstgärten. **Vb**: Gemäßigte Zone Europas; im Süden auf Gebirgszüge beschränkt. **H**: Nicht selten, lokal häufig. **Fl**: Ende Mai bis Anfang August. **Rz**: August bis Mai. **FR**: Himbeere, Besenginster, Heidelbeere.

Agriopis leucophaearia SCHIFF.

M: 1,1–1,5 cm lange Vorderflügel; Grundfärbung der ♂ grauweiß bis dunkelgrau. Die Weibchen entwickeln nur kurze Flügelstummel, aber lange Beine, mit denen sie gut laufen können. Beim ♂ sind die Querlinien auf den Vorderflügeln deutlich dunkel hervortretend. Dazwischen ist ein Mittelschatten erkennbar. Wellenlinien weiß; Hinterflügel hell und kaum gezeichnet. **Fg**: Laubwälder, Auen, große Gärten und Parkanlagen. **Vb**: In den gemäßigten und warmen Zonen Europas verbreitet. **H**: Sehr unterschiedlich, gebietsweise häufig. **Fl**: Februar bis April. **Rz**: Mai; Puppe überwintert. **FR**: Eiche, Espe, Obstbäume.

Lycia zonaria SCHIFF.

Merkmale: Etwa 1,5 cm lange Vorderflügel. ♂ dunkelgrau, braungrau, fast schwarz. Auf dunklen Vorder- und Hinterflügeln verlaufen 2 weiße, fast gerade Querlinien. Adern schwarz hervortretend. ♀ stummelflüglig (wie viele ♀ der spät oder früh im Jahr fliegenden Spanner). Die ♀ von *L. zonaria* zeichnen sich durch einen zwar dicken, aber auffallend kurzen Körper aus; dazu sehr kurze Flügelstummel und kräftige, lange Beine, mit denen sie sehr beweglich sind.
Fluggebiet: Wiesen-, Straßen- und Feldränder, Heidegebiete, grasreiche Felder und sandige Hänge.

Verbreitung: Bevorzugt an den warmen Stellen in ganz Europa. Das Gesamtverbreitungsgebiet reicht bis nach Zentralasien. Fehlt an höheren Stellen.
Häufigkeit: Die Verbreitung ist äußerst lükkenhaft und daher gebietsweise sehr unterschiedliches Vorkommen. Es gibt Plätze, wo die Art häufig ist, während sie nicht weit davon kaum in Erscheinung tritt.
Flugzeit: Ende März bis Ende Mai.
Raupenzeit: Mai bis Anfang Juli. Puppe überwintert.
Futterpflanzen: Salbei, Flockenblume, Beifuß, Schafgarbe, Heidekraut.

Lycia hirtaria CL.

M: 1,8–2,3 cm lange Vorderflügel; Grundfärbung gelbbraun mit schwärzlicher Beschuppung. Am Vorderrand beginnen die dunklen Querlinien mit einem vergrößerten, schwärzlichen Fleck. Äußere und innere Querlinie wie auch der gezähnte Mittelschatten geschwungen. Flügel beim ♀ dünner beschuppt, aber voll ausgebildet. **Fg:** Auen, lichte Laubwälder, Obstgärten und Parkanlagen. **Vb:** Gemäßigte Zone Europas. **H:** Gebietsweise häufig. **Fl:** März bis Anfang Mai. **Rz:** Mai bis August; Puppe überwintert, überliegt aber nicht selten mehrere Jahre, ehe sie schlüpft. **FR:** Verschiedene Laubbäume.

Ematurga atomaria L.

M: 1,1–1,5 cm lange Vorderflügel. Geschlechter unterschiedlich gefärbt: ♂ trägt ockergelbe Flügel mit braunen Querlinien von unregelmäßigem Verlauf und verdunkeltem Randbereich. Fühler stark gekämmt. ♀ trüb weiß mit stark betonten, fast schwärzlichen Querlinien. Fühler fein. Fransen hell-dunkel gescheckt. **Fg:** Warmes trockenes Gelände, Brachland, Waldränder, sonnige Hänge, Feldgehölze. **Vb:** In Europa weit verbreitet. Areal reicht bis Ostasien. **H:** Nicht selten, gebietsweise häufig; tagfliegend. **Fl:** April bis September in zwei Generationen. **Rz:** August bis September und Mai bis Juni. **FR:** Heidekraut, Beifuß.

Biston strataria HFN. Pappelspanner

M: Mit über 2 cm langen Flügeln, großem kräftigem Körper und in der äußeren Form dem **Birkenspanner** recht ähnlich. Beide Querlinien jedoch stets deutlich hervortretend. Sie sind kräftig gezackt und an den abgekehrten Seiten von einem braunen Band begleitet, das sich auf die Hinterflügel fortsetzt. Auffallend ist der sehr kräftige Hinterleib. Die ♂ tragen Kammfühler. **Fg:** Lichte Wälder, Auen, größere Parks und Gärten. **Vb:** Gemäßigte Zone Europas. **H:** Häufig, im Süden seltener. **Fl:** Mitte März bis Mitte Mai. **Rz:** Mai bis Juli. Puppe überwintert. **FR:** Pappeln, Eichen, Linden, gebietsweise auch Obstbäume.

Bupalus piniarius L. Kiefernspanner

M: 1,4–1,8 cm lange Vorderflügel. ♂ dunkelbraun bis schwärzlich, ♀ undeutlich gemustert braungelb. **Fg:** Kiefernwälder. **Vb:** Gemäßigte Zone Europas. **H:** Sehr unterschiedlich. **Fl:** April bis Juli. **Rz:** Juli bis Oktober. **FR:** Nadelbäume.

Aethalurva roboraria SCHIFF

Merkmale: 2–2,5 cm lange Vorderflügel. Diese und die folgenden *Boarmia*-Arten, die nur eine Auswahl aus der artenreichen Gattung darstellen, ähneln sich außerordentlich stark. Abgeflogene oder abweichend gefärbte und gezeichnete Exemplare können nur in präpariertem Zustand genau bestimmt werden. Alle diese Falter sind grauweiß, braunweiß oder schwarzweiß gezeichnet und dunkel bestäubt. Zur Bestimmung muß man den Verlauf der Querlinien und der Wellenlinie vergleichen.
Fluggebiet: In Laubmischwäldern, in Lichtungen, an Weg- und Waldrändern, in Auen, Gärten und Parkanlagen.
Verbreitung: In der Laubwaldzone ganz Europas verbreitet. Das gesamte Verbreitungsgebiet reicht bis nach Ostasien. Fehlt im äußersten Süden Europas.
Häufigkeit: Regelmäßig, nirgends häufig.
Flugzeit: Zwei Generationen: I. Ende Mai bis Ende Juli, II. September. Die II. Generation ist meist unvollständig und tritt nur an günstigen Plätzen auf.
Raupenzeit: August bis Mai. Raupe überwintert.
Futterpflanzen: Laubbäume, besonders Eiche *(Quercus)*, Ulme *(Ulmus)* und Esche *(Fraxinus)*, seltener an Obstbäumen.

Aethalurva rhomboidaria SCHIFF.

M: 1,5–2 cm lange Vorderflügel; kleiner als *B. roboraria,* doch in Färbung und Zeichnung recht ähnlich. Vorderflügel mit 2 am Vorderrand verdickten Querlinien; innere gebogen, äußere gezähnt und unter dem Vorderrand scharf nach innen gebogen. Schwarzer Mittelmond deutlich. Unterseite der Vorderflügelspitze gelblich. **Fg:** Waldränder, Lichtungen, Obstgärten, Parks und Auwälder. **Vb:** Fast ganz Europa. **H:** Nur gebietsweise häufiger, meist vereinzelt, aber regelmäßig. **Fl:** Ende Juni bis Ende August. Durch »Rindenmusterung« am Tage schwer zu finden. **Rz:** August bis Juni. **FR:** Obst- und andere Laubbäume.

Aethalurva repandata L.

M: 2–2,3 cm lange Vorderflügel. Die Normalform ähnelt den vorigen Arten, weist aber in den aschgrauen Vorderflügeln eine fast glatte, leicht geschwungene, äußere Querlinie auf. Formen mit dunklem Mittelband sind leichter zu erkennen. Es treten auch schwärzlich verdunkelte Exemplare auf. **Fg:** Laub- und Nadelwälder mit Unterwuchs, Gärten und Parkanlagen. **Vb:** Ganz Europa, besonders in der nördlichen Hälfte. **H:** Regelmäßig bis häufig. **Fl:** Ende Mai bis Mitte August. **Rz:** August bis Juni; die Raupe überwintert in der Bodenstreu. **FR:** Heidelbeere, Brombeere, Heidekraut.

Aethalurva punctinalis SCOP.

M: 2,2–2,4 cm lange Vorderflügel. Grundfärbung weißgrau mit bräunlichen Beimischungen. In beiden Flügeln befindet sich ein dunkel gerandeter Halbmondfleck. Die weißliche, nach innen dunkel beschattete Wellenlinie ist stark gezackt. Spitze der Vorderflügel nicht gelb. **Fg:** Gärten, Parklandschaft, lichte Laubwälder, Auen und Schonungen. **Vb:** Gemäßigte Zone Europas, weit verbreitet. **H:** Regelmäßig bis häufig. **Fl:** Ende April bis Ende Juni; ruht tagsüber in guter Deckung. **Rz:** Mai bis August. **FR:** Eichen, Buchen, Birken, Obstbäume, auch Nadelbäume; bevorzugt junge Triebe.

Aethalurva punctulata SCHIFF.

M: Mit nur knapp 1,5 cm langen Vorderflügeln deutlich kleiner als die anderen Arten der Gattung. 3 dunkle, am Vorderrand kräftig verdickte Querlinien ziehen sich über die Vorderflügel und lösen sich vor dem Innenrand mehr oder weniger in Punkte auf. Fransen hell und dunkel gescheckt. **Fg:** Feuchte Laubwälder, Auen, Gärten und Parks. **Vb:** In Europa weit, aber mehr lokal verbreitet. **H:** In den Vorkommen häufig bis sehr häufig; weit umherstreifend bzw. verdriftet. **Fl:** Ende März bis Anfang Juni; gelegentlich eine Hochsommergeneration. **Rz:** Juni bis August. **FR:** Erlen und Birken.

Lomaspilis marginata L. Vogelschmeißfalter

Merkmale: 1–1,2 cm lange weiße Vorderflügel, auf denen im Saum und Vorderrandbereich große, schwarze Flecken liegen. In der Flügelmitte ein schwarzer Fleck. Hinterflügel gleich gezeichnet.
Fluggebiet: Weit verbreitet: in Auen, Brach- und Sumpfwäldern, an Wald-, Feld- und Straßenrändern, in Mooren und Wiesentälern, in verwilderten Gärten und Parkanlagen.
Verbreitung: In der Laubwaldzone Europas und Asiens weit verbreitet.
Häufigkeit: Überall häufig und regelmäßig zu beobachten.
Flugzeit: Zwei Generationen: I. April bis August, II. Juli bis August. II. Generation in klimatisch ungünstigen Lagen unvollständig oder ganz fehlend. Dort fliegen die Falter von Mitte Mai bis Anfang August. Falter tag- und nachtaktiv.
Raupenzeit: I. August bis September, II. Juni bis Juli. Puppe überwintert.
Futterpflanzen: Besonders an Salweide *(Salix caprea)*, Zitterpappel *(Populus tremula)*, Birke *(Betula)* und Hasel *(Corylus)*.
Allgemeines: Vom Vogelschmeißfalter sind eine Reihe verschiedener Formen bekannt, wobei das Ausmaß der schwarzen Flecken unterschiedlich ausfällt.

Cabera pusaria L. Linienspanner ✓

M: 1,2–1,5 cm lange Vorderflügel, die fein beschuppt sind. Sie haben 3, die Hinterflügel 2 bräunliche Querlinien, die in der Ruhestellung ineinander überführen. Verbirgt sich tagsüber gern auf der Unterseite von Blättern. Flugweise langsam; auch tagsüber aktiv zu beobachten. **Fg:** Auen und andere Laubwälder, größere Gärten, Parks; auch über Wiesen und an Uferzonen von Gewässern. **Vb:** Gemäßigte Zone Europas, weit verbreitet von der Ebene bis ins Gebirge. **H:** Häufig bis sehr häufig. **Fl:** Ende April bis Mitte August. **Rz:** Juni bis September. **FR:** Hauptsächlich Weiden, aber auch Birken, Erlen und Ulmen.

Cabera exanthemata SCOP.

M: 1,3–1,5 cm lange Vorderflügel. *C. pusaria* sehr ähnlich, aber durch die deutlich gröbere Beschuppung und das Fehlen einer Querlinie unterschieden. Die Färbung wirkt gelblicher, nie nahezu rein weiß. Die Querlinien sind stets deutlich und etwas breiter angelegt. Im Verhalten gleicht die Art *C. pusaria* ebenfalls. **Fg:** Feldgehölze, Waldränder, größere Gärten, vor allem, wenn größere Büsche von Weiden oder Pappeln vorhanden sind. **Vb:** Europa mit Ausnahme der kalten Gegenden. **H:** Regelmäßig, doch nicht so häufig, wie die vorige Art. **Fl:** Mai bis August. **Rz:** Juni bis September. **FR:** Weiden, Pappeln, Espen, Erlen.

Lomographa bimaculata L.

M: 1,1–1,3 cm lange Vorderflügel. An den beiden auffallenden, schwarzen Flecken an ihrem Vorderrand ist dieser sonst rein weiße, kleine Spanner sehr leicht zu erkennen. Übrige Zeichnungen, falls überhaupt vorhanden, nur durch feine dunkle Punkte angedeutet. **Fg:** Naturnahe Gärten, größere Parkanlagen mit Unterholz, lichte Laub- und Laubmischwälder, Auen und Heidegebiete. **Vb:** In der gemäßigten Zone Europas weit verbreitet. Von der Ebene bis ins Gebirge. **H:** Selten. **Fl:** Mai bis Juni. **Rz:** Juni und Juli; Puppe überwintert. **FR:** Wildkirsche, Traubenkirsche, Schlehe und Birke.

Campaea margaritata L.

Raupe S. 281

M: Mit 1,5–2 cm langen Vorderflügeln ein mittelgroßer Spanner mit breiten, bei frischen Exemplaren hellgrünen Flügeln, die rasch ausbleichen. Getötete Exemplare verlieren die grüne Farbtönung nach einiger Zeit vollständig. Sie sehen dann nahezu rein weiß aus. Über die Vorderflügel 2 fast gerade Querlinien, die an den abgekehrten Seiten hell angelegt sind. Äußere Linie setzt sich auf den Hinterflügeln fort. **Fg:** Buchenwälder, Laubmischwälder, größere Gärten und Parkanlagen. **Vb:** Laubwaldzone Europas. **H:** Mäßig häufig, meist selten. **Fl:** Juni bis September in zwei Generationen. **Rz:** August bis Juni und Juli. **FR:** Buchen.

Thalera fimbrialis SCOP.

M: Etwa 1,5 cm lange Vorderflügel. Grundfarbe der Flügel graugrün bis gelbgrün. 2 helle Querlinien, die undeutlich ausfallen können, verlaufen ziemlich geradlinig über die Vorderflügel. Über die Hinterflügel zieht eine stärker gewellte Querlinie. Fransen am Flügel rotbraun und weiß gescheckt. In der Mitte der Hinterflügelfransen eine vorgezogene Spitze. **Fg:** Trokkene Heidegebiete, Brachland, Feldraine, aber auch über Hochmooren. **Vb:** Gemäßigte Zone Europas. **H:** Nicht häufig. **Fl:** Mitte Juni bis Mitte August. **Rz:** August bis Mai, Raupe überwintert. **FR:** Verschiedene krautige Pflanzen: Schafgarbe, Beifuß, Thymian, Goldrute.

Geometra papilionaria L. Grünes Blatt

M: Mit über 2,5 cm langen Vorderflügeln die größte der im Gebiet vorkommenden grünen Spannerarten. Über dem Vorderflügel 3 gezackte weiße Linien, von denen sich 2 auf den Hinterflügeln fortsetzen. Bei frischen Faltern leuchtet das Grün intensiv, verliert sich aber bei getöteten Exemplaren schnell zu einem verwaschenen grünweißen bis weißen Ton. Bei manchen Exemplaren sind die Linien verschwunden oder in weißliche Flecken aufgelöst. **Fg:** Auen, Bruchwälder, Birkenmoore. **Vb:** Laubwaldzone Europas. **H:** Mäßig häufig. **Fl:** Mai bis August. **Rz:** Herbst bis Juni; Raupe überwintert. **FR:** Birke, Hasel und Erle.

Hemithea aestivaria HBN.

M: 1,2–1,4 cm lange Vorderflügel. Dunkel graugrün bis braungrün, oft etwas fleckig. Mittelfeld etwas dunkler. Von 2 weißen, gewellten Linien scharf eingegrenzt. Die Hinterflügel bilden in der Mitte eine deutlich vorspringende Zacke. **Fg:** Lichte Laubwälder, Feldgehölze, Gärten, Parks. **Vb:** Gemäßigte Zone Europas. **H:** Mäßig häufig. **Fl:** Ende Mai bis Mitte August. **Rz:** August bis Ende April. **FR:** Eiche, Kreuzdorn, Schlehe.

Hemistola chrysoprasaria ESP.

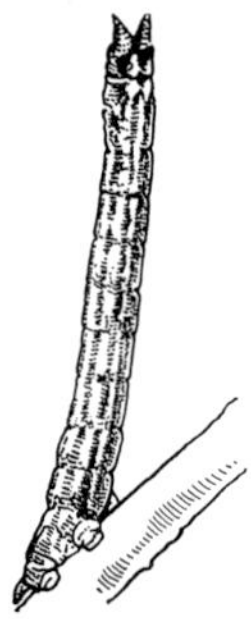

M: Etwa 1,5 cm lange Vorderflügel. Hellgrün, nicht verwaschen. Über die Vorderflügel gerade, über die Hinterflügel leicht geschwungene weiße Linie. Vorderflügel manchmal noch mit undeutlicher innerer Querlinie. **Fg:** Sonnige Hänge, Waldlichtungen, Wiesen, Gärten, Parks. **Vb:** Mittel- und Südeuropa; fehlt im Norden. **H:** Örtlich häufiger. **Fl:** Juni bis August. **Rz:** August bis Juni. Raupe überwintert. **FR:** Waldrebe.

Ellopia fasciaria L.

M: 1,5–1,7 cm lange Vorderflügel. 2 Farbvarianten: die Unterart *fasciaria* hat rostrote, *ssp. prasinaria* grüne Flügel. Beiden gemeinsam sind die 2 geraden Querlinien der Vorderflügel, die bei der rotbraunen Unterart ein verdunkeltes Mittelfeld abgrenzen. Hinterflügel mit nur einer Querlinie. **Fg:** Die rotbraune Unterart bewohnt Kiefernwälder auf sandigem Untergrund im Flach- und Hügelland, vorwiegend im norddeutschen Raum. Die grüne findet man in den Fichten- und Tannenwäldern der Mittel- und Hochgebirge. **Vb:** Europa. **H:** Gebietsweise häufig. **Fl:** Juni bis August. **Rz:** Juli bis Juni. **FR:** Nadeln von Kiefern, Fichten und Tannen.

Pseudoterpna pruniata HUFN.

M: 1,5–1,8 cm lange Vorderflügel. Grundfarbe graugrün bis bläulichgrün verblassend. Innere und äußere Querlinien dunkelgrün, stark gezackt. Wellenlinie weiß, nur wenig gezackt. Sie setzt sich auf den Hinterflügeln fort. Sie ist stets erkennbar, aber die Querlinien können mehr oder weniger erloschen sein. **Fg:** Bestände von Ginster, vor allem an Straßenböschungen im Westen des Verbreitungsgebietes. **Vb:** Mittel-, West- und Südeuropa; nördlich der Alpen selten, südlich häufiger. **H:** Örtlich häufig, über weite Bereiche fehlend. **Fl:** Juni bis August. **Rz:** August bis Mai, Raupe überwintert. **FR:** Ginster.

Yponomeuta evonymellus L. Traubenkirschen-Gespinstmotte

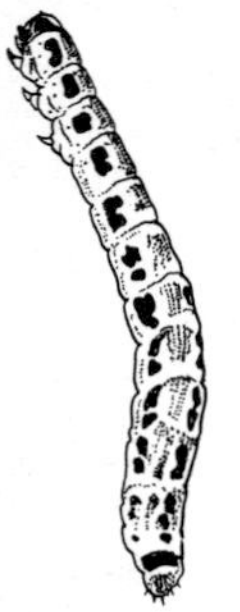

Merkmale: 1,0–1,3 cm lange Vorderflügel. Silberweiß mit 5 Längsreihen von feinen schwarzen Punkten. Hinterflügel rauchbraun mit dunklem Saum, breiter und kürzer als die Vorderflügel. Fühler fein, fadenförmig, erreichen nur knapp ⅔ der Flügellänge. In Ruhe werden die Flügel leicht gerollt eng an den Körper gelegt, so daß der Schmetterling fast wie eine Röhre wirkt. Bei leichten Störungen hüpfen die Falter geschickt weg und lassen sich zu Boden fallen.

Fluggebiet: Auwälder, Bachufer mit Gebüsch und Bäumen, Gärten und Parks.

Verbreitung: Fast ganz Europa von den Flußniederungen bis zur Laubwaldgrenze.

Häufigkeit: Jahrweise sehr schwankend, aber in der Regel ziemlich häufig bis massenhaft vorkommend; dann Kahlfraß der Futterbäume.

Flugzeit: Anfang Juli bis Mitte August.

Raupenzeit: Jungräupchen überwintern an den Knospen und werden mit dem Austreiben im Frühjahr aktiv. Sie fressen bis Ende Mai oder Anfang Juni und verpuppen sich dann in dicht gepackten Gemeinschaftsgespinsten am Stamm oder in der Krautschicht darunter.

Futterpflanzen: Fast ausschließlich die Traubenkirsche *(Prunus padus)*; sehr selten an Kirsche oder Faulbaum; Nahrungsspezialist! Befressen wird nur der Frühjahrstrieb, denn die Art bringt keine zweite Generation hervor.

Allgemeines: Diese Gespinstmotte zeigt eine außerordentlich enge Anpassung an ihre Futterpflanze, die Traubenkirsche. Nach der Paarung, die einige Tage bis Wochen nach dem Schlüpfen erfolgt, suchen die Weibchen die Winterknospen der Traubenkirschen auf und legen daran ihre Eier ab. Die Räupchen schlüpfen zwar bald darauf, bleiben aber untätig und überwintern unter den Knospenschuppen. Wenn diese nun im Frühjahr austreiben, kommen sie an die feinsten Triebe heran. Sie wachsen schnell. Anfangs halten sie dicht in der Gruppe zusammen und umhüllen den Trieb mit einem feinen Gespinst, das mit dem Heranwachsen der Raupen immer größer und dichter wird. Ist der Baum stark befallen, kann es dazu kommen, daß er Mitte Mai völlig silberweiß eingesponnen ist. Das Gespinst überzieht wie eine zähe Haut nicht nur die Äste bis in die höchsten Kronenbereiche, sondern auch den ganzen Stamm bis zum Boden herab. Es stellt eine Gemeinschaftsleistung dar. An langen Fäden seilen sich nun die gelblichen, mit schwarzen Tupfen übersäten Raupen ab, die offenbar kein Vogel frißt, weil sie wegen der Inhaltsstoffe der Traubenkirschen zu schlecht schmecken. An günstigen Stellen, etwa unter einer Gabelung am Stamm oder an Röhrichthalmen, die vom herabrieselnden Raupenkot umgeknickt sind, sammeln sie sich. Die kräftigsten sind die ersten, die eintreffen, weil sie am schnellsten ausgewachsen sind. Sie spinnen sich inmitten der lockeren Gespinsthülle spindelförmige, sehr dichte Seidenkokons und verpuppen sich darin. Immer mehr kommen herunter, denn oben im Baum wird die Nahrung knapp. Solange sie reichlich ernährt sind, gesellen sie sich zu den vorhandenen Kokons, bis dicke Klumpen entstehen, die Hunderte von ihnen enthalten. Die letzten Raupen schaffen es nicht mehr. Sie sind zu mager, weil ihnen zu wenig Nahrung übrigblieb. Nun machen sie etwas Merkwürdiges: Sie umhüllen die Puppen ihrer erfolgreicheren Geschwister mit soviel Gespinst, wie sie aus ihren Reserven noch herausholen können, und gehen dann zugrunde. Nach mehreren Wochen Puppenruhe schlüpfen im Hochsommer die Falter. Inzwischen hat der Baum neue Blätter getrieben, die von anderen Insekten kaum mehr befallen werden, weil sie zu spät ankamen. So wird der Baum selbst bei stärkstem Befall und völligem Kahlfraß nicht geschädigt. Allerdings verliert er bei starkem Befall die Blüten und damit die Möglichkeit, Früchte anzusetzen. Das gelingt dafür um so besser, wenn später Frost und Schneefälle noch im April die aktiv gewordenen Jungraupen abtöten. In solchen Jahren bleibt der Befall gering und auf spät geschlüpfte Raupen beschränkt. So führt die Traubenkirschen-Gespinstmotte eindrucksvoll biologische Selbstregulation vor.

Agriphilas nemorellus HB. Wiesenzünsler

M: 1,0–1,1 cm lange Vorderflügel. Grundfarbe hellbraun. Ein spitz-keilförmig auslaufender silberglänzender, langgezogener Fleck erstreckt sich parallel zum Vorderrand quer über die Vorderflügel und geht im Bereich der Flügelspitze in eine feine Zeichnung über. Mehrere sehr ähnliche Arten. **Fg**: Wiesen, Gärten, Parklandschaften und Waldränder. **Vb**: Fast ganz Europa, bis in die Mattenregion der Berge. **H**: Überall verbreitet und häufig. **Fl**: Ende Mai bis Ende Juli. **Rz**: Juli bis Anfang Mai. **FR**: Verschiedene Arten von Wiesengräsern. **Allg**: Art auch unter *C. pratellus* bekannt.

Agriphilas tristellus SCHIFF.

M: 1,1–1,3 cm lange Vorderflügel. Sie sind bräunlich, durch einen schlanken Längswisch aufgehellt und werden in Ruhestellung »zigarrenförmig« gerollt gehalten. Sie überdecken dabei die blaßgrauen Hinterflügel vollständig, da diese auch noch gefaltet werden. Die Art fällt durch die langen, schlanken Flügel unter den Wiesenzünslern auf. Der weiße Wisch ist nicht scharf begrenzt und in Form und Ausdehnung variabel. **Fg**: Wiesen. **Vb**: Ganz Europa. **H**: Häufig. **Fl**: Juli bis August. **Rz**: September bis Juni. **FR**: Verschiedene Grasarten an trokkenen Standorten.
Allg.: Mehrere ähnliche Arten.

Agriphilas perlellus SCOP. Silberzünsler

Merkmale: 1,1–1,3 cm lange Vorderflügel. Die länglichen, schmal geschnittenen, silberweißen Vorderflügel werden beim ruhenden Falter eingerollt über den hellen, breit geschnittenen Hinterflügeln gehalten, so daß man diese nicht sieht. An den perlweißen Vorderflügeln, die keinerlei Zeichnung aufweisen, kann man diesen Falter leicht erkennen. Im Bild dargestellt ist die Form *warringtonellus* mit braunen Streifen.
Fluggebiet: Wiesen und Gärten, besonders über mäßig feuchtem bis trockenem Gelände.
Verbreitung: Fast in ganz Europa zu finden. Von der Ebene bis in mittlere und manchmal auch in höhere Gebirgsregionen.
Häufigkeit: Überall verbreitet; häufig bis sehr häufig.
Flugzeit: Ende Juni bis Mitte August. Falter sind tag- und nachtaktiv. Sie halten sich stets in Bodennähe auf. Werden sie aufgescheucht, so fliegen sie nur wenige Meter, um sofort wieder im Gras zu verschwinden. Flügelhaltung, Färbung und Verhalten gestatten es dem Falter, sich auch noch vor den Augen von Feinden in Sicherheit zu bringen.
Raupenzeit: August bis Mai. Raupe überwintert in Bodennähe im Schutz vorjähriger Pflanzenreste.
Futterpflanzen: Die Raupen leben von Gräsern, besonders von Schwingel, wo sie meist in Bodennähe fressen.

Yponomeuta cagnatellus HB.

M: 1,2–1,3 cm lange Vorderflügel. Silberweiß mit 3 Reihen schwarzer Punkte, dunklen Hinterflügeln mit weißen Fransen und etwas kräftigerem Körper als bei anderen Arten der Gruppe. **Fg**: Waldränder, bachbegleitende Vegetation, Hecken und naturnahe Gärten. **Vb**: Europa im gemäßigten und kühlen Bereich. **H**: Nicht selten und gebietsweise alljährlich häufig. **Fl**: Ende Juni bis Ende Juli. **Rz**: Juli (Überwinterung) bis Ende Mai oder Anfang Juni. **FR**: Pfaffenhütchen *(Evonymus europaeus)*, Faulbaum *(Rhamnus frangula)*, auch an Eichenbüschen und anderen Sträuchern; nicht so spezialisiert.

Yponomeuta malinellus Z. Apfelbaum-Gespinstmotte

M: Knapp 1,0 cm lange Vorderflügel, rein weiß mit 3 Reihen feiner, schwarzer Punkte; deutlich kleiner als *Y. cagnatellus*. Fransen der Hinterflügel hellgrau. **Fg**: Obstgärten, Waldränder. **Vb**: Gemäßigte Zone Europas bis in den Mittelmeerraum; nach Nordamerika eingeschleppt. **H**: Unterschiedlich, mitunter so häufig, daß Schäden an den Apfelbäumen entstehen. **Fl**: Juli. **Rz**: August (Überwinterung) bis Ende Mai. **FR**: Apfel- und Birnbäume, vor allem an den jungen Trieben. Auch an Weißdorn *(Crataegus)*. **Allg**: Ob es sich um eine ökologische Form oder Art handelt, ist unklar.

Galleria mellonella L. Große Wachsmotte

M: 1,1–1,4 cm lange Vorderflügel. Grundfarbe der ziemlich breit gebauten, robust wirkenden Vorderflügel holzbraun mit bleigrauen Einmischungen, hell-dunkel gescheckten Fransen am Rand und einigen schwarzen Längsstrichen in der unteren Flügelhälfte. Hinterflügel heller grau mit hervortretender Äderung. **Fg**: Siedlungsbereiche mit Bienenstöcken. **H**: Unterschiedlich; für Bienen ist die Wachsmotte gefährlich. **Fl**: Mehrere Flugphasen pro Jahr. **Rz**: Entsprechend der Abstände zwischen den Flugphasen; Raupen bewohnen auch Nester von Bienen und Hummeln. **FR**: Wachs.

Ephestia kuehniella Z. Mehlmotte

M: Gut 1,0 cm lange Vorderflügel; schmal, spitz auslaufend mit undeutlicher, unregelmäßiger Zeichnung aus Querlinien und -bändern. Hinterflügel breiter, gerundet und mit hellem Saum. Körper schlank. **Fg**: Mühlen, Bäckereien, Vorratskammern. **Vb**: Weltweit in Siedlungen. **H**: Je nach Lagerungsbedingungen von stärkehaltigen Nahrungsmitteln sehr häufig bis selten. **Fl**: Unterschiedlich. **Rz**: Unterschiedlich. **FR**: Mehl/Stärke. Raupen können Schäden in Vorräten verursachen.

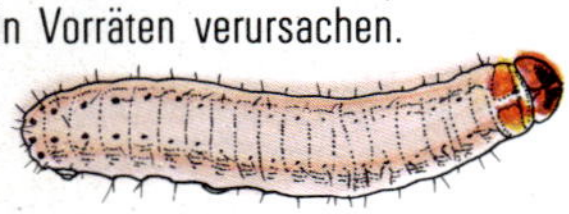

Pyralis farinalis L. Mehlzünsler

M: 0,8–1,5 cm lange Vorderflügel. Sehr charakteristisch gezeichnet: 2 weißliche Querlinien, die innere glattrandig, die äußere ausgebuchtet, trennen ein dunkelbraunes, mit Aufhellungen unterbrochenes Wurzel- und Saumfeld vom helleren Mittelfeld. Die Falter drehen zudem die Hinterleibsspitze sichelförmig nach oben und drücken die Flügel flach auf die Unterlage. **Fg**: Lagerstätten von Getreide, Brot und anderen Lebensmitteln. **Vb**: Weltweit. **H**: Bei unsachgemäßer Lagerung von Getreide und Mehl sehr häufig. **Fl**: Mehrere Generationen pro Jahr. **Rz**: Einige Wochen. **FR**: Samen und Lebensmittel.

Dioryctria abietella SCHIFF. Fichtenzapfenzünsler

M: 1,6 cm lange Vorderflügel. Die Grundfarbe der Flügel ist ein schwärzliches Grau, das von 2–3 geschwungenen, mitunter unvollständigen, weißlichen Querlinien durchzogen wird. Ein fast halbmondförmiger, weißlicher Fleck in der Flügelmitte. Hinterflügel rauchgrau mit hervortretenden Adern. **Fg**: Nadelwälder und Parks. **Vb**: Europa, Nordasien, Nordamerika. **H**: Häufig. **Fl**: Juni; wenn es zu zwei Generationen kommt, auch August bis September. **Rz**: Herbst; Überwinterung in Gespinst am Boden. **FR**: Zapfen von Tannen, Fichten, Kiefern und anderen Nadelbäumen.

Haritala ruralis SC.

M: Mit 1,7–1,9 cm langen Vorderflügeln ein ziemlich großer »Kleinschmetterling«, den seine perlmutterartig glänzenden, fast durchscheinenden Flügel charakterisieren. 2–3 dunklere, stark wellig gezähnte Querlinien ziehen sich über Vorder- und Hinterflügel, die am Saum etwas dunkler getönt sind. Die weißen Beine und der schlanke Körper sind ziemlich lang. **Fg**: Auen, Gärten, Parks. **Vb**: Westeuropa bis Ostasien. **H**: Von der Ebene bis ins Bergland verbreitet und häufig. **Fl**: Juni bis Juli. **Rz**: August bis Mai; Raupe lebt in tütenförmig gerollten Blättern. **FR**: Brennesseln, Hopfen.

Eurrhypara urticata L. *(E. hortulata)*

M: 1,5–1,7 cm lange Vorderflügel; die durchschimmernd hellen Flügel werden von dunklen Rändern begrenzt und von unregelmäßigen Bändern durchzogen. Sie verleihen dem Brennnesselzünsler zusammen mit dem schwefel- bis goldgelben Bruststück und der Hinterleibsspitze gleicher Farbe ein unverwechselbares Aussehen. **Fg**: Lichte Wälder, Gärten, Parks. **Vb**: Von Westeuropa bis Ostasien. **H**: In der Regel häufig. **Fl**: Juni bis Juli. **Rz**: Nach Überwinterung bis Mai/Anfang Juni in tütenförmig eingerollten Blättern. **FR**: Brennessel *(Urtica dioica)*; auch Minzen und Ziest.

Chilo phragmitellus HB. Schilfzünsler

Merkmale: 1,4–1,6 cm lange Vorderflügel. Schilfbraun mit ausgezogener Flügelspitze. Flügelschnitt beim ♀ schmaler und spitzer als beim ♂. ♀ wesentlich größer als ♂. Auf der Oberseite der Vorderflügel kann man stets 2–3 dunkle Längswische mit 2 schmalen weißen Längsstreifen dazwischen erkennen. Hinterflügel hell. Auffallend lange Palpen. Der Schilfzünsler gehört zu den größten Kleinschmetterlingen Mitteleuropas und wird beim ersten Hinschauen gern mit einer Eule verwechselt.
Fluggebiet: Ufer stehender und langsam fließender Gewässer. Man findet ihn auch auf nassen Wiesen, wo aber ein gewisser Schilfanteil vorhanden sein muß.
Verbreitung: Mitteleuropa, südliches Nordeuropa und große Teile Osteuropas. Im Norden bis Großbritannien und Mittelschweden.
Häufigkeit: Nicht selten, aber wenig auffallend.
Flugzeit: Juni bis August. Falter nachtaktiv.
Raupenzeit: Juli bis Anfang Juni. Die Raupen leben, überwintern und verpuppen sich in Stengeln. Im Frühjahr findet man sie in den vorjährigen Stengeln knapp über dem Wasserspiegel.
Futterpflanzen: Die Raupen leben minierend in den Stengeln von Schilf *(Phragmites)* und Schwaden *(Glyceria)*. Sie können dabei bis unter die Wasseroberfläche vordringen, weil sie in den Stengeln Luft bekommen.

Acentria nivosa OLIV.

M: Winziger Wasserschmetterling mit spitzen, etwa 6 mm langen Vorderflügeln. ♀ etwas größer als ♂, vor allem im nördlichen Teil des Vorkommens mit rückgebildeten Flügeln. An den Füßen Schwimmborsten; stummelflügelige ♀ leben unter Wasser! Streckt zur Begattung nur Hinterleib aus dem Wasser. **Fg:** Wasserpflanzenreiche Seeufer. **Vb:** Fast ganz Europa. **H:** In den örtlichen Vorkommen meist sehr häufig. **Fl:** Gebietsweise unterschiedlich im Sommer. **Rz:** Juli bis Anfang Juni, überwinternd. **FR:** Untergetauchte Wasserpflanzen, besonders an Wasserpest. **Allg:** Raupen leben und verpuppen sich im Köcher unter Wasser.

Hypsopygia costalis F.

M: 0,9–1,2 cm lange Vorderflügel; unverkennbar an der purpurrötlichen Flügelfärbung und den beiden gelblichen Querlinien, die mit einer keulenartigen Verdickung am Vorderrand beginnen und dann schmaler über beide Flügel ziehen. **Fg:** Häuser, Scheunen, Gartenzäune und Strohmieten; die Falter kommen sehr oft ans Licht. **Vb:** Europa mit Ausnahme des hohen Nordens, Westasien und Teile Nordamerikas. **H:** *H. costalis* ist meist nicht selten, kommt gelegentlich an Kleeheu häufig vor und verursacht dann Schäden. **Fl:** Mai bis September, hauptsächlich Anfang August. **Rz:** Überwinternd bis Mai. **FR:** Heu.

Nymphula nymphaeata L. Seerosenzünsler

Merkmale: 1,6 cm lange Vorderflügel. ♀ sind deutlich schwächer gezeichnet, aber etwas größer als ♂. Beide Geschlechter hängen sich beim Ruhen am Ufer mit dem Kopf nach unten in die Vegetation (Unterschied zur ähnlichen *N.stagnata*, die aufrecht sitzt und im Hinterflügel zwei scharf abgesetzte Querbänder trägt). ♂ machen in der Abenddämmerung Suchflüge über der Wasseroberfläche.
Fluggebiet: Teiche, Seeufer mit Schwimmblattpflanzen und reichlich Ufervegetation.
Verbreitung: Mit Ausnahme des hohen Nordens ganz Europa, wo es geeignete Gewässer gibt.
Häufigkeit: An den Vorkommen meist nicht selten. Besiedelt rasch neue Kleingewässer (Kiesgruben) mit passender Vegetation.
Flugzeit: Juni und August/September in 2 Generationen.
Raupenzeit: Juli/August und ab September überwinternd bis Mai. Kleine Raupen mit Haut-, größere mit Luftatmung. Anfangs minieren sie in Stengeln und Blättern, später befressen sie die Blattoberseite und schneiden sich aus Blattstückchen etwa 2 cm lange Köcher, in denen sie sich auch unter Wasser verpuppen.
Futterpflanzen: Laichkraut, Wasserknöterich, Seekanne und kleinere Seerosenblätter.

Diurnea fagella SCHIFF. Buchenmotte

M: 0,9–1,2 cm lange Vorderflügel; starker Unterschied zwischen normal geflügelten ♂, kenntlich an den länglichen, an der Spitze gerundeten Flügeln, und den halb rückgebildeten, spitz auslaufenden Flügeln der ♀. Vorderflügel mit dunkler Strich- und Fleckenzeichnung auf grauem Grund, aber oft verdunkelt. **Fg**: Laubwald- und Baumsteppenzone. **Vb**: Europa bis Klein- und Mittelasien. **H**: Nicht selten, gebietsweise häufig. **Fl**: März bis Mai. **Rz**: Juni bis September. **FR**: Buchen und andere Laubbäume; die Raupen sind grün gefärbt mit einer kräftigen, braunen Kopfkapsel; sie werden gern von Vögeln verspeist.

Carcina quercana F. Eichen-Faulholzmotte

M: 0,8–0,9 cm lange Vorderflügel. Der Flügelschnitt ist charakteristisch sichelförmig mit leicht nach innen gezogenem Rand, der eine deutliche Flügelspitze ausbildet. Grundfarbe rosarot, fein braun überstäubt. Am Vorderrand ist ein auffallender, gelblichweißer, fast dreieckiger Fleck und darunter ein deutlicher dunkler Punkt. Fühler auffallend lang und kräftig. **Fg**: In Wäldern und Gärten. **Vb**: Europa und Nordamerika. **H**: Häufig. **Fl**: Juli bis August. **Rz**: Mai bis Juni. **FR**: Eiche, Buche, Birnbaum.

Tineola bisselliella HUM. Kleidermotte

M: 0,5–0,7 cm lange Vorderflügel. Gelblich glänzende, unscheinbare kleine Motte mit langsamem Schwirrflug. Verkriecht sich rasch bei Störung oder Fangversuch. Die Flügel sind ohne Zeichnung. **Fg**: Hecken, Gebüsch, aber hauptsächlich in Wohnungen und Lagerräumen mit Stoffen und Fellen. **Vb**: Weltweit; ursprünglich Bewohner von Vogelnestern und Höhlen größerer Säugetiere. **H**: Im Freiland sind Kleidermotten selten, aber in Wohnungen schnell sehr häufig, wenn sie nicht rechtzeitig gefunden werden. **Fl**: Mai bis September; in Häusern ganzjährig. **Rz**: Keine festen Zeiten. **FR**: Kleider, Stoffe, Felle.

Ethmia funerella F.

M: 0,8–0,9 cm lange Vorderflügel mit sehr auffallender Zeichnung: Sie sind schwarzbraun mit einer breiten, in der Mitte geteilten, weißen Binde und einem weißen Feld an der Wurzel. Die Flügelspitzen sind rundlich und haben lange Fransen. Hinterflügel dunkelbraun gefärbt mit einer schräg zur Basis verlaufenden, weißen Zone. **Fg**: Gärten, schattige Laubwälder bis hoch ins Gebirge. **Vb**: Laubwaldzone Europas bis zum Kaukasus. **H**: Häufig, doch nie in Massen. **Fl**: Juni bis September. **Rz**: Herbst. **FR**: Lungenkraut, Vergißmeinnicht, Steinsame und andere Boraginaceen.

Ethmia bipunctella F.

Merkmale: 1–1,5 cm lange Vorderflügel. Schlanker Schnitt der abgerundeten Flügel. Vorderflügel in der oberen Hälfte schwarzbraun, im unteren Teil weiß. Die dunkle Zone schiebt sich mit drei- bzw. viereckigen Flecken in die helle, genau auf der Flügelmitte. 2 schwarze Punkte auf dem weißen Thorax. Hinterleib gelblich. Hinterflügel bräunlich. Art relativ leicht bestimmbar.

Fluggebiet: Als wärmeliebende Art findet man sie bevorzugt auf Trockenrasen, die nach Süden exponiert sind, aber auch an trockenen Plätzen in Gärten, Auen und Parkanlagen. Sie ist an das Vorkommen von Natternkopf gebunden, so daß man sie überall dort erwarten kann, wo diese Pflanze steht.

Verbreitung: Mittel- und Südeuropa bis Kleinasien.

Häufigkeit: Mäßig häufig.

Flugzeit: Zwei Generationen: I. April bis Juni, II. August bis Oktober. Falter nachtaktiv.

Raupenzeit: I. März bis April, II. Juli. Ei überwintert. Die Raupe ist schwarz, gelb und weiß gezeichnet.

Futterpflanzen: Nur am Natternkopf *(Echium vulgare)* zu finden.

Allgemeines: In Europa leben noch weitere Arten der Familie *Ethmiidae*.

Cnephasia chrysantheana L.

M: 0,6–0,8 cm lange Vorderflügel. Die Zeichnung ist sehr variabel: Über den grauen Grundton der Vorderflügel ziehen sich breite, dunkelbraun-graue Bänder, von denen meist nur das mittlere den Innenrand erreicht. **Fg:** Gärten, Brachland, lockere Waldbestände. **Vb:** Weit über Europa, Nordasien bis Japan verbreitet. **H:** Gebietsweise häufig, nirgends selten. Mehrere sehr ähnliche Arten. **Fl:** Ende Mai bis August. **Rz:** April bis Juni. **FR:** Verschiedene Pflanzen der Krautschicht, deren obere Blätter sie mit Spinnfäden zusammenkleben, um darin zu fressen. Damit entziehen sie sich ihren Feinden.

Hedya nubiferana HW. Grauer Knospenwickler

M: 0,8–1,0 cm lange Vorderflügel; mit unruhiger Zeichnung aus feinen bläulichen, rotbraunen, weißlichen und schwärzlichen Flecken in deren dunkler Innenhälfte. Äußerer Teil überwiegend hell bis weißlich, aber dunkle Flügelspitze. Die Hinterflügel sind rauchgrau gefärbt. **Fg:** Gärten, Parks und Laubwälder. **Vb:** Europa bis Kleinasien. **H:** Meist häufig. **Fl:** Juni bis August. **Rz:** April bis Mai. **FR:** Knospen und junge Triebe von Laubbäumen, daher verursachen die Raupen gelegentlich Schäden im Obstbau. **Allg:** Der sitzende Schmetterling ähnelt einem Vogelkotstückchen.

Pandemis heparana SCHIFF. Obstwickler

M: Etwas größer und dunkler als *P. ribeana*, der die Art in Form und Flügelschnitt außerordentlich ähnelt. Querband im Vorderflügel mit je einer Zacke nach außen und innen. Die Vorderflügel sind noch spitzer ausgezogen. Die Art ist sehr variabel. **Fg:** Gärten und Parks, lichte Laubwälder. **Vb:** Westeuropa mit Ausnahme des Nordens, bis Zentralasien und China, vor allem in den wärmeren Niederungsgebieten. **H:** Örtlich häufig, sonst verbreitet. **Fl:** Juni bis August in zwei ineinandergeschobenen Generationen. **Rz:** April bis Mai und Juli. **FR:** Triebe von Büschen, daher mitunter Schäden an Beerensträuchern verursachend.

Cydia pomonella L. Apfelwickler

M: 0,7–0,8 cm lange Vorderflügel. Die bräunliche Grundfärbung wird im Wurzel- und Mittelfeld von zahlreichen feinen, grauen Querlinien überzogen. Im äußeren Flügeldrittel gliedert sich eine braune, rundlich begrenzte Zone ab, die von goldenen Linien durchschnitten wird. Die Hinterflügel sind dunkel gefärbt. **Fg:** Gärten. **Vb:** Europa. Von hier aus über die ganze Welt verbreitet, wo Apfelbäume angepflanzt werden. **H:** Häufig, der Apfelwickler verursacht oft Schäden. **Fl:** Mai bis August in einer oder zwei Generationen. **Rz:** Während der Entwicklungszeit der Äpfel. **FR:** Äpfel (»Apfelwurm«).

Tortrix viridana L. Eichenwickler

M: 0,9–1,2 cm lange Vorderflügel. Einfarbig hellgrün mit dunklen Hinterflügeln und weißen Fransen. Hinterflügel in Ruhestellung von den Vorderflügeln zugedeckt. Nachts aktiv. **Fg:** Eichenwälder, Parkanlagen und große Gärten. **Vb:** Laubwaldzone Europas, Nordafrikas und Kleinasiens bis zum Kaukasus. **H:** Gebietsweise sehr häufig; verursacht Kahlfraß an Eichen. **Fl:** Juni bis Juli. **Rz:** Ende April bis Ende Mai oder Anfang Juni. **FR:** Frühjahrstriebe der Eichen *(Quercus)*, dadurch bei großer Häufigkeit Schäden verursachend; die dunklen Puppen sind in Blätter eingerollt. Raupen und Puppen werden gerne von Singvögeln verzehrt.

Pandemis ribeana HB. (= cerasana HB.) Johannisbeerwickler

M: 0,8–1,1 cm lange Vorderflügel. Die mehrere Arten umfassende Gattung ist an den geschwungenen Flügeln erkenntlich, die eine nach vorn gezogene Spitze aufweisen. Ein breites, bräunlich gefärbtes Mittelband, ein dreiekkiger Vorderrandsfleck und die rötlichgelbe Grundfarbe kennzeichnen diese Art. **Fg:** Gärten und Auwälder, Waldsteppe. **Vb:** Laubwaldzone Europas bis Ostasien. **H:** Regelmäßig bis häufig. **Fl:** Juni bis September. **Rz:** April bis Mai. **FR:** Die Raupen fressen Triebe verschiedener Sträucher und jüngerer Bäume, gern Johannisbeeren, deren Blätter sie zusammenspinnen.

Rhyacionia buoliana SCHIFF.
Kieferntriebwickler

M: 0,8–0,9 cm lange Vorderflügel, orangebraun mit weißlichen Längswischen, feinen weißen Punkten am Vorderrand und einer nicht ganz vollständigen weißen Linie vor dem Flügelspitzenbereich. Hinterflügel dunkel. **Fg**: Kiefernwälder, große Parkanlagen mit jungen Kiefern, Schonungen. **Vb**: Von den Kiefernwäldern Mittel- und Südeuropas über Zentralasien bis in den Fernen Osten. Auch lokal in Nordamerika und in Südamerika eingeschleppt. **H**: Häufig. **Fl**: Juni bis August. **Rz**: Frühjahr. **FR**: Die Raupen gehen an Triebe von Kiefern und an die Knospen vornehmlich junger Bäume.

Eupoecilia ambiguella HB.

M: Die etwa 0,7 cm langen Vorderflügel teilt ein sich verschmälerndes, schwärzliches Band in der Mitte. Im Saumfeld befinden sich dunkle Punkte. Die Hinterflügel sind dunkel gefärbt. **Fg**: Weinbaugebiete. **Vb**: Mildere bis warme Zonen Europas bis zum Fernen Osten und auch in Nordafrika. **H**: Gebietsweise häufig, dann für den Weinbau gefährlich. **Fl**: Mai und Juli bis August (zwei Generationen). **Rz**: April bis Mai und August bis September. **FR**: Weinreben und niedere Pflanzen. Die ersten Raupen im Jahr fressen an den Knospen, die der Sommergeneration im Herbst an unreifen Trauben (mit Gespinsten).

Nemophora degeerella L.

M: Knapp 1,0 cm lange Vorderflügel. Scharf abgegrenzte, gelbe Binde über den gerundeten Vorderflügeln, deren metallischer Glanz von dunklen Aderlinien unterbrochen wird. Die Fühler der ♂ sind 4mal länger als der Körper. Im Flug kann man ein charakteristisches Auf- und Abtanzen beobachten. **Fg**: In Auen und feuchten Laubwäldern, meist in der Nähe von Wasserläufen oder an Ufern. **Vb**: In der gemäßigten Zone Europas; im Südosten bis zum Kaukasus. **H**: Nicht selten. **Fl**: Mai bis Juni, in sonnigen Abschnitten. **Rz**: August bis Mai. **FR**: Buschwindröschen, erst minierend, dann in einem kleinen Köcher.

Nemophora metallica PODA.

M: Die 0,8–0,9 cm langen Vorderflügel sind einfarbig goldbraun und glänzen stark metallisch. Die Hinterflügel ähneln den Vorderflügeln, sie sind mit langen Fransen versehen. Die Fühler sind ebenfalls sehr lang und fallen im Tanzflug auf. Sie wirken als Bremse beim Absinken in der Luft. **Fg**: Feuchtwiesen und Auwaldränder. **Vb**: West-, Mittel- und Teile Südosteuropas. **H**: Lokal nicht selten, oft in Gruppen oder Schwärmen. **Fl**: Juni bis August, tagfliegend. **Rz**: August bis Mai. **FR**: Skabiosen, Flockenblumen und andere Korbblütler. Die Raupen leben zunächst auf den Blüten, später in Bodennähe.

Pterophorus monodactylus L.

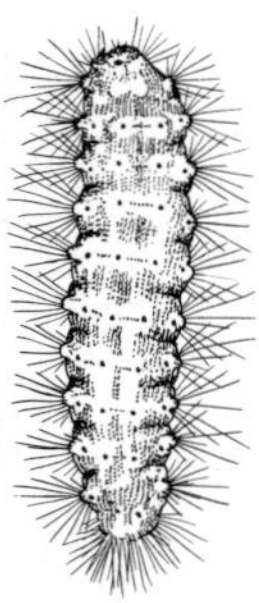

M: Gut 1,0 cm lange Vorderflügel; rötlichgelb, bleichgelb, ledergelb oder weißgrau. Vorderflügel schmal, fingerförmig gespalten. Hinterflügel aus 3 fransenbesetzten Strahlen; in Ruhestellung unter den Vorderflügeln verdeckt. **Fg**: Gärten, lichte Wälder. **Vb**: Europa im gemäßigten Bereich. **H**: Häufig. **Fl**: Ab Juni, überwinternd. **Rz**: Frühjahr. **FR**: Akkerwinde. Puppe frei in Bodennähe, erst fleischfarben, dann braun werdend.

Pterophorus pentadactyla L.
Schlehenfedergeistchen

M: 1,4–1,6 cm lange Vorderflügel. Völlig schneeweiß. Körper mit auffallend langen Hinterbeinen. Die Vorderflügel sind tief gespalten, zusammen mit den 3 Strahlen des Hinterflügels bilden sie 5 »Finger«. Sie sind mit langen weißen Fransen besetzt und ermöglichen einen weichen, rudernden Flug. **Fg**: Felder und Wiesen, Gärten, Hecken. **Vb**: Ganz Europa südlich des Polarkreises, nicht in Spanien und Portugal. **H**: Häufig. **Fl**: Mai bis September in einer Generation. **Rz**: Herbst bis Mai. **FR**: Schlehen, Klee, Winden, Rosen. **Allg**: Es gibt zahlreiche weitere Arten von Federgeistchen.

Coleophora hemerobiella SC. Knospenminiermotte

M: 0,5–0,6 cm lange schmale Vorderflügel, die unter der Spitze einen dreieckigen Schopf langer Fransen tragen; die noch schmaleren Hinterflügel sind auf der ganzen Länge befranst. Grundfarbe graubraun mit schwarzen Punkten durchmischt. **Fg**: Obstgärten und Laubwälder. **Vb**: Europa bis Kleinasien in der Laubwaldzone. **H**: In milden bis warmen Gebieten kommt die Knospenminiermotte häufig vor, sonst seltener. **Fl**: Die winzigen Falter fliegen im Hochsommer. **Rz**: 2 Jahre; die Raupen leben in anfangs gebogenen, später geraden, tiefbraunen Sack. **FR**: Obstbäume, Rosen.

Coleophora anatipennella HB.

M: Ebenfalls ein sehr kleiner Kleinschmetterling, der eine Flügelspannweite von 1,2–1,5 cm erreicht. Die weißlichen Vorderflügel sind mit winzigen schwarzen Punkten übersät, die sich zur Flügelspitze hin linienartig häufen. Hinterflügel einfarbig dunkelbraun, wie auch der äußere Teil der Vorderflügel mit langen Fransen. **Fg**: Obstgärten, lichte Laubwälder. **Vb**: Laubwaldzone Europas bis Vorderasien. **H**: Häufig. **Fl**: Juni bis Juli. **Rz**: Hochsommer – Überwinterung – Frühjahr; eine Generation. **FR**: Blätter von Obstbäumen, welche die Raupe aus einem pistolenförmigen Sack befrißt.

Argyresthia conjugella Z. Apfelmotte

M: Etwa 0,5 cm lange Vorderflügel, die in der Mitte ein schmales braunes Querband tragen, das vor allem im weißlichen Hintergrund hervorsticht. Der Vorder- und Mittelbereich ist braun gefärbt mit schwärzlicher Zeichnung und feinem, weißem Strich in der Flügelspitze. **Fg**: In Gärten, lockeren Laubwäldern, bis hoch ins Gebirge. **Vb**: In Europa, Nord- und Zentralasien, Nordamerika. **H**: Häufig. **Fl**: Mai bis Juli. **Rz**: August bis Oktober, im Herbst Verpuppung in einem festen Gespinst am Boden. **FR**: Früchte von Mehlbeeren und Äpfel, in die sie sich einbohren und dadurch ziemlichen Schaden verursachen können.

Coleophora laricella HB. Lärchenminiermotte

M: Ein winziger Kleinschmetterling mit kaum 0,5 cm langen Flügeln. Sie sind bräunlich, fast ohne erkennbare Zeichnung und mit langen, wimpernartigen Fransen an den Rändern besetzt. **Fg**: Lärchenwälder, Parkanlagen mit Lärchen *(Larix)*. **Vb**: Von Europa über Zentralasien bis Japan verbreitet. **H**: Unterschiedlich, gebietsweise sehr häufig; bei Massenauftreten verursacht die Lärchenminiermotte Kahlfraß. **Fl**: Juni bis Juli. **Rz**: Herbst, aber besonders im Frühjahr aktiv. **FR**: Nadeln von Lärchen, in denen die winzige Raupe miniert. Die Nadeln werden weiß und vertrocknen.

Argyresthia pruniella CL. Pflaumenblütenmotte

M: Winziger Kleinschmetterling von gerade 1,0 cm Flügelspannweite. Der Vorderflügel ist durch ein charakteristisches braunes Band in 2 Hälften geteilt. Der Hinterrand ist weißlich bis silbrig, der Vorderrand goldbraun mit feinen schwarzen Punkten. Hinterflügel mit langen Fransen versehen. **Fg**: Gärten und Parks, Hekken. **Vb**: Fast ganz Europa bis Kleinasien. **H**: Häufig, gebietsweise ein bedeutender Schädling an Obstkulturen. **Fl**: Mai bis September. **Rz**: Frühling; Ei überwintert. **FR**: Knospen von Obstbäumen, vor allem Blütenknospen, in denen sie minieren und die sie zerstören.

Lyonetia clerkella L. Schlangenminiermotte

M: Winziger Kleinschmetterling von nur 0,7–0,8 cm Spannweite. Hinterflügel mit langen Fransen. Vorderflügel ebenfalls schmal, silberweiß, mit länglichem dunkelbraunem Fleck vor der abgerundeten Spitze, die stachelartige, dunkle Fransen trägt. **Fg**: Gärten, Laubwälder, Hecken. **Vb**: Europa und Nordafrika vom Flachland bis ins Gebirge in Laubwaldgebieten. **H**: Häufig. **Fl**: Das ganze Jahr über; die letzte Fluggeneration überwintert. **Rz**: Ganzjährig. **FR**: Blätter von Kirsch- und Apfelbäumen u. a. Macht schlangenförmige Minen im Blatt.

Ordnung der Vielfalt

Wer Schmetterlinge aufmerksam beobachtet, wird bald Eigenschaften entdecken, die manchen Arten gemeinsam sind, anderen fehlen. So stimmen die meisten am Tage fliegenden Schmetterlinge in Flügeln und Körperbau, im Verlauf des Flügelgeäders oder in der Form der Fühler überein. Man faßt sie daher in eine Gruppe zusammen, die den Namen Tagfalter *(Rhopalocera)* erhalten hat. Einige tagfliegende Arten aber passen nicht dazu. So beispielsweise die Widderchen, die Blutströpfchen *(Zygaenidae)* oder manche Eulen und Spanner. Auch das flinke Taubenschwänzchen weicht vom allgemeinen Körperbau und vom Verhalten der Tagfalter so deutlich ab, daß man es auf den ersten Blick für etwas anderes halten kann.

Nimmt man die Tagfalter als eine Gruppe und stellt ihnen die Nachtfalter gegenüber, so kann diese Zuordnung auch nicht recht überzeugen. Denn unter den Nachtfaltern gibt es große Arten mit schnittigen Flügeln, die Schwärmer, die ganz klar von vielen mittelgroßen, den Eulen, oder kleineren, den Spannern und Kleinschmetterlingen, unterschieden sind. Bei der großen Fülle der Arten war es für die Schmetterlingsforscher, die *Lepidopterologen,* keine leichte Aufgabe, eine Ordnung in der Vielfalt zu erkennen. Ganz abgeschlossen ist dieser Vorgang bis heute nicht, wenngleich die meisten Gruppierungen nun ziemlich sicher als miteinander enger oder weniger eng verwandte Familien gelten können.

Je mehr man über den gesamten Lebensablauf, also auch über die Raupen, Puppen und über das Eistadium weiß, um so sicherer wird die Beurteilung. So gilt als gewiß, daß die tagfliegenden Dickkopffalter *(Hesperiidae)* mit den eigentlichen Tagfaltern nicht näher verwandt sind. Sie tragen ihre Flügel in Ruhestellung ganz anders als die Tagfalter. Wichtige Unterschiede vermittelt der Verlauf der Adern im Flügel, der oft mehr als die äußere Form die Verwandtschaftsbeziehungen zum Ausdruck bringt. Zur groben Charakterisierung eignen sich folgende Einteilungen:

Tagfalter *(Rhopalocera)* – etwa 270 Arten in Mitteleuropa; großflächige Flügel bei schlankem Körperbau und keulenartige Verdickungen an den Fühlerspitzen.

Schwärmer *(Sphingidae)* – etwa 20 Arten in Mitteleuropa; schnittige Flügel und keilförmig nach hinten verjüngter Körper. Hinterflügel stets kleiner als die Vorderflügel, welche die Hauptleistung im Flug erbringen. Flug schnell und geradlinig.

Bären *(Arctiidae)* – etwa 50 Arten in Mitteleuropa; dick bepelzter Körper und ebensolche Raupen, häufig für Freßfeinde ungenießbare oder giftige Arten mit Warnfarben und trägem Verhalten.

Spinner *(Bombyces)* – aus mehreren Gruppen zusammengesetzt, daher keine Einheit darstellend. Über 300 Arten in Mitteleuropa, darunter vielfach große, träge Formen mit massigem Körper. Die Raupen erzeugen nicht selten umfangreiche Gespinste, tragen Stachelhaare und leben gemeinschaftlich zusammen. Manche Falter besitzen außerordentlich fein entwickelte Fühler (Antennen), die dazu dienen, die Duftstoffe des Weibchens zu orten.

Eulen *(Noctuidae)* – gut 400 Arten in Mitteleuropa. Eine recht einheitliche Familie mittelgroßer, nur in wenigen Untergruppen auch größerer Falter, z. B. Ordensbänder, die zum weitaus überwiegenden Teil der Arten nachtaktiv sind. Hinterflügel zumeist unscheinbar und wenig gezeichnet, flächiger und breiter, aber kürzer als die Vorderflügel ausgebildet. Das kennzeichnende Muster der Vorderflügel besteht aus drei Querlinien, einer Wellenlinie und einem Mittelschatten, die sich alle mehr oder weniger gleichmäßig vom Vorderrand ausgehend über den Flügel erstrecken. Zwischen der zweiten und dritten Querlinie und geteilt durch den Mittelschatten (falls vorhanden) befinden sich zwei zumeist klar abgehobene Elemente der Zeichnung, die als Ring- bzw. Nierenmakel bezeichnet werden. Unter der Ringmakel kann auch eine sogenannte Zapfenmakel ausgebildet sein.

Spanner *(Geometridae)* – etwa 350 Arten in Mitteleuropa. Überwiegend schlank im Körperbau. Die Flügel werden selten wie bei den Eulen dachförmig zusammengelegt, sondern seitlich gegen die Unterlage gepreßt abgespreizt. Typisch sind die Raupen, die durch das Fehlen von Bauchfüßchen nicht gleichmäßig laufen, sondern »Spannbewegungen« ausführen.

Kleinschmetterlinge – mit knapp 3000 Arten die reichhaltigste Gruppierung, die allerdings aus sehr unterschiedlichen Familien besteht. Viele Arten erreichen nur sehr geringe Körpergrößen, erlangen aber durch ihre Vermehrungsfähigkeit oder Spezialisierung erhebliche wirtschaftliche Bedeutung. Unter ihnen finden sich die Übergänge zu den Köcherfliegen, der den Schmetterlingen am nächsten verwandten Insektengruppe. – Unterschiede finden wir aber nicht nur zwischen den Arten und höheren Gruppierungen, wie Gattungen und Familien, sondern auch innerhalb der Arten. Dabei hat man zweierlei klar zu trennen: Die *Unterarten,* die sich in bestimmten geographischen Bereichen ausbilden. Sie lassen sich zwar noch mit der Ausgangsart kreuzen und erzeugen dabei auch fruchtbare Nachkommen, aber die Isolation in einem abgegrenzten Gebiet hat bereits die Herausbildung mehr oder minder deutlicher Unterschiede bewirkt. Eine erbmäßig festgelegte Abweichung ist daher vorhanden, aber durch verschiedene Orte des Vorkommens bedingt. Anders verhält es sich mit den *Formen* (abgekürzt f.). Sie entstehen durch Erbänderungen oder Aberrationen ohne räumliche Isolierung und betreffen oft nur einzelne Individuen im Bestand. Nur in Ausnahmefällen, wie etwa beim »Industriemelanismus« des Birkenspanners (Seite 232), erweist sich die Abweichung plötzlich als so vorteilhaft, daß sie sich schnell ausbreitet. Weitere Unterschiede können jahreszeitlich bedingt als »Saison-Formen« auftreten, wie dies am besten vom Landkärtchen vorgeführt wird. Schließlich gibt es Abweichungen in der Musterbildung während der Puppenruhe, die echte Aberrationen hervorrufen.

Ohne eine klare Einteilung erschiene uns diese naturgegebene Vielfalt unüberblickbar. Den Systematikern obliegt es, die auch hier vorhandene Ordnung zu finden.

Fühlerformen

Metamorphose – das Wunder der Verwandlung

Die wurmartige Raupe und der zarte, buntschillernde Schmetterling: Könnte es einen größeren Unterschied im Leben eines einzelnen Individuums geben? Wie keine andere Tiergruppe führt uns das Leben der Schmetterlinge den vollständigen Wandel der Gestalt vor. Aus dem Ei schlüpft die Larve. Bei den Schmetterlingen wird sie »Raupe« genannt. Ihr Lebenstrieb zielt vor allem auf eine Tätigkeit: fressen, fressen, fressen. Kräftige Kiefer bilden die Mundwerkzeuge, mit ihnen schneidet sich die Raupe ihre Nahrung ab.

Raupen fressen fast ausnahmslos Pflanzen. Die frisch geschlüpften Räupchen bevorzugen zunächst junges, noch weiches Gewebe. Bald schwillt ihr langgestreckter Körper an. Die Kotabgabe geht zurück und die erst so freßgierige Raupe wird träge. Plötzlich reißt die Rückenhaut hinter der Kopfkapsel und heraus zwängt sich eine »neue« Raupe – das nächste Stadium! Wieder nimmt sie viel Nahrung zu sich, und wieder kommt es zur Häutung.

Oft sehen die einzelnen Raupenstadien einander recht ähnlich. Das folgende ist meist nur ein vergrößertes Abbild des vorausgegangenen. Aber es gibt auch Arten, in denen sich schon bei den Häutungen nach und nach deutliche Unterschiede ausbilden. Wir haben im Text zu den einzelnen Arten darauf verwiesen. Nach etwa vier Häutungen hat die Raupe zumeist ihre endgültige Größe erreicht; endgültig bedeutet, daß sie genügend Vorratsstoffe für die nächsten beiden Verwandlungsschritte gespeichert hat.

Nun begnügt sich die Raupe nicht mehr mit einer vorübergehenden Lethargie, die irgendwo als Ruhepause eingelegt, der neuen Raupe Zeit zum Schlüpfen gibt. Jetzt sucht sie sich einen passenden Schlupfwinkel oder sie spinnt sich einen Kokon, der die folgenden Ereignisse nach außen abschirmt. Denn aus dem letzten Stadium kommt keine weitere Raupe mehr hervor; vielmehr schiebt sich mühsam eine »Puppe« heraus. Sie hat durch eine kapselartige Körperhülle die Beweglichkeit der Raupe weitgehend eingebüßt. An der Puppe erkennt man bereits die Scheiden, in welchen die Anlagen der Flügel stekken; man sieht die Anlage der Augen und die Ringe des Hinterleibs. Gut sichtbar sind bei einigen Puppen auch der spätere Rüssel und die Anlagen der Beine.

Farben läßt die Puppenhülle allerdings kaum durchdringen. Bei den offenen »Sturz«- oder »Gürtelpuppen« der Tagfalter verändert sich der Glanz mit fortschreitender »Puppenruhe«. Was äußerlich als Ruhe wirkt, sind tiefgreifende Umbildungsvorgänge, die im Inneren der Puppe ablaufen. Die Organe der Raupe werden eingeschmolzen und aus unscheinbaren Zellhaufen, die ohne nennenswerte Veränderungen schon im Raupenstadium vorhanden waren, entwickeln sich nun die inneren Organe des Schmetterlings.

Es scheint unvorstellbar, daß im selben Organismus zwei so verschiedenartige »Entwicklungsvorschriften« schlummern können, die – jede zu ihrer Zeit – voll verwirklicht werden. Nur Änderungen im Glanz deuten an, was sich unter der Puppenhaut ereignet. Wenn alle Entwicklungsschritte abgeschlossen sind, platzt schließlich die Haut der Puppe. Wie von geheimnisvollen Kräften getrieben, entsteigt ihr der Schmetterling. Noch sind seine Flügel kurz und krumpelig eingefaltet; aber sobald er einen festen Halt erreicht hat, beginnt er, sie durch Einpumpen von Blutflüssigkeit und Luft zu strekken. Jetzt trocknen sie und härten dabei aus. Das Außenskelett mit den erstaunlichsten Verbindugen, die von Organismen aufgebaut werden, ist zunächst weich und formbar. Die Farben des kommenden Falterflügels sind in vorgebildeter Musterung bereits eingelagert. Setzt dann an der Luft die Härtung ein, so wird dieser wunderbare Werkstoff der Natur fest und tragfähig, bei zugleich großer Leichtigkeit und Elastizität. Die überaus dünnen und zarten Flügel werden unter dem Gewicht des Schmetterlings und unter dem Druck der Luftströmungen nicht brechen!

Was verursacht diese faszinierende Entwicklung in so grundverschiedenen Stufen: Was steuert diese vollständige Metamorphose? Die Frage blieb unbeantwortet, bis man zwei Hormone entdeckte. Sie teilen als Botenstoffe den Körperzellen mit, welche Information zu einer bestimmten Zeit aktiviert werden muß oder zu ruhen hat.

So bewirkt das Häutungshormon *Ecdyson* den Übergang vom Raupen- zum Puppenstadium und von diesem zum Falter. Es entsteht in besonderen Zellen des Kopfbereichs und wird von hier aus in den Körper weitergeleitet. Ecdyson allein würde bewirken, daß sich schon die kleine Raupe bei der ersten Häutung zum Schmetterling verwandelt.

Daß dies nicht geschieht, dafür sorgt ein Gegenspieler: das *Juvenilhormon.* Es bewirkt, daß es zwar zur Häutung, nicht aber gleichzeitig zur Umwandlung kommt. Erst wenn sich eine gewisse Zahl von Häutungen vollzogen hat und verschiedene Einflüsse die Herstellung dieses Juvenilhormons hemmen, gewinnt das Ecdyson die Oberhand und verursacht die vollständige Verwandlung zu Puppe und Schmetterling.

Eine wesentliche Rolle spielt dabei das Licht. Es setzt gewissermaßen ein äußeres Zeitmaß, auf das sich die inneren Vorgänge abstimmen. Werden die Tage kürzer, häuten sich bei solchen Arten die Raupen nicht mehr, die im Raupenstadium überwintern. Bei jenen dagegen, die das Eistadium überwintern lassen, gibt die kürzere Tageslänge das Signal, die Entwicklung abzuschließen, damit die Schmetterlinge schlüpfen und sich rechtzeitig verpaaren können.

In vielfältigen Anpassungen werden alle Möglichkeiten zum Überdauern der ungünstigen Jahreszeit genutzt. Die für das Überwintern im Ei-, im Larven-, Puppen- oder Falterstadium nötigen Vorgänge bekommen einen äußeren Zeitgeber, so daß die inneren Abläufe mit den Jahreszeiten synchronisiert werden können.

Die Wirksamkeit dieser Zusammenhänge beweisen einfache Experimente mit Raupen, die man unter kontrollierten Bedingungen hält. Läßt man sie im Langtag (mit mehr als 12 Stunden Helligkeit, wie das im Frühsommer der Fall ist) heranwachsen, reagieren sie anders als unter Kurztagsbedingungen. Auch die merkwürdigen Unterschiede bei Frühjahrs- und Sommergenerationen, wie sie in so eindrucksvoller Weise beim Landkärtchen auftreten (»Saison-Dimorphismus«), beruhen auf dieser Steuerung.

So wird es auch möglich, daß sich zwei oder mehr Generationen je Jahr entwikkeln, weil dann die jeweils letzte durch die abnehmende Tageslänge das Signal be-

Metamorphose des Pfauenauges 1 2

3 4

5

6

7

8

4

5

6

7

kommt, sich für die Überwinterung einzurichten und auf eine ununterbrochene Weiterentwicklung zu verzichten. Falter, die aus Raupen der zuerst im Frühjahr lebenden Generation hervorgehen, rechnet man daher zur I. Generation; die folgenden entsprechend. Die bei uns im März/April fliegenden Tagpfauenaugen, Kleinen Füchse oder Trauermäntel stammen aber von Raupen der II. oder III. Generation des Vorjahres ab, weil sie als Falter überwintert hatten. Sie bilden also nicht die I. Generation.

Im Grunde genommen handelt es sich aber immer um ein Überdauern ungünstiger Jahreszeiten. Das Ziel ist stets das gleiche, nur die Methoden fallen unterschiedlich aus. So führt uns die Metamorphose der Schmetterlinge nicht nur die schier unglaubliche Aufspaltung des gleichen Individuums in zwei ganz verschiedene Lebensformen, in das Freßstadium der Raupe und das Fortpflanzungsstadium des Schmetterlings, vor Augen, sondern sie zeigt auch, wie erfolgreich es die Schmetterlinge verstanden haben, mit Hilfe der Metamorphose ungünstige Abschnitte im Jahreslauf zu überbrücken. Dazu zählen die Wintermonate in den gemäßigten und kalten Breiten oder die heißen Sommermonate in den warmen. Die Metamorphose ist eine ganzheitliche Überlebensstrategie.

Mensch und Schmetterling

Viele Schmetterlinge bewundert der Mensch ohne Einschränkung. Mancher begeistert sich an ihrer Schönheit und möchte diese am liebsten festhalten. Tat man dies früher vornehmlich in Sammlungen gespannter und genadelter Falter, so rückt heute mehr und mehr die Jagd mit dem Fotoapparat in den Vordergrund. Denn noch mehr als ein präparierter Falter kann das Lichtbild des lebendigen Tieres in natürlicher Umgebung durch Einzelheiten seiner Formen und Farben beeindrukken. Sogar mit Elektronenstrahlen tastet man heute die Feinstrukturen der Schmetterlingsflügel ab und macht so dem Betrachter Bilder überraschender Schönheit zugänglich. Mit raffiniert ausgeklügelten Lichtschranken lassen sich einzelne Bewegungen etwa der rasant fliegenden Schwärmer auf den Film bannen – Bewegungen, denen das menschliche Auge mit seiner begrenzten Leistungsfähigkeit nie folgen könnte. Naturwissenschaftliche Arbeit und Ästhetik verbinden sich gerade bei den Schmetterlingen zu einer Einheit, die Forscher wie Laien gleichermaßen in ihren Bann schlagen kann.

Doch je tiefer der Mensch in das geheimnisvolle Leben der Falter und ihrer Entwicklungsstadien einzudringen versteht, desto seltener scheinen sie zu werden. Daran ist keineswegs die Forschung schuld. Vielmehr erfaßt die Technisierung und Chemisierung der Land- und Forstwirtschaft immer stärker auch jene Lebensräume, die den Schmetterlingen jahrhundertelang Rückzugs- und Regenerationsgebiete bedeutet hatten. Heute fallen die Falter nicht nur den unmittelbar auf sie wirkenden Insektiziden zum Opfer; weit mehr bleiben auf der Strecke, weil Unkrautvernichtungsmittel (Herbizide) ihre Futterpflanzen vernichten und weil Dünger den Gehalt an schädlichen Stickstoffverbindungen in den Futterpflanzen zu stark erhöhen.

»Es gibt keine Schmetterlinge mehr«, lauten die Schlagzeilen von Tageszeitungen. Und ihr Alarm ist mehr als gerechtfertigt. Viele, zu viele Arten stehen auf der »Roten Liste« der vom Aussterben bedrohten Falter. Längst gibt es in unseren warmen Flußtälern keine bunten Blumenwiesen mehr, über denen im Sommer eine große Schar von Schmetterlingen gaukelt. Sie mußten dem »Einheitsgrün« hochproduktiver Fettwiesen weichen. Hier erzeugt man großflächig in drei bis vier Schnitten Gras und Heu, so daß den Faltern Lebensraum und Futterpflanzen fehlen. Hecken und Raine, die noch vor wenigen Jahrzehnten die Feldfluren durchzogen, verschwanden auf den maschinengerecht vereinheitlichten Anbauflächen.

Gemischte Wälder mit einer größeren Zahl von Baumarten aller Altersstufen und reichhaltigem Unterwuchs verwandelte man mit den Jahren in Nutzforste, in denen in Monokultur vor allem schnellwüchsige Nadelhölzer gleichen Alters in Reih und Glied wachsen. Für einige spezialisierte Schmetterlingsarten war das ein »gefundenes Fressen«. Sie fielen über die Fichten- oder Kiefern-Reinkulturen her, vermehrten sich rasant und fraßen die Forste kahl. Große Mengen Gift, die zum Teil über viele Jahre die Lebensräume belasten, waren nötig, um diese Massenvermehrungen einzudämmen. Hier haben wir das klassische Beispiel für eine vom Menschen verursachte Vereinfachung ursprünglich vielfältiger Natur, die zu ökologischen Gleichgewichtsstörungen (*Instabilität* eines Biotops) führt. Heute denkt man zunehmend anders über solche Monokulturen und versucht, sie auf biologischem Wege zu stabilisieren.

Nur wenige Räume unserer Nutz- und Siedlungslandschaft verblieben in einem für Schmetterlinge günstigen Zustand. Da und dort gibt es kleine Brachflächen, extensiv bewirtschaftete Wiesen, Dämme oder Böschungen, die noch einen letzten Rest des bunten Falterlebens beherbergen. Über ausgeräumtem Kulturland fliegen keine fünf Prozent der ursprünglichen Falter mehr. Vielerorts geht die Verarmung so weit, daß außer den Kohlweißlingen kaum noch andere Arten übrigblieben.

Besteht da überhaupt noch Hoffnung für eine Erhaltung der Schmetterlinge? Die erfolgte Rationalisierung der Landbewirtschaftung wird wohl kaum zurückgenommen werden. Nach heutigem Verständnis brauchen wir sie. Über den tatsächlich nötigen Umfang der Intensivierung von Landbau und Nutztierhaltung gehen die Meinungen weit auseinander.

Es gibt aber in der Tat neue Refugien für Schmetterlinge, deren Bedeutung erst in jüngster Zeit erkannt wurde: die Gärten. Mehr als 250 Schmetterlingsarten fliegen allein in einem etwa 40 mal 60 Meter großen, parkartigen Innenhof mitten in München! Der Raumbedarf vieler Arten ist nicht groß. Wenn nur die Intensität der jeweiligen Nutzung etwas zurückgenommen werden könnte, ließe sich aus manchem Stadtpark oder Dorfgarten geradezu ein Schmetterlingsparadies machen. Da fliegen fast das ganze Jahr über die schönsten Tagfalter. Nicht wenige ihrer Raupen leben an Brennesseln. Einige beständige Nesselhorste im Garten, und schon können sich Tagpfauenauge, Kleiner Fuchs, Landkärtchen, Admiral und eine Reihe weiterer, weniger bekannter Arten fortpflanzen. Die Angaben der Futterpflanzen in diesem Buch zeigen, welche Bedeutung gerade der Brennessel als Raupennahrung zukommt. Weit mehr Arten stellen sich

1

2

3

4

5

6

7

8

ein, wenn Rasenflächen ungespritzt bleiben und die Blütenpflanzen hauptsächlich aus der heimischen Flora (und nicht aus fremdländischen Arten) gewählt werden. Hier kann wirklich jeder Hobbygärtner seinen Beitrag zur Erhaltung heimischer Schmetterlinge leisten. Es geht nicht allein darum, die Seltenheiten durch Gesetz zu schützen und ihnen nicht mit dem Schmetterlingsnetz nachzustellen, sondern in noch stärkerem Maße um die Wiederherstellung geeigneter Lebensräume. Schon kleine Flächen leisten hierzu einen fast unschätzbaren Beitrag, wenn sie, an vielen Orten verstreut, ein dichtes Netz von Biotopen bilden, die unserer Kulturlandschaft zunehmend verlorengehen.

Literatur

BLAB, J. & O. KUDRNA (1982):
Hilfsprogramm für Schmetterlinge
naturschutz aktuell Nr. 6
Kilda-Verlag, 135 S.

BRAUNS, A. (1970):
Taschenbuch der Waldinsekten
Band 1 Systematik und Ökologie
Band 2 Ökologische Freiland-Differentialdiagnose, Bildteil
Gustav Fischer Verlag Stuttgart, 817 S.

ECKSTEIN, K. (1933):
Die Kleinschmetterlinge Deutschlands
K. G. Lutz Verlag Stuttgart, 223 S.

FORD, E. B. (1976 u. 1977):
Moths und Butterflies
New Naturalist Series Vol. 30 und 1
Collins, London 166 und 352 S.

FORSTER, W. & Th. A. WOHLFAHRT (1977):
Die Schmetterlinge Mitteleuropas Band 1
Biologie der Schmetterlinge
Franckh'sche Verlagshandlung Stuttgart, 202 S.

FORSTER, W. & Th. A. WOHLFAHRT (1976):
Die Schmetterlinge Mitteleuropas Band 2
Franckh'sche Verlagshandlung Stuttgart, 180 S.

FORSTER, W. & Th. A. WOHLFAHRT (1960):
Die Schmetterlinge Mitteleuropas Band 3
Franckh'sche Verlagshandlung Stuttgart, 239 S.

FORSTER, W. & Th. A. WOHLFAHRT (1971):
Die Schmetterlinge Mitteleuropas Band 4
Eulen (Noctuidae)
Franckh'sche Verlagshandlung Stuttgart, 329 S.

FRIEDRICH, E. (1975):
Handbuch der Schmetterlingszucht
Europäische Arten
Franckh'sche Verlagshandlung Stuttgart, 186 S.

HIGGINS, L. G. & N. D. RILEY (1971):
Die Tagfalter Europas und Nordwestafrikas
Verlag Paul Parey Hamburg-Berlin, 377 S.

JACOBS, W. & M. RENNER (1974):
Taschenlexikon zur Biologie der Insekten
Gustav Fischer Verlag Stuttgart, 635 S.

KOCH, M. (1963):
Wir bestimmen Schmetterlinge
Band 1 **Tagfalter Deutschlands** 119 S.

KOCH, M. (1964):
Band 2 **Bären, Spinner, Schwärmer und Bohrer Deutschlands** 148 S.

KOCH, M. (1958):
Band 3 **Eulen Deutschlands** 291 S.

KOCH, M. (1961):
Band 4 **Spanner Deutschlands** 263 S.
alle: Neumann Verlag Radebeul und Berlin

LYNEBORG, L. & N. JONSSON (1975):
Nachtfalter
BLV Naturführer BLV Verlagsgesellschaft
München-Bern-Wien, 160 S.

NOVAK, I. & F. SEVERA (1980):
Der Kosmos-Schmetterlingsführer
Franckh'sche Verlagshandlung Stuttgart, 352 S.

SOUTH, R. (1980):
The moths of the British Isles
Ser. I. 427 S.; Ser. II. 379 S.
Frederick Warne & Co. LTD, London, New York

WAGNER, H. (1930):
Taschenbuch der Raupen
Verlag J. F. Schreiber, Eßlingen am Neckar und München, 183 S.

WHALLEY, P. (1980):
Butterfly Watching
Severn House Naturalist's Library London, 160 S.

Bildautoren

o. = oben, u. = unten, r. = rechts, l. = links, M. = Mitte;

T. Angermayer: Pfletschinger: S. 23 u. r., 33 u. l., 35 o. l, 51. u., 57 u. l., 71 o. l., 71 u. l., 73 o., 73 u., 75 o. l., 77 o. r., 79, 83 o. r., 99 u. r., 103 o. r., 123 o., 127 u., 131 u., 143 u., 149 u., 163 o. r., 167 u. l., 179 o. l. o., 215 o. r., 219 u. r., 241 u. l., 247 o. r., 247 M. l., 259 M. r., 261 u. l.; **K. Geigl:** S. 71 o.r., 87 o., 105 M.M., 117 o., 129 o.r., 153 u., 161 u. r., 173 u. r., 175 M. r., 183 M. l., 191 M. l., 199 o. l. o., 199 M. r., 199 u. l., 199 u. r., 235 o. r., 237 M. r., 245 M. l.; **B. Geiges:** S. 53 o., 53 u., 55 o. l., 55 o. r., 55 M. r., 57 M. r., 59 o. r., 65 o.l., 65 M. r., 75 M. r., 75 u. r., 85 M. l., 85 M. r., 85 u. l., 91 o. l., 91 o. r., 91 M. l., 91 M. r., 91 u. l., 91 u. r., 93 o. l., 93 o. r., 93 M. l., 93 M. r., 93 u. r., 95 o. r., 97 u., 101 M. r., 103 u. r., 105 o. l., 105 M. l., 105 u. l., 105 M. r., 109 M. l. 133 u., 141 o. l., 147 o., 155 o., 161 o. l., 161 o. r., 163 M. l., 163 M. r., 163 u. l., 165 o. r., 165 M. l., 165 M. r., 167 o.r., 167 M.l., 167 M.r., 167 u.r., 169 o. l., 169 M. l., 171 o. l., 171 o. r., 171 M. r., 173 o. r., 175 o. r., 175 u. l. 175 u. r., 177 o. r., 177 M. l., 177 M. r., 177 u. l., 179 o., l. 179 o. r., 179 M. l., 179 M. r., 179 u. l., 183 o. l., 183 o. r., 183 M. r., 183 u. l., 185 o. r., 185 M. l., 185 u. l., 185 u. r., 187 u. r., 189 o. l., 189 o. r., 189 M. l., 189 M. r., 189 u. l., 191 o. l., 191 o. r., 191 M. r., 191 u. r., 193 o. r., 193 M. l., 193 u. r., 195 o. l., 195 M. r., 195 u. l., 197 M. l., 197 M. r., 197 u. l., 197 u. r., 199 o. l. 201 o. l., 201 u. l., 201 u. r., 203 o. l., 203 u. l., 205 o. l., 211 o., 215 M. r., 215 u. l., 215 u. r., 217 o. l., 217 o. r., 217 M. l., 217 M. r., 217 u. l., 219 o. l., 221 o., 221 u., 223 o. r., 223 M. r., 223 u. l., 223 u. r., 225 o. r., 225 M. r. 225 u. l., 225 u. r., 227 o. l. 227 o. r., 227 M. l., 227 M. r., 227 u. r., 229 o. l., 229 o. r., 229 M. r., 233 o., 233 M. r., 233 u. r. 235 M. l., 235 M. r., 237 o. l., 237 M. l., 239 o., 239 u. r., 241 o., 241 M. l., 241 u. r., 243 o., 243 M. l., 243 M. r., 243 u. l., 243 u. r., 245 M. r., 245 u. l., 247 o. l., 247 u. l., 247 u. r., 251 o. r., 251 M. l., 251 u. l., 251 u. r., 253 M. l., 253 M. r., 255 o. r., 255 u., 257 o. l., 257 o. r., 257 M. l., 257 M. r., 257 u., 259 o. l., 259 M. l., 259 u. l., 261 o. l., 261 o. r., 261 M. r., 263 o. l., 263 o. r., 263 M. l., 263 M. r., 263 u. l., 263 u. r.;
H. Heppner: S. 109 M. r.; **Natural History Photographic:** Dalton, S. 71 u. r., 163 o. l., Fotheringham, S. 165 u. r., Tweedie: S. 67 o. l., 71 M. r., 75 o. r., 103 M. l., 105 o. r., 109 o. r., 135 o., 155 u., 169 u. r., 171 M. l., 171 u. l. 173 o. l., 173 M. l., 175 M. l., 185 M. r., 187 o. l., 187 M. l., 189 u. r., 193 M. r., 193 u. l., 195 M. l., 197 o. l., 197 o. r., 199 o. r., 203 u. r., 225 o. l., 225 M. l., 229 u. r., 233 M. l., 235 u. l., 239 M. l., 251 o. l., 253 o. l., 253 o. r., 255 M. l., 255 M. r., 259 o. r., Zepf: S. 63 o. r.; **A. Limbrunner:** S. 17 u., 101 M. l., 151 o. l., 191 u. l.; **Silvestris:** S. 17 o. l.; Bellmann: S. 41 u. l., 83 o. l., 171 u. r., 249 o.; Da Costa-nature S. 25 o.; Höfels: S. 43 o. r.; Jacana-Chaumeton: S. 59 o. l., 227 u. l.; Jacana: S. 249 u.; Jacana Ermie: S. 133 o.; Jacana-Hervy: S. 125 u.; Jacana-Lorne: S. 55 u. l.; Jacana-Moiton: S. 21 u. l., 27 u., 31 o. r., 45 u., 49 u. l., 57 o., l. 59 u. r., 85 o. r., 89 o. l., 107 o. l., 113 u. l., 121 u.; Jacana-Nardin: S. 95 o. l.; Jacana-Winner: S. 95 u. r., König: S. 69 o.; Löffler: S. 67 M. r.; Maas: S. 219 u. l.; Skilbe: S. 203 M. r.; **K.-H. Löhr:** S. 77 u., 85 u. r., 87 u., 103 u. l., 131 o., 141 M. l., 159 o., 159 u., 161 M. l.; 163 u. r., 165 u. l., 167 o. l., 173 M. r., 173 u. l., 175 o. l., 187 M. r., 201 M. l., 219 o. r., 233 u. l., 259 u. r.; **T. Marktanner:** S. 55 u. r., 69 u.; **R. Siegel:** S. 23 o., 33 o.; **G. Synatzschke:** S. 107 u.; **H. Partsch:** S. 29 o.; **Bildagentur Prenzel:** Moosrainer: S. 113 o., 115 o.; **M. Pforr:** S. 17 o. r., 23 u. l., 25 u., 33 u. r., 35 u. r, 39 o., 51 o. l., 55 M. l., 57 M. l., 65 u. r., 71 M. l., 75 u. l., 77 o. l., 81 o. l. 83 u. l., 89 o. r., 89 u., 95 u. l, 99 o. l., 99 u. l., 101 u. r., 105 u. r., 127 o., 129 u., 135 u., 151 u., 153 o., 157 o., 157 u., 169 M. r., 169 u. l., 183 u. r., 187 o. r., 187 u. l., 195 o. r., 201 M. r., 203 o. r., 205 o. r, 205 u. l., 215 o. l., 217 u. r., 223 o. l., 237 o. r., 245 o., 253 u. r., 261 M. l.; **Dr. E. Pott:** S. 19 o., 51 o. r.; **O. Willner:** S. 247 M. r.; **K. Wothe:** S. 141 o. r.; **W. Zepf:** S. 19 u. l., 19 u. r., 21 o. l., 21 o. r., 21 u. r., 27 o. l., 27 o. r., 29 u. l., 29 u. r., 31 o. l., 31 M. l., 31 M. r., 31 u. l., 31 u. r., 35 o. r., 35 u. l., 37 o., 37 u. l., 37 u. r., 39 u., 41 o. l., 41 o. r., 41 u. r., 43 o. l., 43 u. l., 43 u. r., 45 o. l., 45 o. r., 47 o., 47 u. l., 47 u. r., 49 o. l., 49 M. l., 49 M. r., 49 u. r., 57 o. r., 57 u. r., 59 M. l., 59 M. r., 59 u. l., 61 o. l., 61 o. r., 61 u. l., 61 u. r., 63 o. l., 63 M. l., 63 M. r., 63 u. l., 63 u. r., 65 o. r., 65 M. l., 65 u. l, 67 o. r., 67 M. l., 67 u. l., 67 u. r., 75 M. l., 81 o. r., 81 u. l., 81 u. r., 83 u. r., 85 o. l., 93 u. l., 97 o. l., 97 o. r., 99 o. r., 101 o. l., 101 o. r., 101 u. l., 103 o. l., 103 M. r., 105 o. M., 107 o. r., 109 o. l., 109 u. l., 109 u. r., 111 o., 111 u. l., 111 u. r., 113 u. r., 115 u., 117 u. l., 117 u. r., 119 o. l., 119 o. r., 119 u. l., 119 u. r., 121 o. l., 121 o. r., 123 u., 125 o., 129 o. l, 137, 139, 141 M. r., 141 u. l., 141 u. r., 143 o. l., 143 o. r., 145 o. l., 145 o. r., 147 u. l., 147 u. r., 149 o., 151 o. r., 161 M. r., 161 u. l., 165 o. l., 169 o. r., 177 o. l., 177 u. r., 179 u. r., 181 o., 181 u., 185 o. l., 193 o. l., 195 u. r., 199 M. l., 201 o. r., 203 M. l., 205 u. r., 207 o.l., 207 o. r., 207 u. l., 207 u. r., 209 o. l., 209 o. r., 209 u. l., 209 u. r., 211 u., 213 o., 213 u. l., 213 u. r., 215 M. l., 223 M. l., 229 M. l., 229 u. r., 231 o., 231 u., 235 o. l., 235 u. r., 237 u. l., 237 u. r., 239 M. r., 239 u. l., 241 M. r., 245 u. r., 253 u. l., 261 u. r.;
Allgemeiner Teil: T. Angermayer: Pfletschinger: S. 103 o. r., S. 270 o., 270 M., 270 u., 271 o. l., 271 o. r., 271 u. l., 271 u. r., 274 o. l., 274 o. r., 274 u. l., 274 u. r., 275 o. l., 275 o. r., 275 u. l., 275 u. r., 279 u. r., 282 o. l., 282 o. r., 283 u. l., 283 u. r.; **W. Zepf:** S. 6, S. 268 o. l., 268 o. r., 268 u. l., 268 u. r., 269 o. l., 269 o. r., 269 u. l., 269 u. r., 278 o. l., 278 o. r., 278 u. l., 278 u. r., 279 o. l. 279 o. r., 279 u. l, 280 o. l., 280 o. r., 280 u. l., 280 u. r., 281 o. l., 281 o. r., 281 u. l., 281 u. r., 282 u. l., 282 u. r., 283 o. l., 283 o. r.

Anhang Raupen und Puppen ab Seite 278

Goldene Acht S. 30

Großer Perlmutterfalter S. 46

Kleiner Maivogel S. 48

Schwarzes L S. 74

Pergamentspinner S. 104

Oleanderschwärmer S. 126

Nachtkerzenschwärmer S. 124

Kiefernschwärmer S. 118

Mittlerer Weinschwärmer S. 122

Kleiner Weinschwärmer S. 122

Erleneule S. 200

Pfeileule S. 200

Kleines Eichenkarmin S. 210

Selenia bilunaria S. 236

Nachtschwalbenschwanz S. 238

Campaea margaritata S. 244

Großer Kohlweißling S. 22

Aurorafalter S. 30

Goldene Acht S. 30

Stachelbeerspanner S. 230

Großer Eisvogel S. 42

Kaisermantel S. 46

Puppenkokon Widderchen S. 106

Puppenkokon Widderchen aufgeschnitten S. 106

Register

deutsch

Gattungen

Arten

Steinbachs Naturführer

Weitere Bände

Säugetiere · Landvögel · Süßwasserfische
Insekten (außer Schmetterlingen)
Bäume · Strauchgehölze · Wildblumen
Pilze · Orchideen · Alpenblumen · Mineralien

Die Autorin
Dr. Helgard Reichholf-Riehm studierte Biologie (Schwerpunkt Zoologie) an den Universitäten Tübingen und München, wo sie 1969 mit einer Dissertation über Ökologie und Verhalten der Schwanzmeisen promovierte. 1970 unternahm sie eine Forschungsreise nach Brasilien. Seither arbeitet sie am ökologischen Forschungsprojekt »Innstauseen« und publiziert als freiberufliche Zoologin.

Der Zeichner
Fritz Wendler (†), geboren 1941, erhielt seine Ausbildung in Stahl- und Kupferstich bei Freiherr von Wackerbarth, München, und Professor Bajardi, Mailand. Er arbeitete zunächst als Kartograph, erregte aber bald Aufsehen durch seine minutiös durchgearbeiteten Tier- und Pflanzenzeichnungen. Seine Fähigkeit, Artmerkmale in lebendigem Zusammenhang mit der Gesamtgestalt eines Lebewesens zu sehen und darzustellen, sichern ihm europäischen Rang.

Der Herausgeber
Gunter Steinbach, geboren 1938, hat sich in zahlreichen Publikationen über die heimische Tier- und Pflanzenwelt einen Namen gemacht. Nach zwei Jahrzehnten Verlagstätigkeit lebt er heute auf seinem Einödhof im Westallgäu. Dort widmet er sich artgerechter Tierhaltung, dem biologischen Gartenbau in Höhenlagen und seinen Veröffentlichungen im Themenkreis Natur.